高等职业教育规划教材

土工技术与应用

主编　胡雪梅
参编　杨　蘅　曾凡稳
主审　夏卫国

机械工业出版社

本书编写过程中兼顾了高职高专学生能力培养的需要，以必需、够用为度；设置道桥地基基础施工行动领域，采用“项目—任务”体例模式，将工作任务作为载体来组织内容。本书内容包括土的物理性质与工程分类、地基沉降变形评价、土体强度的工程应用、特殊土地基处理、天然地基上刚性浅基础、桩基础六个项目，内容上贯彻公路交通行业标准，旨在培养学生土工测试、土方工程施工、基础施工、地基处理等岗位能力。读者需要具备工程地质、工程力学等基础知识。本书适用于道路与桥梁类专业群学生及相关从事道路岩土工程的技术人员。

为方便教学，本书配有电子课件，凡使用本书作为教材的教师可登录机工教育服务网 www.cmpedu.com 注册下载。咨询邮箱：cmpgaozhi@sina.com。咨询电话：010-88379375。

图书在版编目（CIP）数据

土工技术与应用/胡雪梅主编. —北京：机械工业出版社，2015.1（2019.1 重印）

高等职业教育规划教材

ISBN 978-7-111-48966-5

Ⅰ.①土… Ⅱ.①胡… Ⅲ.①土工学-高等职业教育-教材 Ⅳ.①TU4

中国版本图书馆 CIP 数据核字（2014）第 298714 号

机械工业出版社（北京市百万庄大街 22 号 邮政编码 100037）

策划编辑：李 莉 责任编辑：李 莉 常金锋

责任校对：李锦莉 责任印制：常天培

北京京丰印刷厂印刷

2019 年 1 月第 1 版 · 第 3 次印刷

184mm×260mm · 13 印张 · 314 千字

标准书号：ISBN 978-7-111-48966-5

定价：35.00 元

凡购本书，如有缺页、倒页、脱页，由本社发行部调换

电话服务	网络服务
服务咨询热线：010-88379833	机 工 官 网：www.cmpbook.com
读者购书热线：010-88379649	机 工 官 博：weibo.com/cmp1952
	教育服务网：www.cmpedu.com
封面无防伪标均为盗版	金 书 网：www.golden-book.com

前　　言

教材是教学内容和课程体系改革的集中体现，也是课程建设的重点。鉴于“十二五”时期高职教育所面临的新机遇和挑战，教材的改革必须动态跟进，才能体现职业教育“以职业能力培养为核心”的本质特征。教材的建设要根据能力培养模式的总体设计把握知识、能力、素质的结构调整，处理好传授知识与提高素质、基础与应用、继承与创新等关系，开发既有理论又有实践，适合培养技术应用人才的特色教材。

“土工技术与应用”是道路与桥梁类专业群各专业开设的一门通用核心课程，具有较强的实践性。课程着重阐述土力学计算原理、土工试验方法、土工技术的工程运用和地基基础的施工方法，同时力求突出训练学生的实践技能，加强对学生的基础知识和基本能力的培养，提高学生的综合素质。本教材的一个重要组织思想，就是以岗位应具备的职业能力作为编写课程教材的依据，摆脱“学科本位”的课程思想，按能力需求精简课程教材内容。本教材采用基于工作过程的“项目—任务”体例模式，编写目标结合课程特点、突出职业能力。

本书内容包括土的物理性质、工程分类和常见的公路土工试验方法，地基沉降变形，土体强度与稳定性问题，特殊土地基处理方法，天然地基上桥梁浅基础设计与施工，桩基础计算原理和施工方法。

本书针对路桥专业的高职高专学生及相关技术应用人员。编写过程中兼顾了高职高专学生能力培养的需要，根据路桥专业的职业岗位需求从内容的广度和深度进行把握，以必需、够用为度；同时考虑到教材内容的基础性与先进性，是校企合作共同开发而成的教材。教材体系涵盖公路行业的土工试验员、施工员等职业岗位群必备的核心知识与技能，以项目为载体，设立实训任务或以案例来引导理论学习，在具体土工问题的分析解决策略中阐述土力学基本知识和原理，寻求解决土工问题的方法或技术。教材编写不仅介绍成熟稳定的土工技术和理论知识，并且全面反映了公路行业已颁布实施的最新规范标准，如《公路桥涵地基与基础设计规范》（JTG D63—2007）、《公路土工试验规程》（JTG E40—2007）等。每一项目包含项目概述、学习目标、参考学时，项目下分为若干任务，有案例分析、实训任务等环节，项目结束后提供课后训练，便于学生自学与练习。各项目学时建议见下表。

序　号	学习项目	参考学时
1	土的物理性质与工程分类	20
2	地基沉降变形评价	15
3	土体强度的工程应用	12
4	特殊土地基处理	8
5	天然地基上刚性浅基础	12
6	桩基础	13
合计		80

本书项目一、五、六由南京交通职业学院胡雪梅编写，项目二、三由南京交通职业学院杨蘅编写，项目四由南京交通职业学院曾凡稳编写，全书由胡雪梅统稿，南京交苑道路工程有限责任公司夏卫国担任本书主审。本书在编写过程中还得到了江苏育通交通工程咨询监理有限责任公司张智蔚高级工程师的帮助与支持。

本书适用于高职高专路桥类相关专业学生，也可作为工程技术人员参考资料，还可作为成人、函授、网络教育等教学参考用书。教材的出版对于高职高专教材建设是一次有益的探索，在内容组织、编写模式上可进一步探讨，由于作者水平有限，书中不妥之处在所难免，敬请广大读者、业内专家、教师批评指正，提出宝贵意见。

编　者

目　录

绪　论

一、土与地基基础的概念

在道路桥梁地基基础施工过程中会面临各种与土有关的问题，包含土工试验，土的渗透、变形、强度问题，特殊土的处理，地基基础方案的选择、施工等，这些土工技术问题均是以土为研究对象。土是一种天然的地质材料，它是由地壳表层的岩石经过风化、搬运和沉积过程后形成的覆盖于地表的松散堆积物。由于其形成年代、生成环境及物质成分不同，工程特性亦复杂多变。因此，在土木工程建设设计与施工过程中就需要利用土力学基本原理和土工测试技术，研究土的物理性质以及受外力后发生变化时土的应力、变形、强度和渗透特性。由于土具有复杂的物理成因和工程特性，因此目前在解决土工问题时，土力学基本原理的运用尚不能像其他力学学科一样具备系统的理论和严密的数学公式，而必须借助经验、现场试验以及室内试验以进行理论计算。所以，这是一门强烈依赖于实践的学科，是土力学工程运用的体现。

所有的建筑物都建造在一定的地层（土层或岩层）上。通常把直接承受建筑物荷载影响的那一部分地层称为地基。未经过人工处理就可以满足设计要求的地基称为天然地基。如果地基软弱，其承载力不能满足设计要求时，则需对地基进行加固处理（例如采用换土垫层、深层密实、排水固结、化学加固、加筋土技术等方法进行处理），称为人工地基。

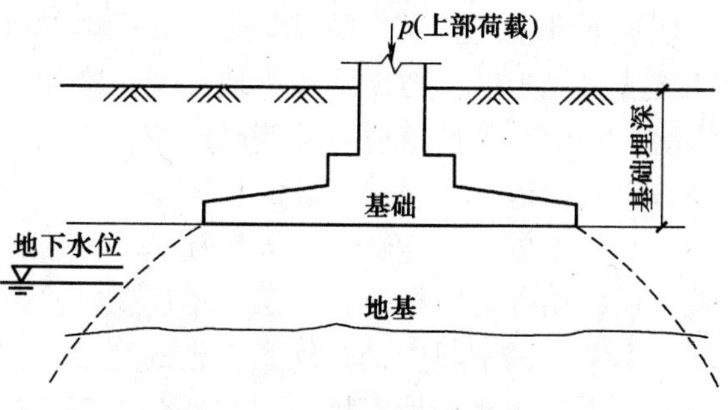

图 0-1　地基及基础示意图

基础是将各种荷载传递给地基的建筑物下部结构（图 0-1），一般应埋入地下一定的深度，进入较好的地层。根据基础的埋置深度不同可分为浅基础和深基础。通常把埋置深度不大（3～5m），只需经过挖槽、排水等普通施工程序就可以建造起来的基础称为浅基础；反之，若浅层土质不良，须把基础埋置于深处的好地层时，就要借助于特殊的施工方法，建造各种类型的深基础（如桩基、墩基、沉井和地下连续墙等）。

地基与基础受到各种荷载作用后，将产生一定的应力和变形，为保证结构物的正常使用和安全，地基与基础必须具有足够的强度和稳定性，变形也应该在容许的范围内。根据地基土的具体情况、上部结构的要求和荷载特点，选用合适的基础类型，并合理地进行基础设计与施工，是应该重点解决的问题。

地基与基础是建筑物的根本，统称为基础工程，其勘察、设计和施工质量的好坏将直接影响到建筑物的安危、经济和正常使用。由于基础工程是在地下或水下进行，施工难度大，在桥梁工程中，基础工程造价占总造价的比重大。当采用深基础或人工地基时，其造价和工期所占比例更大。此外，基础工程为建筑的隐蔽工程，一旦失事，不仅损失巨大，且补救十分困难，因此十分重要。

在道路与桥梁的工程实践中存在着大量的与土有关的工程技术问题。道路工程中，土是修筑路堤的基本材料，同时它又是支承路堤的地基。路堤的临界高度和边坡坡度与土体的抗剪强度和土坡稳定性有关；为了获得具有一定强度和良好水稳定性的路堤，需要采用压实的施工方法，其施工质量控制依赖于土的击实特性；挡土墙设计中需要进行土压力的计算。随着高速公路建设的突飞猛进，对路基的沉降控制提出了很高的技术要求，研究土的压缩性与沉降和时间的关系是解决问题的关键；土基的冻胀和翻浆在我国北方地区是非常突出的问题，防治冻害需要研究土中水的运动规律；土质改良后的稳定土是目前广泛运用的基层材料，还有各种软土地基的处理都是建立在土力学基础之上的。

在桥梁工程中，基础工程造价高，经济、合理的桥梁基础设计需要依靠于土力学基本理论的支持；对于超静定结构的大跨度桥跨结构，基础的沉降、倾斜或水平位移是引起结构过大次应力的重要因素，软土地区高速公路建设中的“桥头跳车”是影响工程正常使用的技术难题，这些问题均涉及基础的沉降、填土的压实控制和软基的加固处理等知识。

二、本课程的任务与学习要求

“土工技术与应用”是道路与桥梁相关各专业的主干课程之一，课程内容涉及工程地质学、结构设计和施工等多个学科领域，内容广泛，综合性、实践性较强。课程的任务是学习土的物理性质、工程分类和必备的公路土工试验方法；土的渗透性、沉降变形、土体强度与稳定性问题；天然地基上桥梁浅基础设计，特殊土地基处理方法，桩基础计算原理和基础施工。

通过本课程的学习，要求学生掌握土力学计算原理、土工试验方法、基础工程的构造和施工方法；能根据工程需要和场地环境选择土工试验项目，描述与鉴定土质，规范地进行土工试验；评价与处理道桥地基基础施工中出现的常见土工问题，能够阅读和使用工程地质勘察报告，评价地基承载力；确定桥梁基础形式及基础埋置深度；选择合适的地基基础设计方案和基础施工方法；能够进行天然地基上刚性浅基础的设计验算；树立工程质量意识和工作规范意识，培养自主学习和土工技术应用能力。

在本课程的学习中，必须紧抓土的变形、强度和稳定性这一重要的线索，并特别注意认识土的多样性和易变性等特点。此外，尚应掌握有关的土工试验技术及地基勘察技能，对建筑场地的工程地质条件作出正确的评价，才能运用土力学的基本知识去正确解决地基基础中的疑难问题。因此，在学习时需要注意理论联系实际，提高自己分析问题和解决问题的能力。

三、相关学科的发展简介

21 世纪是一个科学技术飞速发展的世纪。在岩土工程领域，随着道路桥梁、地铁隧道、港口码头的发展，人们越来越多地需要了解和掌握有关岩土工程方面的知识，不但需要掌握微观的土力学知识，而且还需要了解宏观的基础工程知识。本课程将基础施工行动领域与土力学基本原理结合起来，全面地分析岩土工程问题，掌握相应的土工技术，将土力学基本原理和基础施工实践相融合。

由于生产的发展和生活上的需要，人类很早就已创造了自己的地基基础施工工艺。我国都江堰水利工程、举世闻名的万里长城、隋朝南北大运河、黄河大堤、赵州石拱桥以及遍布全国各地的宏伟壮丽的宫殿寺院等，都是由于奠基牢固，即使经历了无数次强震、强风都安然无恙。由于当时生产力发展水平的限制，“土力学”还未能成为系统的科学理论，直到18世纪中叶，人们对土在工程建设方面的特性，尚停留在感性认识阶段。18世纪工业革命以后，大规模的城市建设和水利、铁路的兴建，大大促进了土力学理论的产生和发展。1773年，法国库仑根据试验，创立了著名的土的抗剪强度公式和土压力理论；1857年，英国朗金通过不同假设，提出了另一种土压力理论；1885年，法国布辛尼斯克求得了半无限弹性体在垂直集中力作用下，应力和变形的理论解答；1922年，瑞典费伦纽斯为解决铁路塌方，研究出土坡稳定分析法。这些理论和方法，至今仍在广泛使用。1925年，美国科学家太沙基发表土力学专著，至此土力学成为一门独立的学科。1936年以来，已召开了十多届国际土力学和基础工程会议，涌现了大量论文、研究报告和技术资料。很多国家定期出版土工杂志，世界各地也都召开了类似的专业会议，总结和交流本学科的研究成果。

建国后60多年来，随着我国社会的大发展，土力学地基基础学科经历了迅速的发展。全国各地有关生产、科研单位和高等院校总结实践经验，开展现场测试、室内实验和理论研究，在解决工程实践问题的同时也为土力学的理论研究做出了突出贡献。近年来，世界各地高土坝（坝高大于200m）、高层建筑与核电站等巨型工程的兴建和多次强烈地震的发生，促使土力学进一步发展。有关单位积极研究土的本构关系、土的弹塑性与黏弹性理论和土的动力特性。同时，各单位研制成功了各种各样的勘察、试验与地基处理的设备，如自动记录的静力触探仪、现场孔隙水压力仪、大型三轴仪、振动三轴仪、真三轴仪、流变三轴仪、深层搅拌器、塑料排水板插板机等，为土力学研究和地基加固提供了良好的条件。随着我国基础建设的向前发展，对地基基础的要求日益提高，我国土力学地基与基础学科也必将得到更新更大的发展。

项目一　土的物理性质与工程分类

项目概述

公路工程中要描述和确定土的性质，就必须研究和分析土的三相组成、学习土的物理性质，会进行指标换算并评价土的物理状态。依据《公路土工试验规程》（JTG E40—2007）完成相关土工试验，对土进行工程分类与野外鉴别，通过击实试验确定最大干密度和最佳含水率，正确选择路基填方土料，控制压实质量。

学习目标

（1）具备土的级配特征与颗粒分析知识，能进行土的物理性质与物理状态指标评价；具备土的物理性质指标换算的技能。

（2）具备土的基本物理性质指标测定、击实试验的基本技能，会编写试验报告。

（3）依据《公路土工试验规程》对土进行工程分类，鉴别土质。

在道桥工程中土是修筑路堤的基本材料，同时又是支撑路堤的地基，路堤的临界高度和边坡的取值、桥梁基础的持力层选择都离不开对土类别、性质指标的了解。土的物理性质在一定程度上影响着土的力学性质，是土的最基本的工程特性。描述土的物理性质及物理状态的指标，是进行各种土的分类和确定土的工程性质的重要依据。只有做到先明确土的基本性质，学会检测各项指标，才能正确评价与选用工程用土。

任务一　土的组成与物理性质

一、土的三相组成

地球表层的整体岩石，在大气中经受长期的风化作用后形成形状不同、大小不一的颗粒，这些颗粒在不同的自然条件下堆积（或经过搬运沉积），形成通常所说的土，即土是由各种岩屑、矿物颗粒（称为土粒）组成的松散堆积物，是由各种大小不同的土粒混杂组成的集合体。

土由固相、液相和气相三部分组成。固相部分即为土粒，由矿物颗粒或有机质组成，构成土的骨架；液相部分为水及其溶解物；气相部分为空气和其他气体。如土中孔隙全部被水充满时，称为饱和土；孔隙中仅含空气时，称为干土。饱和土和干土都是两相体系。一般在地下水位以上和地面以下一定深度内的土的孔隙中兼含空气和水，此时的土体属三相体系，称湿土。

（一）土的矿物成分和有机质

（1）土的矿物成分　土粒是组成土的最主要部分，土粒的矿物成分是影响土的性质的重要因素。矿物成分按成因可分为两大类：

1）原生矿物：是岩石经过物理风化作用形成的碎屑物，如石英、长石、云母等。

2）次生矿物：岩石经化学风化作用而形成的新矿物成分，其中数量最多的是黏土矿物。常见的黏土矿物有高岭石、蒙脱石、伊利石。石英、长石呈粒状，是砂、砾石等无黏性土的主要矿物成分。黏土矿物是组成黏性土的主要成分，颗粒极细，呈片状或针状，具有高度的分散性和胶体性质，与水相互作用，形成黏性土的一系列特性，如可塑性、膨胀性、收缩性等。

（2）土中的有机质　在岩石风化以及风化产物搬运、沉积过程中，常有动、植物的残骸及其分解物质参与沉积，成为土中的有机质。有机质易于分解变质，故土中有机质含量过多时，将导致地基或土坝坝体发生集中渗流或不均匀沉降。因此，在工程中常对土料的有机质含量提出一定的限制，筑坝土料一般不宜超过5%，灌浆土料小于2%。

（二）土中的水

土孔隙中的液态水，根据它与土粒表面的相互作用情况，主要有两种类型：结合水和自由水。

结合水是吸着在土颗粒表面呈薄膜状的水，受土粒表面引力的作用而不服从静水力学规律，其冰点低于0℃。结合水对细粒土的工程性质有很大影响。结合水可以分为强结合水和弱结合水。强结合水紧靠土粒表面，密度为2g/cm^3，具有固体性质，能够抵抗剪切作用。弱结合水远离土颗粒表面，它是强结合水与自由水的过渡类型，它的密度是1～2g/cm^3，土颗粒表面结合水总量及其变化，取决于矿物的亲水性、土粒的分散性和土粒的带电离子等。

土孔隙中除了结合水以外的水都是自由水，它包括毛细水和重力水。毛细水是受土粒的分子引力以及水与空气界面的表面张力而存在，并运动于毛细孔隙中的水。一般存在于地下水位以上，由于表面张力作用，地下水沿着土的毛细通道逐渐上升，形成毛细水上升带。毛细水上升高度和速度取决于土的孔隙大小和形状、粒径尺寸和水的表面张力等。重力水位于地下水位以下较粗颗粒的孔隙中，是只受重力控制，水分子不受土粒表面吸引力影响的普通液态水，它对土产生浮力，使土的重度减小；渗透水流能使土产生渗透力，使土引起渗透变形；还能溶解土中的水溶盐，使土的强度降低，压缩性增大。

（三）土中气体

土中的气体存在于土孔隙中未被水所占据的部分。与大气连通的气体，受外力作用时，易被挤出，对土的工程性质影响不大。封闭气体多存在于黏性土中，不易逸出，使土的渗透性降低、弹性与压缩性增大，所以封闭气体对土的性质有较大的影响。

二、土的粒组和颗粒级配

（一）土的粒组

土是岩石风化的产物，由无数大小不同的土粒组成，其大小相差极为悬殊，性质也不相同。为了便于研究，工程上通常把工程性质相近的一定尺寸范围的土粒划分为一组，称为粒组。粒组与粒组之间的分界尺寸称界限粒径。工程上广泛采用的粒组有：漂石粒、卵石粒、砾粒、砂粒、粉粒和黏粒。

对粒组的划分，各个国家甚至一个国家的各个部门都有不同的规定。图1-1为《公路土工试验规程》（JTG E40—2007）中规定的粒组划分。

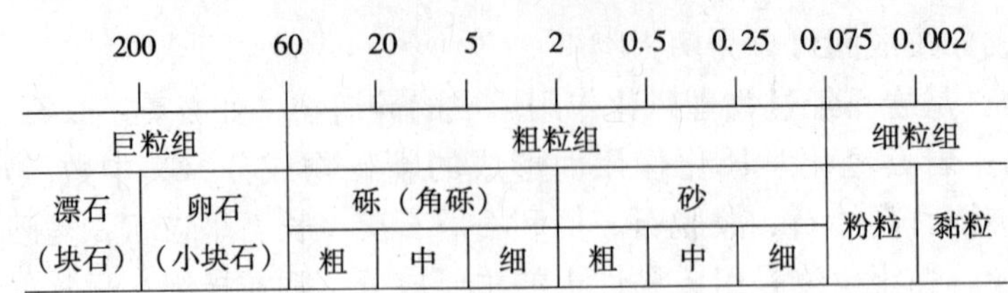

图 1-1　粒组划分图

（二）土的颗粒级配

自然界的土常包含几种粒组。土中各粒组的相对含量（用粒组质量占干土总质量的百分数表示），称土的颗粒级配，可以通过颗粒分析试验确定。

（1）颗粒分析试验　测定土中各粒组颗粒质量占该土总质量的百分数，确定粒径分布范围的试验称为土的颗粒大小分析试验，简称“颗分”试验。常用试验方法有筛分法和密度计法两种。

筛分法适用于粒径大于 0.075mm 的土粒。即用一套孔径大小不同的标准筛，从上到下按粗孔到细孔的顺序叠好，将已知重量的风干、分散的土样过筛，把各粒组分离出来，并求出含量百分数。

密度计法适用于分析粒径小于 0.075mm 的土粒。它主要利用土粒在静水中下沉速度不同（粗粒下沉快，而细粒下沉慢）的原理，把不同粒径的土粒区别开来。其步骤是先分散团粒、制备悬液，然后用密度计测定悬液的密度，再根据司笃克斯定律建立粒径与沉速的关系式，算出各粒组含量的百分比。

如果土中同时含有粒径大于和小于 0.075mm 的土粒时，则需联合使用上述两种方法。试验方法可参阅《公路土工试验规程》。

（2）土的级配曲线　颗粒分析试验的成果，常用颗粒级配累计曲线表示，如图 1-2 所示。图中横坐标表示粒径（用对数尺度），纵坐标表示小于某粒径的土粒质量占总质量的百分数。

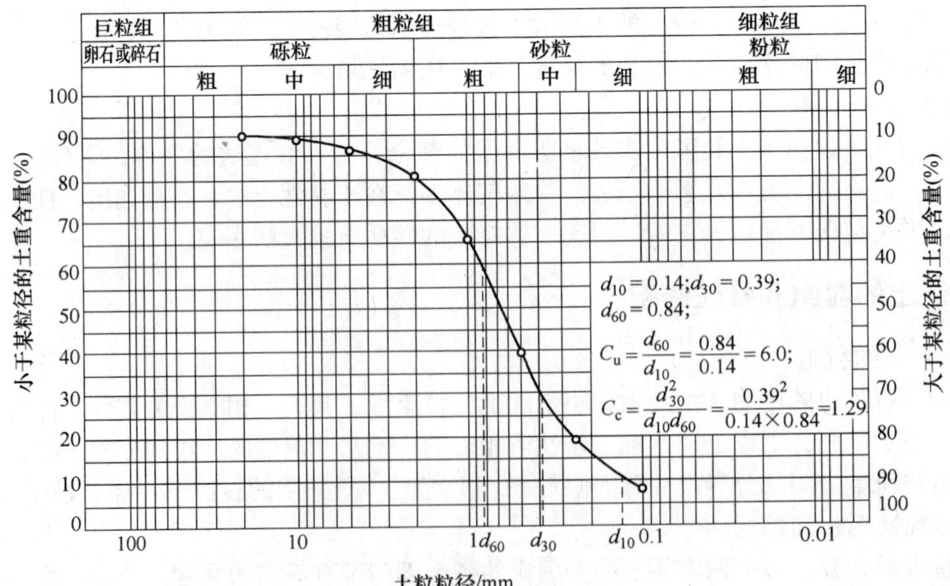

图 1-2　颗粒级配累计曲线

颗粒级配累计曲线既可看出粒组的范围，又可得到各粒组的百分含量。

（3）颗粒级配指标　常用的判别土的颗粒级配良好与否的指标有两个，即不均匀系数 C_u 和曲率系数 C_c：

$$C_u = \frac{d_{60}}{d_{10}} \tag{1-1}$$

$$C_c = \frac{(d_{30})^2}{d_{60}d_{10}} \tag{1-2}$$

式中　d_{10}——有效粒径，小于某粒径的土粒质量占总质量的10%时相应的粒径；

d_{60}——限制粒径，小于某粒径的土粒质量占总质量的60%时相应的粒径；

d_{30}——小于某粒径的土粒质量占总质量的30%时相应的粒径。

不均匀系数 C_u 反映曲线的范围，表明土粒大小的不均匀程度，其值越大，曲线越平缓，说明土粒越不均匀，即级配良好；其值越小，曲线越陡，说明土粒越均匀，即级配不良。一般认为不均匀系数 $C_u \geqslant 5$ 为良好级配，$C_u < 5$ 为不良级配。

曲率系数 C_c 反映的是颗粒级配曲线分布的整体形态，表示粒组是否缺失的情况，$C_c = 1 \sim 3$ 时，表明土粒大小的连续性较好；C_c 小于1或大于3时的土，颗粒级配不连续，缺乏中间粒径。

因此，在土的工程分类中，用不均匀系数 C_u 及曲率系数 C_c 两个指标判别颗粒级配的优劣，《公路土工试验规程》中规定：级配良好的土必须同时满足两个条件，即 $C_u \geqslant 5$ 且 $C_c = 1 \sim 3$；如不能同时满足这两个条件，则为级配不良的土。

级配良好的土，粗、细颗粒搭配较好，粗颗粒间的孔隙被细颗粒填充，易被压实到较高的密实度，因而该土的透水性小，强度高，压缩性低。反之，级配不良的土，其压实密度小，强度低，透水性强而渗透稳定性差。

土粒组成和级配相近的土，往往具有某些共同的性质，所以，土粒组成和级配可作为土特别是粗粒土的工程分类和筑坝土料选择的依据。

三、土的物理性质指标

土的物理性质指标反映土的工程性质的特征，包括土粒比重（土粒相对密度）；土的含水率、密度、孔隙比、孔隙率和饱和度等。为便于说明这些指标，通常把本来互相分散的三相分别集中起来，绘出土的三相图（图1-3）。

图1-3中各符号的意义如下：W 表示重量，m 表示质量，V 表示体积，下标a表示气体，下标s表示土粒，下标w表示水，下标v表示孔隙。如：W_s、m_s、V_s 分别表示土粒重量、土粒质量和土粒体积。

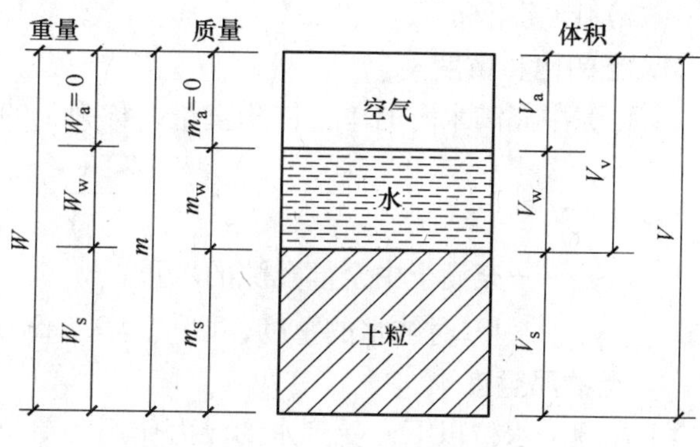

图1-3　土的三相图

（一）三项基本物理性质指标

三项基本物理性质指标是指土粒比重 G_s、土的含水率 ω 和密度 ρ，一般由试验室直接测定其数值。其他指标由实测指标换算，称换算（导出）指标。

1. 土的密度ρ与重度γ

土的密度定义为单位体积土的质量，用ρ表示，其单位为g/cm³，表达式如下：

$$\rho=\frac{m}{V} \tag{1-3}$$

天然状态下土的密度变化范围较大。一般黏性土$\rho=1.8\sim2.0\text{g/cm}^3$；砂土$\rho=1.6\sim2.0\text{g/cm}^3$。土的密度常用环刀法测定。

土的重度也称为容重，定义为单位体积土的重量，用γ表示，单位为kN/m³，表达式如下：

$$\gamma=\frac{W}{V}=\frac{mg}{V}=\rho g \tag{1-4}$$

式中　g——重力加速度，9.807m/s²。

2. 土粒比重

土粒比重也称土粒相对密度，土粒比重定义为土粒的质量与同体积4℃时纯水的质量之比，表达式如下：

$$G_s=\frac{m_s}{V_s\rho_w} \tag{1-5}$$

式中　ρ_w——4℃时纯水的密度，取$\rho_w=1.0\text{g/cm}^3$。

土粒比重可用比重瓶法测定。土粒比重是个无量纲指标，其值取决于土粒的矿物成分和有机质含量，变化范围不大，大致在2.60～2.75之间。土中含有机质较多时，土粒比重将显著减小。

3. 土的含水率ω

土中含水率定义为土中水的质量与土粒质量之比，以百分数表示，表达式如下：

$$\omega=\frac{m_w}{m_s}\times100\% \tag{1-6}$$

含水率一般采用烘干法测定。

含水率反映土的干湿程度，变化范围很大，从干砂接近于零，一直到饱和黏土的百分之几百。一般来说，同一类土（尤其是细粒土），当其含水率增大时，其强度下降。

（二）换算指标

1. 土的饱和重度γ_{sat}

土孔隙中充满水时的单位体积重量，称为土的饱和重度，表达式如下：

$$\gamma_{sat}=\frac{W_s+V_v\gamma_w}{V}=\rho_{sat}g \tag{1-7}$$

式中　$V_v\gamma_w$——充满土中全部孔隙的水重；

γ_w——4℃时纯水的重度，取$\gamma_w=9.8\text{kN/m}^3$。

2. 土的浮重度γ'

土在地下水位以下，受到水的浮力作用时单位体积的重量，称为土的浮重度，也称有效重度，表达式如下：

$$\gamma' = \frac{W_s + V_v\gamma_w - V\gamma_w}{V} = \gamma_{sat} - \gamma_w = \rho' g \tag{1-8}$$

3. 土的干重度 γ_d

土在完全干燥状态下时的单位体积的重量，称为土的干重度，表达式如下：

$$\gamma_d = \frac{W_s}{V} = \rho_d g \tag{1-9}$$

干重度能反映土的紧密程度，因此，工程上常用它作为控制填土施工质量的指标。

同一种土的各种重度在数值上有以下关系：

$$\gamma_{sat} > \gamma > \gamma_d > \gamma' \text{或} \rho_{sat} > \rho > \rho_d > \rho'$$

将上述重量改为质量则为密度指标，它们分别为饱和密度、浮密度与干密度。

4. 孔隙比 e

土的孔隙比是土中孔隙体积与土粒体积之比，即：

$$e = \frac{V_v}{V_s} \tag{1-10}$$

孔隙比用小数表示，它是一个重要的物理性质指标，可以用来评价天然土层的密实程度。一般 $e<0.6$ 的土是密实的低压缩性土，$e>1.0$ 的土是疏松的高压缩性土。

5. 孔隙率

土的孔隙率是土中孔隙体积与土的总体积之比，以百分数表示，即：

$$n = \frac{V_v}{V} \times 100\% \tag{1-11}$$

6. 饱和度

饱和度是土中水的体积与孔隙体积之比，以百分数表示，即：

$$S_r = \frac{V_w}{V_v} \times 100\% \tag{1-12}$$

土的饱和度 S_r 与含水率均为描述土中含水程度的三相比例指标，根据饱和度 S_r（%），砂土的湿度可分为三种状态：稍湿 $S_r \leqslant 50\%$；很湿 $50\% < S_r \leqslant 80\%$；饱和 $S_r > 80\%$。

（三）物理性质指标间的换算

土的天然重度（或密度）γ、土粒比重 G_s 和含水率 ω 通过试验测定后，其他指标由它们的定义并用土中三相的关系，通过换算关系式导出求得。常用三相图进行各指标间的推导：令 $V_s=1$，则 $V=1+e$；$W_s = V_s G_s \gamma_w = G_s \gamma_w$，$W_w = \omega W_s = \omega G_s \gamma_w$，$W = G_s \gamma_w (1+\omega)$，将以上数值填入三相图中，则有：

$$\gamma = \frac{W}{V} = \frac{G_s(1+\omega)\gamma_w}{1+e}$$

$$\gamma_d = \frac{W_s}{V} = \frac{G_s\gamma_w}{1+e} = \frac{\gamma}{1+\omega}$$

$$n = \frac{V_v}{V} = \frac{e}{1+e}$$

$$S_r = \frac{V_w}{V_v} = \frac{\omega G_s}{e}$$

常见土的三相比例换算公式见表 1-1。

表 1-1　土的三相比例换算公式

指标名称	符　号	表 达 式	单　位	换 算 公 式	备　注
重度	γ	$\gamma=\frac{W}{V}$	kN/m³	$\gamma=\frac{G_s+S_r e}{1+e}\times g$ $\gamma=\frac{G_s(1+\omega)}{1+e}\gamma_w$	试验直接测定
比重	G_s	$G_s=\frac{W_s}{V_s\gamma_w}$		$G_s=\frac{S_r e}{\omega}$	试验直接测定
含水率	ω	$\omega=\frac{W_w}{W_s}\times100\%$		$\omega=\frac{S_r e}{G_s}\times100\%$ $\omega=\left(\frac{\gamma}{\gamma_d}-1\right)\times100\%$	试验直接测定
孔隙比	e	$e=\frac{V_v}{V_s}$		$e=\frac{G_s\gamma_w(1+\omega)}{\gamma}-1$ $e=\frac{G_s\gamma_w}{\gamma_d}-1$	
孔隙率	n	$n=\frac{V_v}{V}\times100\%$		$n=\frac{e}{1+e}\times100\%$ $n=\left(1-\frac{\gamma_d}{G_s\gamma_w}\right)\times100\%$	
饱和度	S_r	$S_r=\frac{V_w}{V_v}\times100\%$		$S_r=\frac{\omega G_s}{e}$ $S_r=\frac{\omega\gamma_d}{n}$	
干重度	γ_d	$\gamma_d=\frac{W_s}{V}$	kN/m³	$\gamma_d=\frac{\gamma}{1+\omega}$ $\gamma_d=\frac{G_s\gamma_w}{1+e}$	
饱和重度	γ_{sat}	$\gamma_{sat}=\frac{W_s+V_v\gamma_w}{V}$		$\gamma_{sat}=\frac{G_s+e}{1+e}\gamma_w$	
浮重度	γ'	$\gamma'=\gamma_{sat}-\gamma_w$	kN/m	$\gamma'=\frac{(G_s-1)\gamma_w}{1+e}$	

【例 1-1】　用体积 $V=60\text{cm}^3$ 的环刀切取原状土样，称得其质量为 108g，将其烘干后称得质量为 96.43g，测得土样的比重 $G_s=2.70$，试求试样的湿密度（天然密度）与天然重度、干重度、饱和重度、含水率、孔隙比、孔隙率和饱和度。

解： 湿密度：$\rho=\frac{m}{V}=\frac{108}{60}=1.80\text{g/cm}^3$

天然重度：$\gamma=\rho g=1.80\times9.8=17.64\text{kN/m}^3$

含水率：$\omega=\frac{m_w}{m_s}\times100\%=\frac{108-96.43}{96.43}\times100\%=12.0\%$

干重度：$\gamma_d = \frac{\gamma}{1+\omega} = \frac{17.64}{1+0.12} = 15.75\text{kN/m}^3$

孔隙比：$e = \frac{G_s(1+\omega)\gamma_w}{\gamma} - 1 = \frac{2.70\times(1+0.12)\times9.8}{17.64} - 1 = 0.68$

孔隙率：$n = \frac{e}{1+e}\times100\% = \frac{0.68}{1+0.68}\times100\% = 40.5\%$

饱和度：$S_r = \frac{\omega G_s}{e} = \frac{0.12\times2.70}{0.68} = 47.6\%$

饱和重度：$\gamma_{sat} = \frac{G_s+e}{1+e} = \frac{2.70+0.68}{1+0.68}\times9.8 = 19.72\text{kN/m}^3$

【例 1-2】 某饱和黏性土的含水率为 $\omega = 38\%$，比重 $G_s = 2.71$，求土的孔隙比 e 和干重度 γ_d。

解： 根据题义该土为饱和土，因此饱和度 S_r 为 100%。由 $S_r = \frac{\omega G_s}{e}$ 得

孔隙比：$e = \omega G_s = 0.38\times2.71 = 1.03$

干重度：$\gamma_d = \frac{G_s}{1+e}\gamma_w = \frac{2.71}{1+1.03}\times9.8 = 13.08\text{kN/m}^3$

四、土的物理状态指标

土的物理状态指标主要用于反映砂、砾石等无黏性土的松密和软硬程度，以及黏性土的稠度（软硬程度）状态。

（一）砂土的密实状态

砂土的密实状态对其工程性质影响很大，密实的砂土结构稳定，强度较高，压缩性较小，是良好的天然地基；疏松的砂土特别是饱和的松散粉细砂，结构常处于不稳定状态，容易产生流砂，在振动荷载作用下可能会发生液化，对建筑不利。

判别砂土的密实度可以采用以下三种方法。

（1）孔隙比 e 判别　孔隙比判别是判别砂土密实度最简便的方法，但它未考虑级配这一因素，例如：均匀密砂的孔隙比 e 可能较大，而不均匀松砂的孔隙比 e 反而小。

（2）相对密度判别　工程上用相对密度 D_r 判别砂土的密实度。相对密度 D_r 是将天然孔隙比 e 与最疏松状态的孔隙比 e_{max} 及最密实状态的孔隙比 e_{min} 进行对比，作为衡量砂土密实度的指标，其表达式为：

$$D_r = \frac{e_{max} - e}{e_{max} - e_{min}} \tag{1-13}$$

由式（1-13）可知，若 $e = e_{max}$，则 $D_r = 0$，砂土处于最疏松状态；若 $e = e_{min}$，则 $D_r = 1$，砂土处于最密实状态。因此，工程上常按以下标准评价砂土的松密程度：$D_r \geqslant 0.67$ 时，为密实状态；$0.33 < D_r < 0.67$ 时，为中密状态；$D_r \leqslant 0.33$ 时，为松散状态。

采用相对密度 D_r 来评价砂土的松密程度在理论上是合理的，但在实际上，测定最大孔隙比 e_{max} 和最小孔隙比 e_{min} 没有统一标准，同时测定砂土的天然孔隙比 e 也有很大困难。由于这些原因，砂土的相对密度 D_r 的测定误差是很大的。故在实际工作中，应用较多的是现

场标准贯入试验来评价砂土的松密程度。

（3）标准贯入试验判别　标准贯入试验是在现场进行的原位试验。该方法是用质量为63.5kg的穿心锤，以76cm的落距将贯入器打入土中30cm时，所需要的锤击数作为判别指标，称为标准贯入锤击数N。显然，锤击数N越大，表明土层越密实；锤击数N越小，土层越疏松。《公路桥涵地基基础设计规范》中按标准贯入锤击数N划分砂土密实度的标准，见表1-2。

表1-2　按标准贯入锤击数N值确定砂土密实度

密实度	松散	稍密	中密	密实
标准贯入锤击数N	$N \leqslant 10$	$10 < N \leqslant 15$	$15 < N \leqslant 30$	$N > 30$

（二）黏性土的稠度

（1）稠度状态　黏性土随着含水率的变化，可具有不同的状态。当含水率很高时，土可成为液体状态的泥浆；随着含水率的减少，土的流动性逐渐消失，进入可塑状态，在外力作用下，土可以塑成任何形状而不产生裂缝，解除外力后仍保持其所塑形状；当含水率继续减小，土失去了可塑性，变成半固态；直至达到固态，体积不再收缩（图1-4）。这几种状态反映了黏性土的软硬程度或抵抗外力的能力，称为稠度，所以稠度是指黏性土在某一含水率下抵抗外力作用而变形或破坏的能力，是黏性土最主要的物理状态指标。

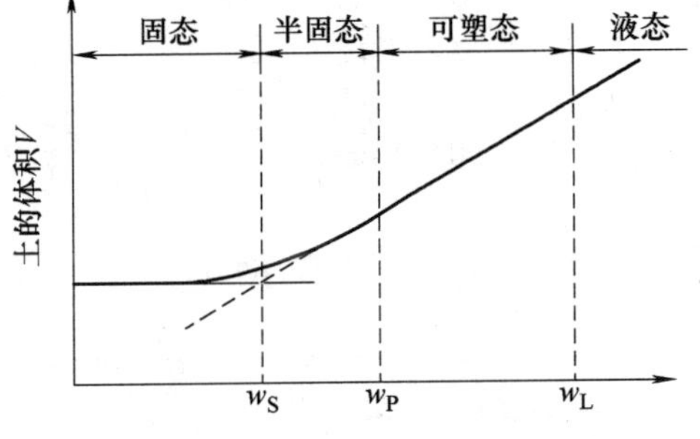

图1-4　黏性土的界限含水率

（2）界限含水率　黏性土由一种状态转变为另一种状态的分界含水率称为界限含水率，也称稠度界限。它对黏性土的分类及工程性质的评价有重要意义。

1）液限ω_L，是黏性土可塑状态与液态的界限含水率。

2）塑限ω_P，是黏性土半固态与可塑态的界限含水率。

液限和塑限目前采用联合测定法来获得，试验步骤见实训指导书。

3）缩限ω_S，是黏性土固态与半固态的界限含水率，亦即黏性土随着含水率的减小而体积不再变时的含水率。土的缩性用收缩皿法测定。

（3）塑性指数与液性指数

1）塑性指数I_P，液限和塑限之差的百分数值（去掉百分号）称塑性指数，用I_P表示，取整数，即：

$$I_P = \omega_L - \omega_P \tag{1-14}$$

塑性指数表示处在可塑状态时土的含水率变化范围。其值越大，土的塑性也越高。黏性土的塑性高低，与黏粒含量有关，一般黏粒含量越多，矿物的亲水性越强，结合水的含量越大，因而土的塑性也就越大。所以塑性指数是一个全面反映土的组成情况的指标，因此，塑性指数可作为黏性土的工程分类依据。《公路桥涵地基基础设计规范》（JTG D63—2007）中规定，黏性土根据塑性指数分为粉质黏土和黏土：$10 < I_P \leqslant 17$为粉质黏土，$I_P > 17$为黏土。

2）液性指数I_L，含水率对黏性土的状态有很大影响，但对于不同的土，即使具有相同的含水率，也未必处于同样的状态。黏性土的状态可用液性指数来判别，其定义为：

$$I_L = \frac{\omega - \omega_P}{\omega_L - \omega_P} \tag{1-15}$$

式中　I_L——液性指数，以小数表示；

ω——土的天然含水率。

由上式可知：当 $\omega \leqslant \omega_P$ 时，$I_L \leqslant 0$，土处于坚硬状态；

当 $\omega > \omega_L$ 时，$I_L > 1$，土处于流动状态；

当 $\omega_P < \omega \leqslant \omega_L$ 时，即 I_L 在 0 与 1 之间，为可塑状态。

《公路桥涵地基基础设计规范》（JTG D63—2007），按 I_L 将黏性土的稠度状态划分见表 1-3。

表 1-3　黏性土的状态

状态	坚硬	硬塑	可塑	软塑	流塑
液限指数 I_L	$I_L \leqslant 0$	$0 < I_L \leqslant 0.25$	$0.25 < I_L \leqslant 0.75$	$0.75 < I_L \leqslant 1$	$I_L > 1$

课后训练

（1）试证明以下各式：

$$e = \frac{G_s(1+\omega)}{\rho} - 1 \qquad \rho_d = \frac{\rho}{1+\omega}$$

$$\gamma' = \frac{\gamma(\gamma_s - \gamma_w)}{\gamma_s(1+\omega)} \qquad G_s = \frac{\rho_d S_r}{S_r\rho_w - \rho_d\omega}$$

（2）用体积为 $60cm^3$ 的环刀切取土样，测得其质量为 110g，烘干后质量为 93g，土样比重 2.70。求：该土样的含水率、湿重度、饱和重度、干重度。

（3）有土样 1000g，它的含水率为 6.0%，若使它的含水率增加到 16.0%，要加多少水？

（4）某原状土样，测得该土的 $\gamma = 17.8kN/m^3$，$\omega = 25\%$，$G_s = 2.65$，试计算该土的干重度、孔隙比、饱和重度、浮重度和饱和度。

（5）有一砂土层，测得其天然密度为 $1.77g/cm^3$，天然含水率为 9.8%，土粒比重为 2.70，烘干后测得最小孔隙比为 0.46，最大孔隙比为 0.94，试求：天然孔隙比和相对密度，并判别土层处于何种密实状态。

（6）完成土的基本物理性质指标密度、含水率、比重的测定（详见实训任务一）。

任务二　土的工程分类与鉴别

一、土的工程分类及命名

自然界的土类众多，工程性质各异。土的工程分类就是根据实践经验，依照土的基本物理性质（如粒径、级配及塑性等），将工程性质相近的土划分类别，予以定名，以便在不同土类间作有价值的比较、评价、积累以及学术与经验的交流，并使之直接应用于工程建设。

我国公路用土，根据下列特征作为土的分类依据：

①土的颗粒组成特征。

②土的塑性指标：液限、塑限、塑性指数。

③土中有机质存在的情况。

土的工程分类适用于公路工程用土的鉴别、定名和描述，以便对土的性状作定性评价。现行《公路土工试验规程》（JTG E40—2007）将土分为巨粒土、粗粒土、细粒土和特殊土四类，并进一步细分为十二种土，如图 1-5 所示。土的颗粒组成特征用不同粒径粒组在土中的百分含量表示。公路用土分类的基本代号见表 1-4。

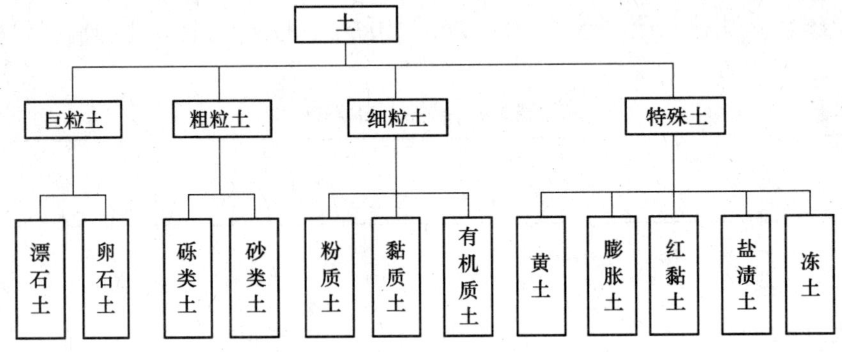

图 1-5　土分类总体系

表 1-4　土的基本代号

土类、代号、特征	巨粒土	粗粒土	细粒土	特殊土
成分代号	漂石：B 块石：B_a 卵石：Cb 小块石：Cb_a	砾：G 角砾：G_a 砂：S	粉土：M 黏土：C 细粒土（C 和 M 合称）：F 混合土（粗、细粒土合称）：Sl 有机质土：O	黄土：Y 红黏土：R 膨胀土：E 盐渍土：S_t
级配和液限高低代号	级配良好：W　级配不良：P 高液限：H　低液限：L			

注：土类名称可用一个基本代号表示。

当由两个基本代号构成时，第一个代号表示土的主成分，第二个代号表示副成分（土的液限或土的级配）。例如：GM——粉土质砾；GP——不良级配砾石；ML——低液限粉土。

当由三个基本代号构成时，第一个代号表示土的主成分，第二个代号表示液限的高低（或级配的好坏），第三个代号表示土中所含次要成分。例如：GHC——高液限含黏土砾；CLM——粉质低液限黏土。

（一）巨粒土分类

（1）巨粒土定名分类　试样中巨粒组质量多于总质量 50% 的土称巨粒土。

1）巨粒组质量多于总质量 75% 的土称漂（卵）石。

2）巨粒组质量为总质量 50% ~75%（含 75%）的土称漂（卵）石夹土。

3）巨粒组质量为总质量15%～50%（含50%）的土称漂（卵）石质土。

4）巨粒组质量少于或等于总质量15%的土，可扣除巨粒，按粗粒土或细粒土的相应规定分类定名。

（2）漂（卵）石的定名

1）漂石粒组质量多于卵石粒组质量的土称漂石，记为B。

2）漂石粒组质量少于或等于卵石粒组质量的土称卵石，记为Cb。

（3）漂（卵）石夹土的定名

1）漂石粒组质量多于卵石粒组质量的土称漂石夹土，记为BSl。

2）漂石粒组质量少于或等于卵石粒组质量的土称卵石夹土，记为CbSl。

（4）漂（卵）石质土的定名

1）漂石粒组质量多于卵石粒组质量的土称漂石质土，记为SlB。

2）漂石粒组质量少于或等于卵石粒组质量的土称卵石质土，记为SlCb。

3）如有必要，可按漂（卵）石质土中的砾、砂、细粒土含量命名。

（二）粗粒土分类

试样中巨粒组土粒质量少于或等于总质量15%，且巨粒组土粒与粗粒组土粒质量之和多于土总质量50%的土称粗粒土。

（1）砾类土　粗粒土中砾粒组质量多于砂粒组质量的土称砾类土。砾类土应根据其中细粒含量和类别以及粗粒组的级配进行分类，分类体系如图1-6所示。

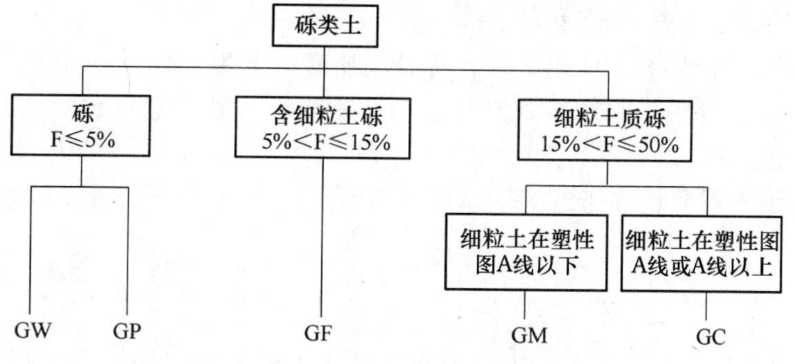

图1-6　砾类土分类体系

1）砾类土中细粒组质量少于或等于总质量5%的土称砾，按下列级配指标定名：

①当$C_u \geqslant 5$，且$C_c = 1 \sim 3$时，称级配良好砾，记为GW。

②不同时满足以上条件时，称级配不良砾，记为GP。

2）砾类土中细粒组质量为总质量5%～15%（含15%）的土称含细粒土砾，记为GF。

3）砾类土中细粒组质量大于总质量的15%，并小于或等于总质量50%的土称细粒土质砾，按细粒土在塑性图中的位置定名：

①当细粒土位于塑性图A线以下时，称粉土质砾，记为GM。

②当细粒土位于塑性图A线或A线以上时，称黏土质砾，记为GC。

（2）砂类土　粗粒土中砾粒组质量少于或等于砂粒组质量的土称砂类土。砂类土应根据其中细粒含量和类别以及粗粒组的级配进行分类，分类体系如图1-7所示。

根据粒径分组由大到小，以首先符合者命名。

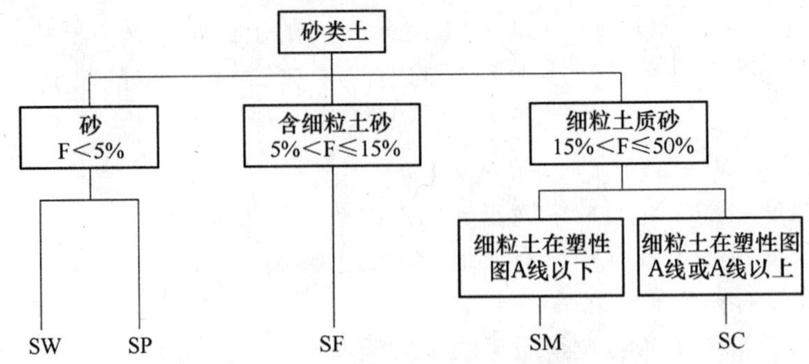

图 1-7　砂类土分类体系

1）砂类土中细粒组质量少于或等于总质量 5% 的土称砂，按下列级配指标定名：

①当 $C_u \geq 5$，且 $C_c = 1 \sim 3$ 时，称级配良好砂，记为 SW。

②不同时满足以上条件时，称级配不良砂，记为 SP。

需要时，砂可进一步分为粗砂、中砂和细砂。

粗砂：粒径大于 0.5mm 颗粒多于总质量 50%。

中砂：粒径大于 0.25mm 颗粒多于总质量 50%。

细砂：粒径大于 0.75mm 颗粒多于总质量 75%。

2）砂类土中细粒组质量为总质量 5% ~15%（含 15%）的土称含细粒土砂，记为 SF。

3）砂类土中细粒组质量大于总质量的 15%，并小于或等于总质量的 50% 的土称细粒土质砂，按细粒土在塑性图中的位置定名：

①当细粒土位于塑性图 A 线以下时，称粉土质砂，记为 SM。

②当细粒土位于塑性图 A 线或 A 线以上时，称黏土质砂，记为 SC。

（三）细粒土分类

试样中细粒组土粒质量多于或等于总质量 50% 的土称细粒土，分类体系如图 1-8 所示。

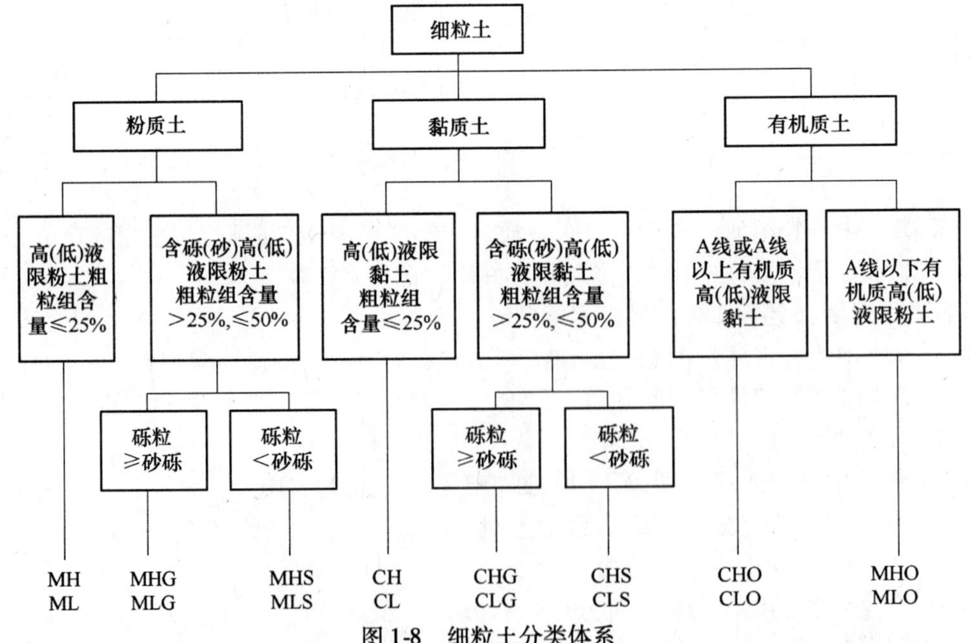

图 1-8　细粒土分类体系

1）细粒土应按下列规定划分：

①细粒土中粗粒组质量少于或等于总质量25%的土称粉质土或黏质土。

②细粒土中粗粒组质量为总质量25%～50%（含50%）的土称含粗粒的粉质土或含粗粒的黏质土。

③试样中有机质含量多于或等于总质量的5%，且少于总质量的10%的土称有机质土。试样中有机质含量多于或等于10%的土称为有机土。

2）细粒土应按塑性图分类，如图1-9所示采用下列液限分区：低液限 $w_L < 50\%$、高液限 $w_L \geqslant 50\%$。

3）细粒土应按其在图1-9中的位置确定土名称：

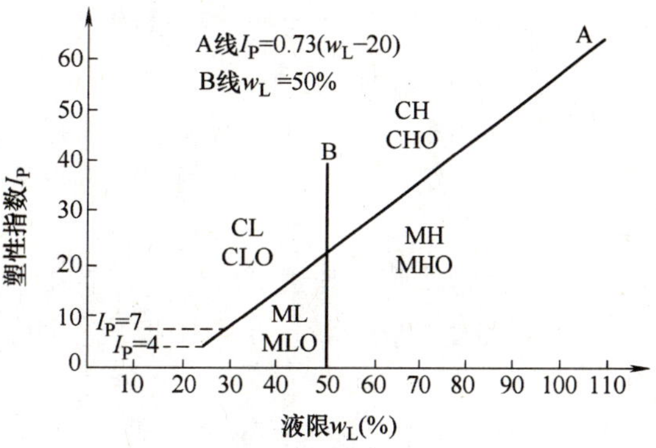

图1-9　塑性图

①当细粒土位于塑性图A线或A线以上时，在B线或B线以右，称高液限黏土，记为CH；在B线以左，$I_P = 7$ 线以上，称低液限黏土，记为CL。

②当细粒土位于A线以下时，在B线或B线以右，称高液限粉土，记为MH；在B线以左，$I_P = 4$ 线以下，称低液限粉土，记为ML。

4）含粗粒的细粒土应先按塑性图确定细粒土部分的名称，再按以下规定最终定名：

①当粗粒组中砾粒组质量多于砂粒组质量时，称含砾细粒土，应在细粒土代号后缀以代号“G”。

②当粗粒组中砂粒组质量多于或等于砂粒组质量时，称含砂细粒土，应在细粒土代号后缀以代号“S”。

5）土中有机质包括未完全分解的动植物残骸和完全分解的无定形物质，后者多呈黑色、青黑色或暗色，有臭味，有弹性和海绵感，借目测、手摸及嗅感判别。当不能判定时，可采用下列方法：将试样在105～110℃的烘箱中烘烤，若烘烤24h后试样的液限小于烘烤前的3/4，该试样为有机质土。

6）有机质土应根据图1-9按下列规定定名：

①位于塑性图A线或A线以上时，在B线或B线以右，称有机质高液限黏土，记为CH0；在B线以左，$I_P = 7$ 线以上，称有机质低液限黏土，记为CLO。

②位于塑性图A线以下时，在B线或B线以右，称有机质高液限粉土，记为MHO；在B线以左，$I_P = 4$ 线以下，称有机质低液限粉土，记为MLO。

（四）黄土、膨胀土和红黏土按图1-10定名

（1）黄土　低液限黏土（CLY）。分布范围：大部分在A线以上，$w_L < 40\%$。

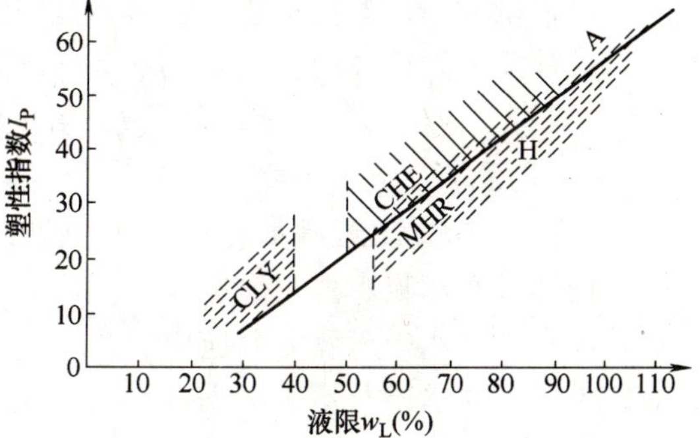

图1-10　特殊土塑性图

（2）膨胀土　高液限黏土（CHE）。分布范围：大部分在 A 线以上，$w_L>50\%$。

（3）红黏土　高液限粉土（MHR）。分布范围：大部分在 A 线以下，$w_L>55\%$。

二、土的简易鉴别与描述

土的简易鉴别方法是指用目测法代替筛分法确定土粒组成及其特征；用干强度、手捻、韧性和摇振反应等定性方法代替用液限仪测定细粒土塑性的方法。

（一）土简易鉴别

巨粒土和粗粒土采用目测法确定土粒组含量，将研散的风干试样摊成一薄层，凭目测估计土中巨、粗、细粒组所占的比例后，再按土的工程分类方法确定其为巨粒土、粗粒土或细粒土。

细粒土通常按照下列试验方法进行简易鉴别。

（1）干强度试验　将一小块土捏成土团，风干后用手指捏碎、掰断及捻碎，根据用力大小区分为：

1）很难或用力才能捏碎或掰断者为干强度高。

2）稍用力即可捏碎或掰断者为干强度中等。

3）易于捏碎和捻成粉末者为干强度低。

（2）手捻试验　将稍湿或硬塑的小土块在手中揉捏，然后用拇指和食指将土捻成片状，根据手感和土片光滑度可分为：

1）手感滑腻，无砂，捻面光滑者为塑性高。

2）稍有滑腻感，有砂粒，捻面稍有光泽者为塑性中等。

3）稍有黏性，砂感强，捻面粗糙者为塑性低。

（3）搓条试验　将含水率略大于塑限的湿土块在手中揉捏均匀，再在手掌上搓成土条，根据土条不断裂而能达到的最小直径可区分为：

1）能搓成小于 1mm 土条者为塑性高。

2）能搓成 1～3mm 土条而不断者为塑性中等。

3）能搓成直径大于 3mm 的土条即断裂者为塑性低。

（4）韧性试验　将含水率略大于塑限的土块在手中揉捏均匀，然后在手掌中搓直径为 3mm 的土条，再揉成土团，根据再次搓条的可能性可区分为：

1）能揉成土团，再成条，捏而不碎者为韧性高。

2）可再揉成团，捏而不易碎者为韧性中等。

3）勉强或不能揉成团，稍捏或不捏即碎者为韧性低。

（5）摇振反应试验　将软塑至流动的小土块，捏成土球，放在手掌上反复摇晃，并以另一手掌击此手掌，土中自由水渗出，球面呈现光泽；用两手指捏土球，放松后水又被吸入，光泽消失。根据上述渗水和吸水反应快慢可区分为：

1）立即渗水和吸水者为反应快。

2）渗水和吸水中等者为反应中等。

3）渗水、吸水慢及不渗不吸者为无反应。

根据上述的干强度、手捻、搓条、韧性和摇振反应的试验结果，细粒土按表 1-5 进行分类定名。

表 1-5　细粒土简易分类

半固态时的干强度	硬塑-可塑态时的手捻感和光滑度	土在可塑态时		软塑-流塑态时的摇振反应	土类代号
		可搓成最小直径/mm	韧性		
低～中	灰黑色，粉粒为主，稍黏，捻面粗糙	3	低	快～中	MLO
中	砂粒稍多，有黏性，捻面较粗糙，无光泽	2～3	低～中	快～中	ML
中～高	有砂粒，稍有滑腻感，捻面稍有光泽，灰黑色者为 CLO	1～2	中	无～很慢	CL CLO
中	粉粒较多，有滑腻感，捻面较光滑	1～2	中	无～慢	MH
中～高	灰黑色，无砂，滑腻感强，捻面光滑	<1	中～高	无～慢	MHO
高～很高	无砂感，滑腻感强，捻面有光泽，灰黑色者为 CHO	<1	高	无	CH CHO

（二）土样描述

在现场采样和试验开启试样时，应按下列内容描述土的状态。

（1）巨粒土和粗粒土　通俗名称及当地名称；土颗粒最大粒径；漂石粒、卵石粒、砾粒、砂粒组的含量；土颗粒形状（圆、次圆、棱角或次棱角）；土颗粒的矿物成分；土的颜色和有机质；细粒土（黏土或粉土）；土的代号和名称。

（2）细粒土　通俗名称及当地名称；土颗粒最大粒径；漂石粒、卵石粒、砾粒、砂粒组的含量；潮湿时土的颜色及有机质；土的湿度（干、湿、很湿或饱和）；土的状态（流动、软塑、可塑或硬塑）；土的塑性（高、中或低）；土的代号和名称。

此外，根据土的不同用途分别描述：如土用作填料时，按不同土类的分布层次及范围进行描述；当土用作地基时，则考虑土的分布层次及范围、结构性和密度。

三、土样采集和试样制备

土样的采集、运输和试样制备，是完成土工试验极其重要的环节，尤其是对特殊土的采集和运输应特别注意。如对原状冻土，在采集和运输的过程中应保持原土样温度和土样的结构以及含水率不变等。如果送到试验室的土样不符合要求，没有代表性，那么任何精密的仪器和规范的操作都将毫无意义。

（一）土样要求

采取原状土或扰动土视工程对象而定。凡属桥梁、涵洞、隧道、挡土墙、房屋建筑物的天然地基以及挖方边坡、渠道等，应采取原状土样；如为填土路基、堤坝、取土坑（场）或只要求土的分类试验者，可采取扰动土样。冻土采取原状土样时，应保持原土样温度，保持土样结构和含水率不变。

土样可在试坑、平洞、竖井、天然地面及钻孔中采取。取原状土样时，必须保持土样的原状结构及天然含水率，并使土样不受扰动。用钻机取土时，土样直径不得小于 10cm，并使用专门的薄壁取土器；在试坑中或天然地面下挖取原状土时，可用有上、下盖的铁壁取土筒，打开下盖，扣在欲取的土层上，边挖筒周围土，边压土筒至筒内装满土样，然后挖断筒底土层（或左右摆动即断），取出土筒，翻转削平筒内土样。若周围有空隙，可用原土填满，盖好下盖，密封取土筒。采取扰动土时，应先清除表层土，然后分层用四分法取样。

土样数量按相应试验项目规定采取。

取土记录和编号时无论采用什么方法，均应用“取样记录簿”记录并撕下其一半作为标签，贴在取土筒上（原状土）或折叠后放入取土袋内。取样记录簿宜用韧质纸，必须用铅笔填写各项记录。取样记录簿记录内容应包含：工程名称、路线里程（或地点）、记录开始日期、记录完毕日期、取样单位、采取土样的特征、试坑号、取样深度、土样号、取土袋号、土样名、用途、要求试验项目或取样说明、取样者姓名、取样日期等。对取样方法、扰动或原状、取样方向以及取土过程中出现的现象等，应记入取样说明栏内。

（二）土样包装和运输

原状土或需要保持天然含水率的扰动土，在取样之后，应立即密封取土筒，即先用胶布贴封取土筒上的所有缝隙，在两端盖上用红油漆写明“上、下”字样，以示土样层位。在筒壁贴上“取样记录簿”中扯下的标签，然后用纱布包裹，再浇注融蜡，以防水分散失。原状土样应保持土样结构不变；对于冻土，原状土样还应保持温度不变。密封后的原状土在装箱之前应放于阴凉处，不需保持天然含水率的扰动土，最好风干稍加粉碎后装入袋中。

土样装箱时，应与“取样记录簿”对照清点，无误后再装入，并在记录簿存根上注明装入箱号。对原状土应按上、下部位将筒立放，木箱中筒间空隙宜以稻（麦）草或软物填紧，以免在运输过程中受振、受冻。木箱上应编号并写明“小心轻放”、“切勿倒置”、“上”、“下”等字样。对已取好的扰动土样的土袋，在对照清点后可以装入麻袋内，扎紧袋口，麻袋上写明编号并拴上标签（如同行李签），签上注明麻袋号数、袋内共装的土袋数和土袋号。

（三）土样的制备

土样的制备程序是土工试验工作的第一质量要素。为保证试验成果的可靠性和试验数据的可比性，必须统一土样和试样的制备方法、程序。

扰动土的土样制备包括：风干、碾散、过筛、匀土、分样和贮存等预备程序以及击实、饱和等试样制备程序。扰动土试样制备时，视实际情况，分别按击实试验规程中标准击实方法制样，对中小型填方工程可按击样法或压样法进行。一般情况下，当试样的总厚度不大于50mm时，可采用压样法。原状土的土样制备包括开启、切取等。这些步骤的正确与否，都会直接影响试验成果。原状土的开土、土样描述及试样制备强调了对土样质量的鉴别。为了保证试验结果的可靠性，质量不符合要求的原状土样不能做力学性质试验。

课后训练

（1）从甲、乙两地黏性土中各取走土样进行稠度试验。两土样的液限、塑限都相同，$\omega_L=40\%$，$\omega_P=25\%$。但甲地的天然含水率$\omega=45\%$，而乙地的$\omega=20\%$。问两地的液性指数I_L各为多少？属何种状态？按I_P分类时，该土的定名是什么？哪一地区的土较适宜于作天然地基？

（2）有一砂类土试样，经筛分后各颗粒粒组含量如下，试给该砂类土进行定名描述。

粒组/mm	<0.075	0.075~0.1	0.1~0.25	0.25~0.5	0.5~1.0	>1.0
含量（%）	8.0	15.0	42.0	24.0	9.0	2.0

（3）某土样已测得其液限35%，塑限20%，请利用塑性图查该土的符号，并给该土定名。

（4）根据土的简易识别步骤初步进行常见土的鉴别，确定具体试验检测方法，运用颗粒分析试验和液塑限试验进行土的分类定名，并提供土的级配或稠度状态指标（详见实训任务二）。

任务三　土 的 压 实

案例导学

某高速公路段工程长度12km，路基宽度30m，公路段所处位置地势平坦低洼，高程为3.1～3.6m，周围河流密布。本工程沿线可分为两个地质区段：Ⅰ区段正常结构沉积层，表层3m左右为中、高液限湿黏土粉质黏土层（天然含水率为30%左右），土质较好；Ⅱ区段为古河道沉积层，以河口—滨海沉积相间交替。针对本工程段的过湿黏土，关键的问题是降低碾压时的含水量。要把黏性土的含水量从天然含水量30%以上降至最佳含水率（轻型标准19%～22%、重型标准13%～17%），实施时压实度控制应采取的技术措施是：

①取土点处采取井点降水，尽量降低天然含水率。

②采用细磨生石灰掺拌过湿黏土，降低含水率。

③尽量利用好的天气和雨水相对少、气温较高的季节，抓紧时间，集中人力，突击施工。

④严格控制碾压厚度，薄层重压，可使用羊角碾压路机进行施工，以确保压实度。

问题引入：

①什么是最佳含水率？最佳含水率对路基填筑施工有何意义？

②压实度的含义？影响压实度的因素有哪些？如何在施工过程中有效地控制压实度？

在工程建设中，经常遇到填土压实、软弱地基夯实和换土碾压等问题，常采用既经济又合理的压实方法，使土变得密实，在短期内提高土的强度以达到改善土的工程性质的目的。

土的击实性是指采用人工或机械对土施加夯压能量（如夯打、碾压、振动等方式），使土在短时间内压实变密，获得最佳结构，以改善和提高土的力学强度的性能，又称为土的压实性。研究土的压实性常用的方法有现场填筑试验和室内击实试验两种。前者是在某一工序动工之前在现场选一试验路段，按设计要求和拟定的施工方法进行填筑，并同时进行有关测试工作以查明填筑条件（如使用土料、填筑方法、碾压方法等）与填筑效果（压实度）的关系，从而可确定一些碾压参数。室内击实试验是通过击实仪进行，获得最大干密度与相应的最佳含水率，用来指导施工和确定压实度。

一、击实试验和击实曲线

在实验室内进行击实试验，是研究土击实性的基本方法，击实试验分轻型和重型两种。轻型击实试验适用于粒径不大于20mm的黏性土，而重型击实试验适用于粒径不大于40mm的土。击实试验所用的主要设备是击实仪，包括击实筒、击锤及导杆等。如图1-11所示轻型和重型两种击实仪，击实筒容积分别为997cm^3和2177cm^3；击锤质量分别为2.5kg和4.5kg；落高分别为30cm和45cm。试验时，将含水率ω为一定值的扰动土样分层装入击实筒中，每铺一层（共3～5层）后均用击锤按规定的落距和击数锤击土样，最后被击实的土样充满击实筒。由击实筒的体积和筒内被击实土的总重计算出湿密度 ρ，并可算出干密度 ρ_d。由一组几个（不少于5个）不同含水率的同一种土样分别按上述方法进行试验，绘制一条击实曲线，如图1-12所示。击实曲线反映土的击实特性如下：

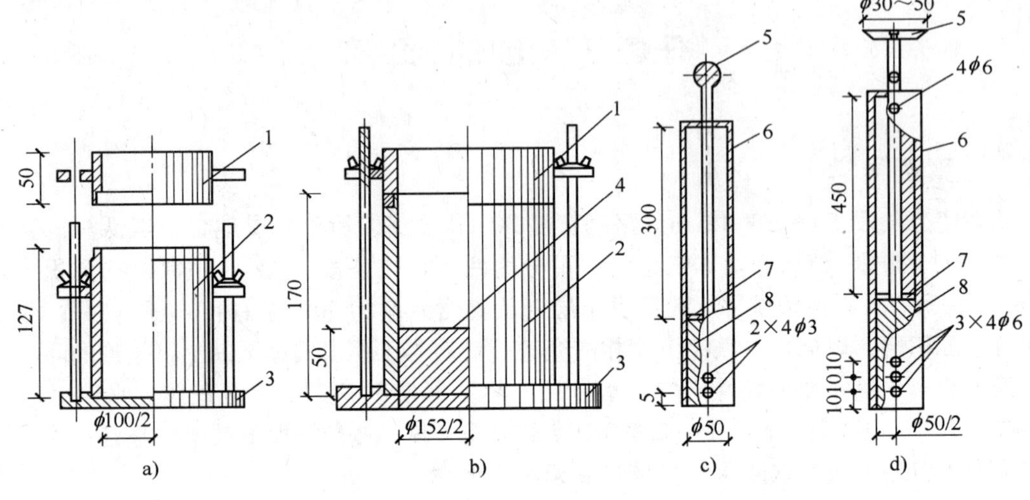

图1-11　标准击实仪示意图

a）小击实筒　b）大击实筒　c）2.5kg击锤　d）4.5kg击锤

1—套筒　2—击实筒　3—底板　4—垫块　5—提手　6—导筒　7—硬橡皮垫　8—击锤

①对于某一土样，在一定的击实功能作用下，只有当土的含水率为某一适宜值时，土样才能达到最密实，因此在击实曲线上就反映出有一峰值，峰点所对应的纵坐标值为最大干密度 ρ_{dmax}，对应的横坐标值为最佳含水率 ω_{op}。

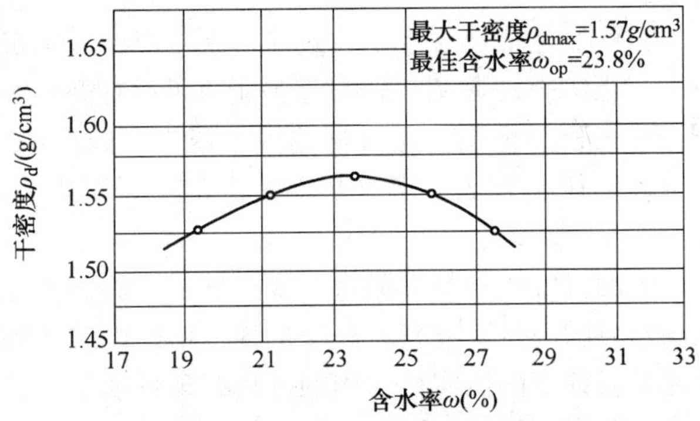

图1-12　击实曲线

②土在击实过程中，通过土粒的相互位移，很容易将土中气体挤出，但要挤出土中水分来达到击实的效果，对于黏性土，不是短时间的加载所能办到的。因此，人工击实不是挤出土中水分而是挤出土中气体来达到击实目的的。同时，当土的含水率接近或大于最佳含水率时，土孔隙中的气体越来越处于与大气不连通的状态，击实作用已不能将其排出土体之外。一般击实最好的土，气体含量也还有3%～5%（总计）留在土中，亦即击实土不可能被击实到完全饱和状态，击实曲线必然位于饱和曲线的左侧而不可能与饱和曲线有交点，如图1-13所示。

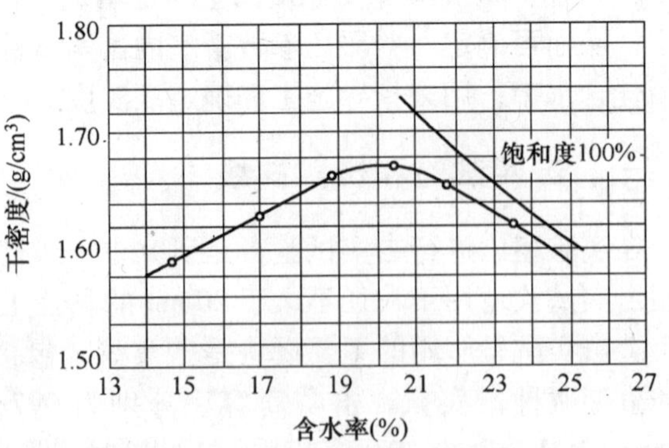

图1-13　击实曲线与饱和曲线关系

③当含水率低于最佳含水率时，干密度受含水率变化的影响较大，即含水率变化对干密度的影响在偏干时比偏湿时更加明显，因此，击实曲线的左段比右段的坡度陡。

二、影响土压实的因素

（1）含水率对整个压实过程的影响　由击实曲线可知，严格控制最佳含水率是关键，但是，不同的土类其最佳含水率和最大干密度也是不同的。一般粉粒和黏粒含量越多，土的塑性指数越大，土的最佳含水率也越大，同时其最大干密度越小。因此，一般砂性土的最佳含水率小于黏性土，而砂性土的最大干密度也大于黏性土。

（2）击实功对最佳含水率和最大干密度的影响　对同一种土用不同的击实功进行击实试验后表明：击实功越大，土的最大干密度也越大，而土的最佳含水率则越小。但是这种增大击实功是有一定限度的，超过这一限度，即使增加击实功，土的干密度的增加也不明显。

（3）不同压实机械对压实的影响　如光面压路机、羊足碾和振动压路机等，它们的压实效果各不相同，作用于不同土类时，其效果也不同。

（4）土粒级配的影响　在路基、路面基层材料等的施工中表明，粒料的级配对所能达到的密实度有明显的影响。均匀颗粒的砂、单一尺寸的砾石和碎石，都很难碾压密实。只有在良好级配条件下才能达到要求的密实度，也才能满足强度的稳定性的要求。

三、路基填料的选择与压实控制

（一）路基压实标准

填土压实后，应具有一定的密实度，密实度的检验用压实度来控制。土的压实度 K，定义为工地压实填土达到的干密度 ρ_d 与室内击实试验所得到的最大干密度 ρ_{dmax} 之比值，可由下式表示：

$$K=\frac{\rho_d}{\rho_{dmax}} \tag{1-16}$$

压实度是路堤填筑质量的标准，压实度越接近于1，表明对压实质量的要求越高。必须指出，现场施工的填土压实常采用碾压、夯实和振动方式来完成，这些方式无论是在击实能量、击实方法还是在土的变形条件方面，与室内击实试验都存在着一定的差异。因此，室内击实试验用来模拟工地压实仅是一种半经验的方法，要使填土压实的现场施工确保质量，达到要求的压实度，还应该进行现场检验。

在工地上对压实度的检验，一般可用环刀法、灌砂法、湿度密度仪法或核子密度仪法等，来测定土的干密度和含水率，具体选用哪种方法，可根据工地的实际情况决定。

（二）路基填料的选择

（1）巨粒土　级配良好的砾石混合料是较好的路基填料，粗粒土、细粒土中的低液限黏质土都具有较高的强度和足够的水稳定性，属于较好的路基填料。

（2）砂土　可用作路基填料，但由于没有塑性，受水流冲刷和风蚀易损坏，在使用时可掺入黏性大的土；轻、重黏土不是理想的路基填料，规范规定液限大于50、塑性指数大于26的土、含水量超过规定的土，不得直接作为路堤填料，需要应用时，必须采取满足设计要求的技术措施（例如含水量过大时加以晾晒），经检查合格后方可使用；粉土必须掺入较好的土体后才能用作路基填料，且在高等级公路中，只能用于路堤下层（距路槽底0.8m

以下）。

（3）黄土、盐渍土、膨胀土等特殊土体　不得已必须用作路基填料时，应严格按其特殊的施工要求进行施工。淤泥、沼泽土、冻土、有机土、含草皮土、生活垃圾、树根和含有腐殖物质的土，不得用作路基填料。

（4）钢渣、粉煤灰等材料　可用作路堤填料，其他工业废渣在使用前应进行有害物的含量试验，避免有害物质超标，污染环境。

（5）捣碎后的种植土　可用于路堤边坡表层。

（6）路基填方材料　应有一定的强度。

课后训练

（1）某黏性土土样的击实试验成果如下：

含水率(%)	7.4	8.8	10.0	12.2	15.2	17.2
干密度/(g/cm^3)	1.49	1.63	1.73	1.76	1.70	1.66

该土的土粒容重为27.0kN/m^3，试绘出该土的击实曲线，确定其最佳含水率与最大干密度，并求出相应于击实曲线峰点的饱和度与孔隙比各为多少?

（2）某料场的天然含水率为22%，土粒比重2.70，土的压实标准为$\rho_d=1.70g/cm^3$，为避免过度碾压而产生剪切破坏，压密土的饱和度不宜超过0.85，此料场的土料是否适于填筑？如果不适合，建议采取什么措施?

（3）完成击实试验，测定土的最佳含水率和最大干密度（详见实训任务三）。

项目二　地基沉降变形评价

项目概述

地基的沉降变形评价首先要学会对地基的受力进行分析，了解土的自重应力、附加应力的分布规律，评定土的压缩性高低，结合固结试验计算基础的最大沉降量，通过饱和土体的固结理论学习土的渗透性和地基沉降过程。

学习目标

（1）测定土的压缩指标，会评价地基土压缩性的高低。

（2）能够进行地基的受力分析，会计算土中应力；学会分层总合法和规范法计算最终沉降量。

（3）认识土的渗透性，从饱和土体的渗透固结过程计算地基沉降与时间的关系。

地基的沉降变形控制是建筑物安全使用的前提，古今中外与地基沉降变形相关的最经典案例当属意大利比萨斜塔。该塔的建造经历了三个时期：第一期，自 1173 年 9 月 8 日动工，至 1178 年，建至第 4 层中部，高度约 29m 时，钟塔倾斜，不知原因而停工。第二期，钟塔施工中断 94 年后，于 1272 年复工，至 1278 年，建完第 7 层，高 48m，再次停工。第三期，经第二次施工中断 82 年后，于 1360 年再复工，至 1370 年竣工。全塔共 8 层，高度为 55m。经过 12 年的修缮，耗资 2500 万美元，目前塔向南倾斜，南北两端沉降差 1. 80m，塔顶偏离开中心线已达 5. 27m。经勘察，事故原因在于地基持力层为粉砂，下面是粉土和黏土层导致沉降变形过大。所以，就地基产生沉降变形的原因分析：建筑物荷载作用产生地基中的附加应力是外因，而土本身具有压缩性是沉降产生的内因。

任务一　土的压缩指标测定

一、土的压缩性

土的压缩性是土的力学基本性质之一，它是指在外荷载作用下，土体产生体积压缩的性质，也可以说是反映土中应力变化与其变形之间关系的一种工程性质。简单定义土体的压缩性就是土体在压力作用下体积缩小的性质。

由于地基土是三相体（完全饱和土和干土是二相体），因此土体受力压实后，其压缩变形包括：①由于土粒及孔隙水和空气本身的压缩变形，试验研究表明，在一般压力（100 ~ 600kPa）作用下，这种压缩变形占总压缩量的比例甚微（约 1/4000），可忽略不计。②土中部分孔隙水和空气被挤出，使土粒产生相对位移，重新排列压密，同时还可能有部分封闭气体被压缩或溶解于孔隙水中，使孔隙体积减小，从而导致土的结构产生变形，因此这是引起土体压缩的主要原因。

需要指出，土的压缩变形需要一定的时间才能完成，对于无黏性土，压缩过程所需的时间较短；而对于饱和黏性土，由于透水性小，水被挤出得较慢，压缩过程所需要的时间相当长，可能需几年甚至几十年才能达到压缩稳定。因此，将土体在压力作用下，其压缩量随时间增长的过程，称为土的固结。

由于土的压缩变形主要是由于孔隙比减小的缘故，可以用压力与孔隙体积之间的变化来说明土的压缩性，并用于计算地基沉降量。土的压缩性高低以及压缩性随时间的变化规律，可通过压缩试验或现场荷载试验确定。

二、室内压缩试验

（一）试验原理

土体压缩的实质是土中孔隙体积的减小，由孔隙比的定义公式 $e=\frac{V_v}{V_s}$ 可知，当土粒体积保持不变时，孔隙体积 V_v 的变化完全可用孔隙比 e 的变化来表示。因此，可以将土的压缩变形过程视为土的孔隙比 e 随着压应力 p 的增加而逐渐减小的过程。孔隙比 e 与压力 p 二者之间的关系曲线可由侧限压缩试验确定。

如图 2-1 所示是压缩仪（也称固结仪）示意图，侧限压缩试验一般在试验室进行。其试验方法是：先用环刀切取原状土，连同环刀放入容器，土样上下两面均有透水石，使土样受压缩时便于孔隙水自由排出。另有加压装置，通过传压活塞可给土样施加压力。土样的变形可通过测微表读值得到。在加压过程中，由于金属环刀及护环的限制，土样在压力作用下只能发生竖向压缩，而不能产生侧向变形（膨胀），故称为侧限条件下的压缩试验。试验的目的是要测定出在各级压力（$p=50$kPa、100kPa、200kPa、300kPa、400kPa）作用下，每次土样压缩稳定后的相应压缩变形量 S_i。从而算出相应的孔隙比（e_1、$e_2\cdots$）和压缩性指标。

设原状土样受压前的初始高度为 H_0，土粒体积 $V_s=1$，孔隙体积 $V_v=e_0$，受压后的土样高度为 $H_1=H_0-\Delta S_i$，土粒体积不变 $V_s=1$，孔隙体积 $V_v=e_1$（图 2-2），由于试验过程中土粒体积 V_s 不变以及在侧限条件下试验使得土样的横截面积 A 也不变，则有：

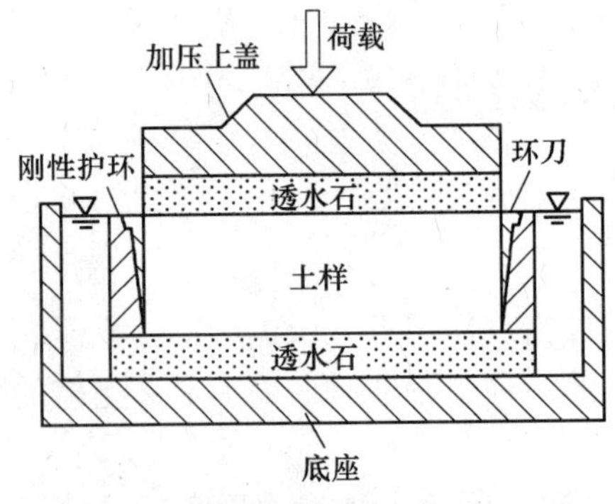

图 2-1　侧限压缩试验压缩仪示意图

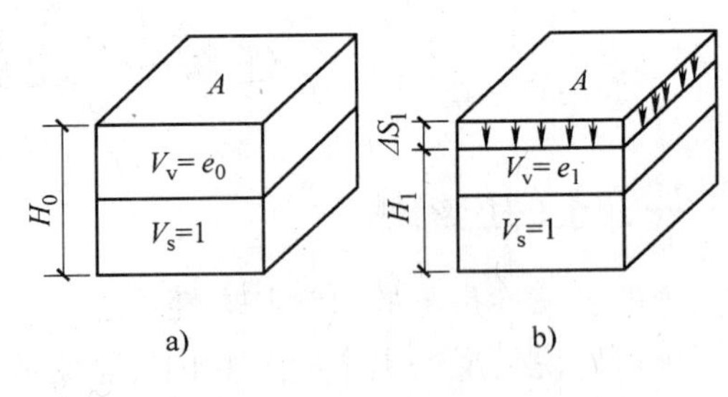

图 2-2　侧限压缩土样孔限比变化
a）加荷载前　b）加荷载后

受压前土样体积为　　$1+e_0=H_0A$

受压后土样体积为　　$1+e_1=H_1A$

由于两式土样横截面积 A 相等，即

$$\frac{1+e_0}{H_0}=\frac{1+e_1}{H_1} \tag{2-1}$$

将 $H_1=H_0-\Delta S_1$ 代入式（2-1）得到：

$$e_1=e_0-\frac{\Delta S_1}{H_0}(1+e_0) \tag{2-2}$$

$$e_0=\frac{G_s(1+\omega_0)}{\rho_0}-1$$

式中　e_0——土样初始孔隙比；

G_s——土粒相对密度；

ρ_0——土样的初始密度（g/cm³）；

ω_0——土样的初始含水率，以小数计算；

H_0——试样初始高度（cm）；

S——某级压力下试样高度变化量（cm）。

利用式（2-2）算出各级压力作用下相应的孔隙比 e，然后以孔隙比 e 为纵坐标，以压力 p 为横坐标，根据试验结果绘出土的 e-p 曲线，如图 2-3 所示。

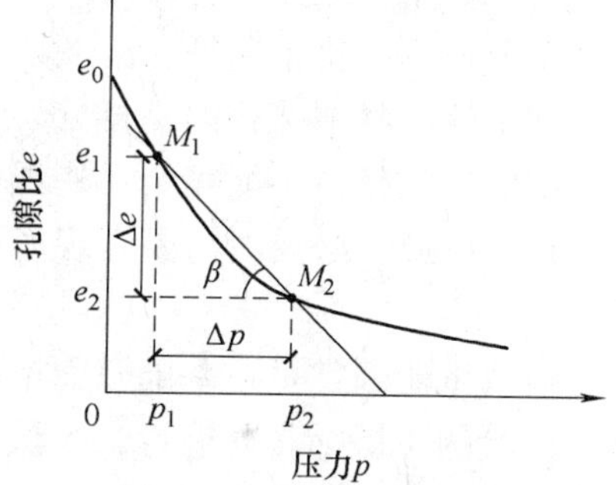

图 2-3　土的 e-p 曲线

（二）压缩性指标

（1）压缩系数 a　e-p 曲线可反映土的压缩性的高低，压缩曲线越陡，说明随着压力的增加，土的孔隙比减小越多，则土的压缩性越高；若曲线越平缓，则土的压缩性越低。在工程上，当压力 p 的变化范围不大时，如图 2-3 中从 p_1 到 p_2，压缩曲线上相应的 M_1M_2 段可近似地看成直线，即用割线 M_1M_2 代替曲线，土在此段的压缩性可用该割线的斜率来反映，则直线 M_1M_2 的斜率称为土体在该段的压缩系数，即

$$a=\frac{e_1-e_2}{p_2-p_1} \tag{2-3}$$

式中　a——土的压缩系数（kPa^{-1} 或 MPa^{-1}）；

p_1——增压前的压力（kPa）；

p_2——增压后的压力（kPa）；

e_1、e_2——增压前、后土体在 p_1 和 p_2 作用下压缩稳定后的孔隙比。

由式（2-3）可知，a 越大，说明压缩曲线越陡，表明土的压缩性越高；a 越小，则曲线越平缓，表明土的压缩性越低。但必须注意，由于压缩曲线并非直线，故同一种土的压缩系数并非常数，它取决于压力间隔（p_2-p_1）及起始压力 p_1 的大小。从对土评价的一致性出发，工程实用上常取压力 $p_1=100$kPa、$p_2=200$kPa 对应的压缩系数 a_{1-2} 作为判别土压缩性的标准。按照 a_{1-2} 的大小将土的压缩性划分如下：

$a_{1-2}<0.1\text{MPa}^{-1}$　　　　属低压缩性土；

$0.1MPa^{-1} \leqslant a_{1-2} < 0.5MPa^{-1}$　属中压缩性土；

$a_{1-2} \geqslant 0.5MPa^{-1}$　属高压缩性土。

（2）压缩模量 E_s　根据 e-p 曲线可求出另一个压缩性指标，即压缩模量。它是指土在有侧限压缩的条件下，竖向压力增量 $\Delta p=(p_2-p_1)$ 与相应的应变增量 $\Delta\varepsilon$ 的比值，其单位为 kPa 或 MPa，表达式为：

$$E_s=\frac{\Delta p}{\Delta\varepsilon}=\frac{\Delta p}{\Delta s/H_1}=\frac{p_2-p_1}{(e_1-e_2)/(1+e_1)}=\frac{1+e_1}{a} \tag{2-4}$$

E_s 越大，表示土的压缩性越低；反之 E_s 越小，则表示土的压缩性越高。一般情况下，按照 E_s 的大小将土的压缩性划分如下：

$E_s<4MPa$　属高压缩性土；

$E_s=4\sim15MPa$　属中压缩性土；

$E_s>15MPa$　属低压缩性土。

三、现场荷载试验

固结试验简单易行，但所需土样是在现场取样得到，在现场取样、运输、室内试件制作等过程中，不可避免地对土样产生了不同程度的扰动。试验时的各种试验条件（如侧限条件、加荷速率、排水条件、温度以及土样与环刀之间的摩擦力等）也不可能做到完全与现场天然土的实际情况相同，可见，室内固结试验得到的压缩指标不能完全反映现场天然土的压缩性。因此，必要时需要在现场进行荷载试验。

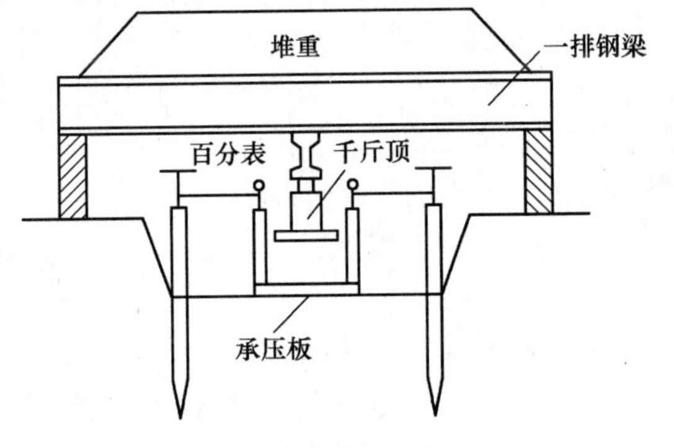

图 2-4　荷载试验示意图

荷载试验通常是在基础底面标高处或需要进行试验的土层标高处进行，当试验土层顶面具有一定埋深时，需要挖试坑，试验示意图如图 2-4 所示。试坑尺寸以能设置试验装置，便于操作为宜。当试坑深度较大时，确定试坑宽度时还应考虑避免坑外土体对试验结果产生影响，一般规定试坑宽度不应小于 3b（b 为承压板的宽度或直径）。试验点一般布置在勘查取样的钻孔附近。承压板的面积一般为 0.25～1.00m^2，挖试坑和放置试验设备时注意保持试验土层的原状土结构和天然湿度，试验土层顶面一般采用不超过 20mm 厚的粗砂、中砂找平。

试验加荷标准：第一级荷载（包括设备重力）应接近所卸除的自重应力，其相应的沉降不计，以后每级荷载增量对较软的土采用 10～25kPa，对较密实的土采用 50kPa。加荷等级不应小于八级，最终施加的荷载应接近土的极限荷载，并不少于荷载设计值的两倍。荷载试验的观测标准如下：

1）每级加载后，按间隔 10min、10min、10min、15min、15min，以后每间隔 30min 读一次沉降，当连续 2h 内每小时的沉降量小于 0.1mm 时，可以认为变形已趋于稳定，可加下一级荷载。

2）当出现有下列现象之一时，即可认为土已达到极限状态：①承压板周围土有明显的侧向挤出隆起（砂土）或发生裂纹（黏性土和粉土）。②沉降急剧增大，p-s 曲线出现陡降段。③在某一级荷载下，24h 内沉降速率不能达到稳定标准。④$s/b \geqslant 0.06$。当满足终止加载的前三个条件之一时，其对应的前一级荷载为极限荷载。

根据沉降观测记录并进行修正后（即 p-s 曲线的直线段应通过坐标原点），可以绘制荷载与相应沉降量的关系曲线以及每一级荷载沉降量与时间的关系曲线（s-t 曲线），如图 2-5 所示。同一荷载下不同的土在变形过程中所反映的特征也是不一样的，砂土的沉降很快就达到稳定，而饱和黏土却很慢。

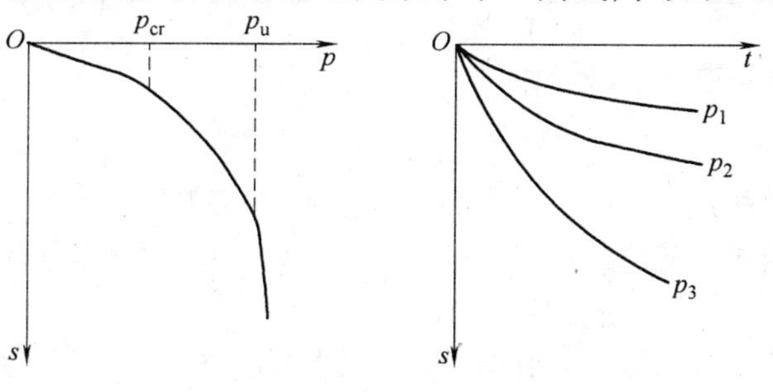

图 2-5 荷载试验的 p-s 曲线和 s-t 曲线

应该注意：由于试验时承压板的面积有限，压力的影响深度只限于承压板下不厚的一层土，影响深度约为 $(1.5\sim2)b$，不能完全反映压缩层土的性质，因此，在利用荷载试验资料研究地基的压缩性特别是在确定土的承载力时，应采取分析的态度。必要时应在地基主要压缩层范围内的不同深度上进行荷载试验。

课后训练

（1）什么是土的压缩系数？它怎样反映土的压缩性？一种土的压缩系数是否为常数？其大小与什么因素有关？

（2）某工程 3 号钻孔土样 3-1 粉质黏土和土样 3-2 淤泥质黏土的压缩试验数据列于下表，试绘制 e-p 曲线，并计算 a_{1-2}，评价其压缩性。

压缩试验数据

垂直压力/kPa		0	50	100	200	300	400
孔隙比	土样 3-1	0.866	0.799	0.770	0.736	0.721	0.714
	土样 3-2	1.085	0.960	0.890	0.803	0.748	0.707

（3）某土样的相对密度 $G_s=2.8$，天然容重 $\gamma=19.8\text{kN/m}^3$，含水率 $w=20\%$，取该土样进行固结试验，环刀高度 $h_0=2.0\text{cm}$。当施加压力 $P_1=100\text{kPa}$ 时，测得其稳定的压缩量 $\Delta S_1=0.80\text{mm}$；$P_2=200\text{kPa}$ 时，$\Delta S_2=0.95\text{mm}$。试求其相应的孔隙比 e_0、e_1、e_2 和压缩系数 a_{1-2} 及压缩模量 E_{1-2}，评价该土的压缩性。

（4）做固结试验，测土的压缩指标，评定土体的压缩性（详见实训任务四）。

任务二 地基沉降变形计算

建筑物的建造使地基土中原有的应力状态发生了变化，如同其他材料一样，地基土受力后也要产生应力和变形。在地基土层上建造建筑物，基础将建筑物的荷载传递给地基，使地基中原有的应力状态发生变化，从而引起地基变形，其垂向变形即为沉降。如果地基应力变化引起的变形量在建筑物容许范围以内，则不致对建筑物的使用和安全造成危害。但是，当外荷载在地基土中引起过大的应力时，过大的地基变形会使建筑物产生过量的沉降，影响建筑物的正常使用，甚至可以使土体发生整体破坏而失去稳定。因此，研究地基土中应力的分布规律是研究地基和土工建筑物变形及稳定问题的理论依据，它是地基基础设计中的一个十分重要的问题。

一、土体中的应力

地基中的应力按其产生的原因不同，可分为自重应力和附加应力。二者合起来构成土体中的总应力。自重应力是指在未修建建筑物之前，由土体本身自重引起的应力；附加应力是由于修建建筑物产生的荷载，在地基中增加的应力。

（一）自重应力的计算

由土体重力引起的应力称为自重应力。自重应力一般是自土体形成之日起就产生于土中。

（1）均匀土体自重应力的计算　向两边无限延伸的平面称为无限大平面，无限大平面以下的无限空间称半无限空间，当地基相对于基础尺寸而言大很多时，就可以把地基看作是半无限弹性体。如图 2-6 所示，以天然地面任一点为坐标原点 O，坐标 z 轴竖直向下为正。设地基土为均质体，其天然重度为 γ，故地基中任意深度 z 处的竖向自重应力 σ_{cz} 就等于单位面积上的土柱重量，如图 2-7 所示。

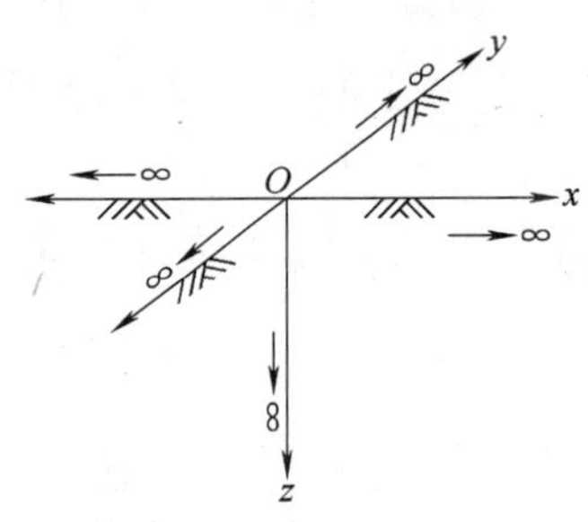

图 2-6　半无限空间体

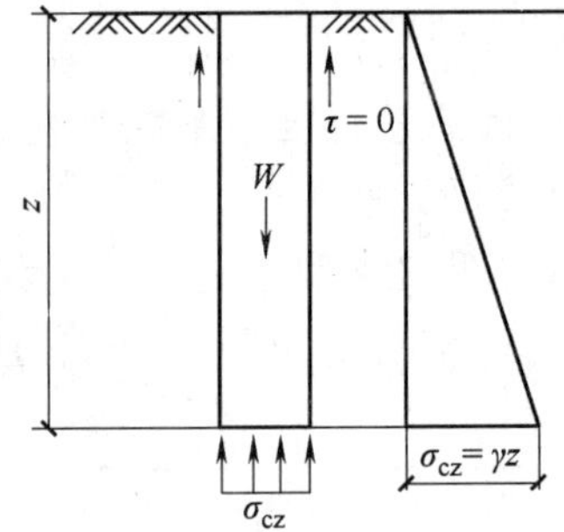

图 2-7　均质土的自重应力

对于天然重度为 γ 的均质土：

$$\sigma_{cz}=\frac{G}{A}=\frac{\gamma zA}{A}=\gamma z \tag{2-5}$$

（2）成层土体自重应力的计算　对于成层土，并存在地下水：

$$\sigma_{cz}=\gamma_1H_1+\gamma_2H_2+\cdots+\gamma_nH_n=\sum_{i=1}^{n}\gamma_iH_i \tag{2-6}$$

式中　γ_i——第 i 层土的重度（kN/m^3），地下水位以上的土层一般采用天然重度，地下水位以下的透水土层采用浮重度，毛细饱和带的土层采用饱和重度。

土的自重应力沿深度成直线或折线分布，在土层界面处和地下水位处将发生转折。

（3）土层中有地下水时自重应力的计算　地下水位以上的土层采用天然重度，地下水位以下，对于透水层（如砂、碎石类土及液性指数大于或等于 1 的黏性土），孔隙中充满自由水，土颗粒将受到水的浮力作用，应采用浮重度。若在地下水位以下有不透水层（如液性指数小于 1 的黏土、液性指数小于 0.5 的亚黏土或亚砂土、致密岩石等）长期浸泡在水中，由于不透水层中不存在水的浮力，所以层面及层面以下的自重应力应按上覆土层的水土总重计算。这样，紧靠上覆层与不透水层界面上下的自重应力有突变，使层面处具有两个自重应力值。

特别需要提醒的是：自重应力的计算一定要从天然地面算起，不是河床水面，也不是基坑底面。一般而言，自重应力计算都是指土体的竖向自重应力 σ_{cz}，而土中任意点亦存在水平向自重应力，即 $\sigma_{cx}=\sigma_{cy}=K_0\sigma_{cz}$，式中比例系数 K_0 称为土的侧压力系数或静止土压力系数，其值与土的类别和物理状态有关，可由试验确定。

【例 2-1】 已知如图 2-8 所示地层剖面（尺寸：m），试计算其自重应力并绘制自重应力分布图。

解： 一层的顶：$\sigma_{cz0}=0\text{kPa}$

一层的底：$\sigma_{cz1}=\gamma_1 h_1=15.7\times 0.5\text{kPa}=7.85\text{kPa}$

二层的底：$\sigma_{cz2}=\gamma_1 h_1+\gamma_2 h_2=7.85+17.8\times 0.5\text{kPa}=16.75\text{kPa}$

三层的底：$\sigma_{cz3}=\gamma_1 h_1+\gamma_2 h_2+\gamma_3' h_3=16.75+(18.1-10)\times 3\text{kPa}=41.05\text{kPa}$

四层的底：$\sigma_{cz4}=\gamma_1 h_1+\gamma_2 h_2+\gamma_3' h_3+\gamma_4' h_4=41.05+(16.7-10)\times 7\text{kPa}=87.95\text{kPa}$

五层的顶：$\sigma_{cz4}'=\gamma_1 h_1+\gamma_2 h_2+\gamma_3' h_3+\gamma_4' h_4+\gamma_w h_w=87.95+(3+7)\times 10\text{kPa}=187.95\text{kPa}$

五层的底：$\sigma_{cz5}=\gamma_1 h_1+\gamma_2 h_2+\gamma_3' h_3+\gamma_4' h_4+\gamma_w h_w+\gamma_{sat5} h_5=187.95+19.6\times 4\text{kPa}=266.35\text{kPa}$

自重应力分布如图 2-8 所示。

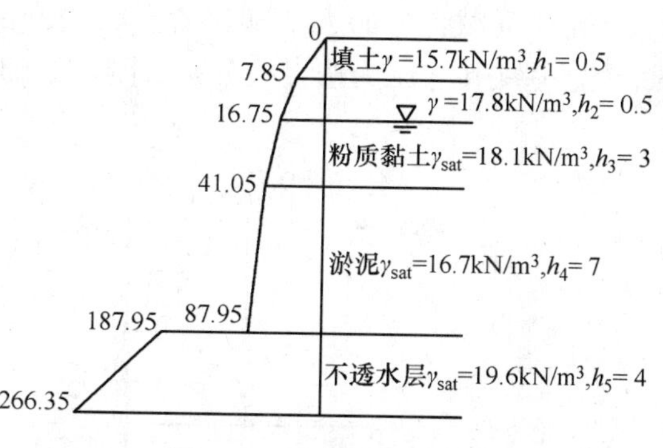

图 2-8　自重应力分布图

（二）基底压力计算

（1）基底压力分布　建筑物荷载通过基础传递给地基，在基础底面与地基之间便产生了接触应力。它既是基底作用于地基的基底压力，同时又是地基反作用于基础的基底反力。其大小等于作用于基础底面土层单位面积的压力，单位为 kPa。在计算地基中的附加应力以及设计基础结构时，都必须清楚基底压力的分布规律。基底压力的分布主要取决于地基基础的相对刚度、基础的埋置深度、荷载大小和分布情况以及地基土的性质等诸多因素。

1）柔性基础。柔性基础（如土坝、路基）刚度很小，除承受压力外还能承担一定量的弯矩。因此柔性基础基底压力的分布形式与上部荷载的作用形式相同，如图 2-9 所示。

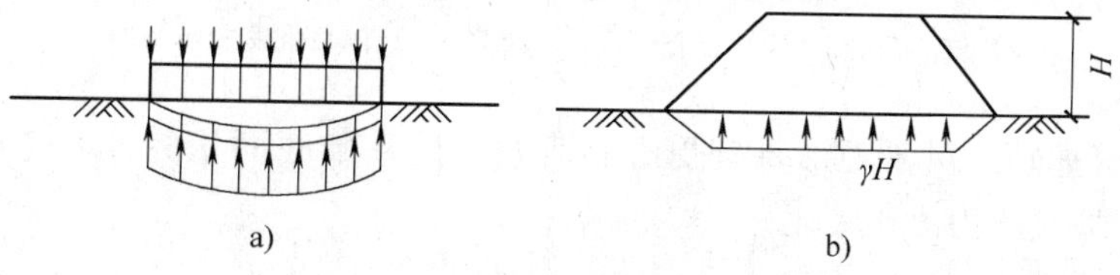

图 2-9　柔性基础下的基底压力分布

a）理想柔性基础　b）路堤下地基反力分布

2）刚性基础。刚性基础（如块式整体基础、素混凝土基础）刚度大，只能承受压力的基础，基础受力后其本身变形很小，下沉后其底面仍保持平面形状。刚性基础基底压力分布有三种，如图 2-10 所示。当荷载较小时，基底压力分布形状接近弹性理论解，基底压力的分布形式如图 2-10a 中虚线所示，荷载增大后，呈马鞍形（图 2-10a）；荷载再增大时，边缘塑性破坏区逐渐扩大，所增加的荷载必须靠基底中部力的增大来平衡，基底压力图形可变为抛物线形（图 2-10b）以至倒钟形分布（图 2-10c）。

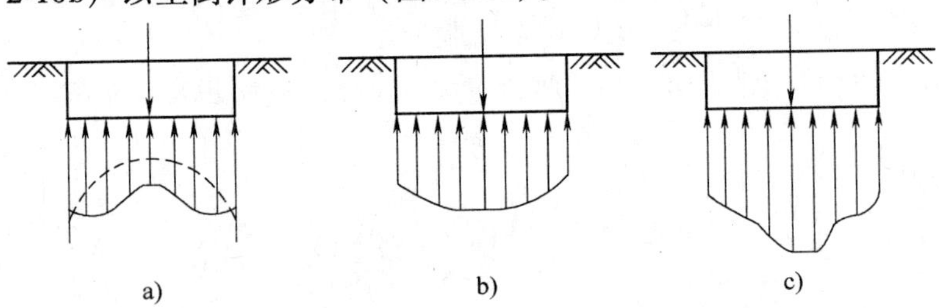

图 2-10　刚性基础下压力分布

a）马鞍形　b）抛物线形　c）倒钟形

（2）基底压力的简化计算　基底压力的分布是十分复杂的，但由于基底接触压力都是作用在地表面附近，根据弹性理论相关原理可知，其具体分布形式对地基中应力计算的影响将随深度的增加而减少，至一定深度后，地基中应力分布几乎与基底压力的分布形状无关，而只决定于荷载合力的大小和位置。因此，目前在地基计算中，常采用材料力学的简化方法，假定基底接触压力按直线分布。刚性基础基底压力分布图形如图 2-11 所示。

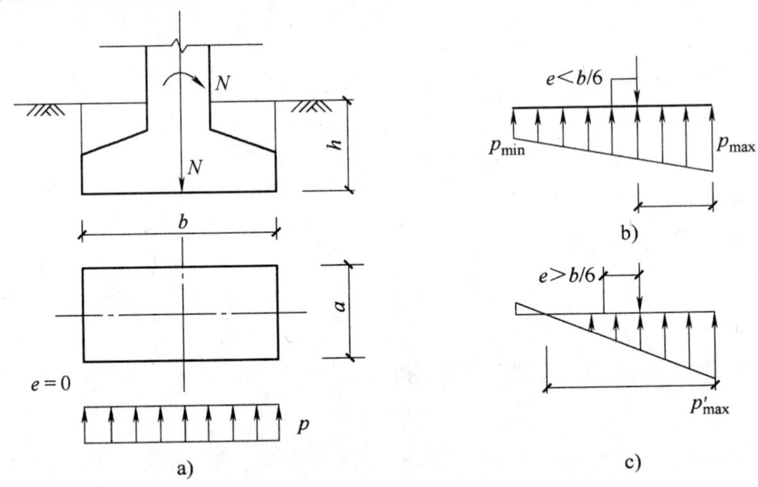

图 2-11　基底反力分布的简化计算

a）中心荷载下　b）偏心荷载 $e<b/6$ 时　c）偏心荷载 $e>b/6$ 时

1）中心受压基础。对于矩形基础受中心荷载，设基础底面积为 A，按照材料力学正应力的计算公式，基底压力 P 为：

$$P=\frac{N}{A} \tag{2-7}$$

式中　P——基础底面的平均压力（kPa）；

N——作用短期效应组合在基底产生的竖向力（kN）；

A——基础底面面积（m^2）。

2）偏心受压基础。基底单向偏心受压，竖向力 N 和弯矩 M 共同作用时，基底压力 P 为：

$$p_{\min}^{\max} = \frac{N}{A} \pm \frac{M}{W} = \frac{N}{A} \pm \frac{N \cdot e}{A} = \frac{N}{A}\left(1 \pm \frac{6e}{b}\right) \tag{2-8}$$

式中　$p_{\min}^{\max}$——基底边缘的最大和最小压应力（kPa）；

N——作用短期效应组合在基底产生的竖向力（kN）；

M——作用短期效应组合产生于墩台的水平力和竖向力对基底重心轴的弯矩（kN·m）；

W——基础底面偏心方向面积抵抗距，如为矩形基底 $W = \frac{ab^2}{6} = \rho A$，$\rho$ 为基底核心半径；

e——竖直荷载合力的偏心距（m）；

b——有偏心方向的基础底面边长（m）。

从式（2-8）可以看出，基底应力的分布有以下三种情况：

当 $e < \frac{b}{6}$ 时，$p_{\min}$ 为正值，基底应力按梯形分布。

当 $e = \frac{b}{6}$ 时，$p_{\min}$ 为零，基底应力按三角形分布。

当 $e > \frac{b}{6}$ 时，$p_{\min}$ 为负值，表示基底一侧出现拉应力。

由于地基土不可能承受拉力，此时基底与地基土局部脱开，使基底地基反力重新分布。根据偏心荷载与基底地基反力的平衡条件，地基反力的合力作用线应与偏心荷载作用线重合，得基底边缘最大地基反力 $p'_{\max}$ 为：

$$p'_{\max} = \frac{2N}{3\left(\frac{b}{2} - e\right)a} \tag{2-9}$$

（3）基底附加压力的计算　建筑物的基础底面总是要埋置在地面以下一定的深度，这个深度称为基础埋置深度，用 h 表示。基底附加压力是指作用于地基表面，由于建造建筑物而新增加的压力，即导致地基中产生附加应力的那部分基底压力，又称基底净压力值。基底附加压力在数值上等于基底压力扣除基底标高处原有土体的自重应力。一般情况下，建筑物建造前天然土层在自重作用下的变形早已结束，因此，只有基底附加压力才能引起地基的附加应力和变形。

基底附加压力为：

$$p_0 = p - \gamma_0 h \tag{2-10}$$

式中　p_0——基底附加压力（kPa）；

p——基底压应力（kPa）；

γ_0——深度 h 范围内各土层的换算重度（kN/m^3）；

h——基底的埋置深度（m）。当基础受水流冲刷时，由一般冲刷线算起；当不受水流冲刷时，由天然地面算起；如位于挖方内，则由开挖后地面算起。

【例 2-2】 有一矩形桥墩基础，$a=6.0\text{m}$，$b=4.0\text{m}$，基础埋深 $h=3.0\text{m}$，$\gamma_0=18.5\text{kN/m}^3$。受到沿 b 方向的单向偏心荷载 $N=8000\text{kN}$ 的作用，偏心矩 $e=0.40\text{m}$，如图 2-12 所示。试计算基底压力和基底附加压力，并绘出其分布图。

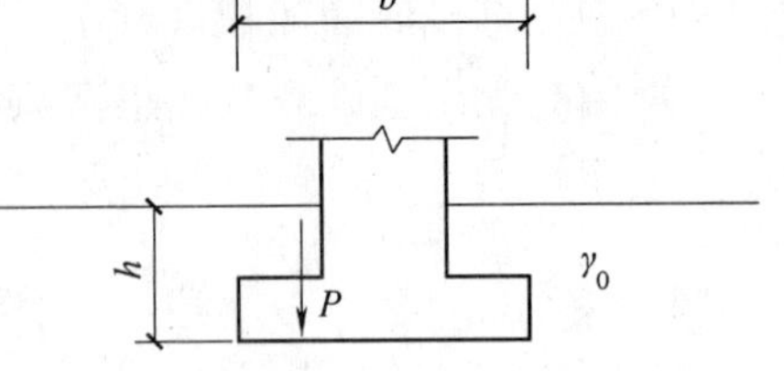

图 2-12　例题 2-2 图

解： 基底面积 $A=ab=6\times4=24\text{m}^2$

基础埋深内土层自重

$$\gamma_0 h=18.5\times3=55.5\text{kPa}$$

由 $e=0.40\text{m}$，$b=4.0\text{m}$，$e<b/6$

基底压力　$p_{\min}^{\max}=\dfrac{N}{A}\left(1\pm\dfrac{6e}{b}\right)=\dfrac{8000}{24}\times\left(1\pm\dfrac{6\times0.4}{4}\right)=\dfrac{533}{133}\text{kPa}$，梯形分布

533kPa　133kPa

基底附加压力　$p_{0\min}^{\max}=p-\gamma_0 h=\dfrac{533}{133}-55.5=\dfrac{477.5}{77.5}\text{kPa}$，梯形分布

477.5kPa　77.5kPa

（三）附加应力的计算

对一般天然土层，由自重应力引起的压缩变形已经趋于稳定，不会再引起地基的沉降。附加应力是由于土层上部的建筑物在地基内新增的应力，因此，它是使地基变形、沉降的主要原因。为了说明附加应力的应力分布特点，可将构成地基的土颗粒看成是无数个直径相同的小圆球，如图 2-13 所示。

设沿垂直面方向作用一线荷载 $F=1$，由图 2-13 可见，第二层两个小球各受 1/2 的力；第三层共有三个小球受力，右边的小球受力大小和左边的小球受的力相同，即承受第二层右边小球一半的力，等于 1/4，中间的小球因为它同时承受第二层两个小球传给它 1/4 的力，所以它受力为 $2\times1/4=1/2$；第四层和以下几层小球所受力的大小，已经标注在小球上。为了表示清楚附加应力在地基中的分布规律，已将最下边一层小球受力大小按比例画在图上。通过上面的分析可知土中附加应力分布特点（图 2-14）如下：

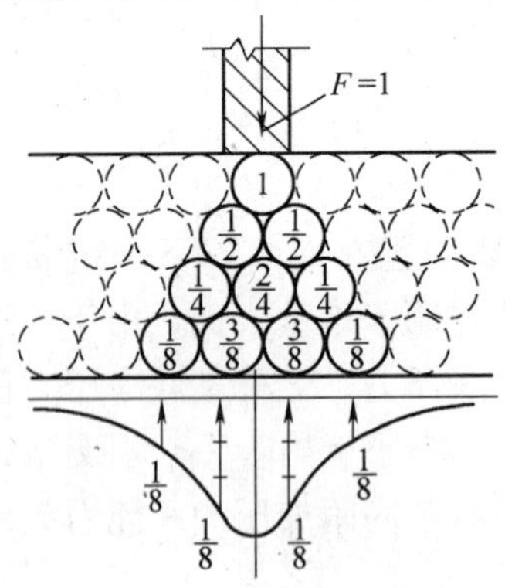

图 2-13　土中应力扩散示意图

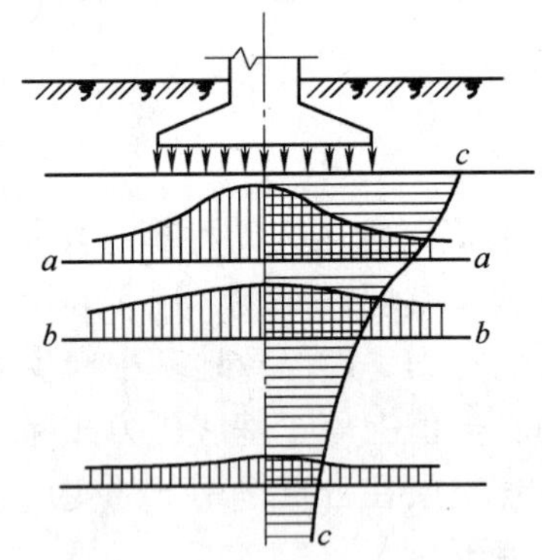

图 2-14　附加应力分布情况

①地面下同一深度的水平面上的附加应力不同，沿力的作用线上的附加应力最大，向两边则逐渐减小。

②距地面越深，应力分布范围越大，在同一铅垂线上的附加应力不同，越深则越小。

③在集中力作用线上，当 $z=0$ 时，$\sigma_z\to\infty$，随着深度增加，σ_z 逐渐减小。

附加应力计算说明：

①求解地基中的附加应力时，一般假定地基土是连续、均质、各向同性的半无限弹性体，这样就可以直接采用弹性力学中关于弹性半空间的理论解答，即布辛奈斯克公式。

②附加应力的计算需要考虑到基底压力的分布、基础的形状、刚度大小等多种因素，一般土力学教材中多是介绍：竖向集中力下的附加应力、矩形基础均布荷载、矩形基础三角形分布荷载、圆形基础均布荷载、条形基础均布荷载、条形基础三角形分布荷载等地基附加应力计算方法。本书对各种方法不做展开介绍，以最常用的矩形基础均布荷载为例来学习求解地基附加应力。

在均匀、各向同性的半无限弹性体表面作用一竖向集中力 P 时，半无限体内任意点 M 的应力可由布辛奈斯克公式计算：

$$\sigma_z = \frac{3P}{2\pi}\frac{z^3}{R^5} \tag{2-11}$$

从公式（2-11）中可以看出，距离地表集中力 P 的作用点越远时，其影响越小，这就是通常所称的应力扩散作用。

实际工程中普遍存在的分布荷载作用时，附加应力的计算采用如下方法处理：当基础底面的形状或基底压力分布不规则时，可以把分布荷载分割为许多集中力，然后用布辛奈斯克公式和叠加原理计算附加应力。当基础底面的形状及分布荷载有规则时，则可以通过积分求解得相应的附加应力。

由于基础的形状有条形、方形、矩形及其他复杂形状，荷载的分布也不均匀，在计算土中某点的附加应力时，为简化计算采用下列简单表达式：

$$\sigma_z = \alpha P_0 \tag{2-12}$$

式中　α——外加压力 P 引起的系数，故称附加应力系数，它与基础形状及土中某点深度 z 有关。如为矩形基础，当荷载为均匀分布时，其中心点下竖向附加应力系数是 a/b，z/b 的函数，可由表 2-1 查得。

P_0——基底附加应力，即基底净压力值（见公式 2-10）。

表 2-1　矩形面积均布荷载中点下的竖向应力系数

z/b	矩形的长宽比 a/b											≥10 条形基础
	1.0	1.2	1.4	1.6	1.8	2.0	2.4	2.8	3.2	4.0	5.0	
0.0	1.000	1.000	1.000	1.000	1.000	1.000	1.000	1.000	1.000	1.000	1.000	1.000
0.1	0.980	0.984	0.986	0.987	0.987	0.988	0.988	0.989	0.989	0.989	0.989	0.989
0.2	0.960	0.968	0.972	0.974	0.975	0.976	0.976	0.977	0.977	0.977	0.977	0.977
0.3	0.880	0.899	0.910	0.917	0.920	0.923	0.925	0.928	0.928	0.929	0.929	0.929
0.4	0.800	0.830	0.848	0.859	0.866	0.870	0.875	0.878	0.879	0.880	0.881	0.881
0.5	0.703	0.741	0.765	0.781	0.791	0.799	0.810	0.812	0.814	0.817	0.818	0.818
0.6	0.606	0.651	0.682	0.703	0.717	0.727	0.737	0.746	0.749	0.753	0.754	0.755
0.7	0.527	0.574	0.607	0.630	0.648	0.660	0.674	0.685	0.690	0.694	0.697	0.698
0.8	0.449	0.496	0.532	0.558	0.578	0.593	0.612	0.623	0.630	0.636	0.639	0.642
0.9	0.932	0.437	0.473	0.499	0.520	0.536	0.559	0.572	0.579	0.588	0.592	0.596
1.0	0.334	0.378	0.414	0.441	0.463	0.482	0.505	0.520	0.529	0.540	0.545	0.550
1.1	0.295	0.336	0.369	0.396	0.418	0.436	0.462	0.479	0.489	0.501	0.508	0.513

（续）

z/b	矩形的长宽比 a/b											≥10 条形基础
	1.0	1.2	1.4	1.6	1.8	2.0	2.4	2.8	3.2	4.0	5.0	
1.2	0.257	0.294	0.325	0.352	0.374	0.392	0.419	0.437	0.449	0.462	0.470	0.477
1.3	0.229	0.263	0.292	0.318	0.339	0.357	0.384	0.403	0.416	0.431	0.440	0.448
1.4	0.201	0.232	0.260	0.284	0.304	0.321	0.350	0.369	0.383	0.400	0.410	0.420
1.5	0.180	0.209	0.235	0.258	0.277	0.294	0.322	0.341	0.356	0.374	0.385	0.397
1.6	0.160	0.187	0.210	0.232	0.251	0.267	0.294	0.314	0.329	0.348	0.360	0.374
1.7	0.145	0.170	0.191	0.212	0.230	0.245	0.272	0.292	0.307	0.326	0.340	0.355
1.8	0.130	0.153	0.173	0.192	0.209	0.224	0.250	0.270	0.285	0.305	0.320	0.337
1.9	0.119	0.140	0.159	0.177	0.192	0.207	0.233	0.251	0.263	0.288	0.303	0.320
2.0	0.108	0.127	0.145	0.161	0.176	0.189	0.214	0.233	0.241	0.270	0.285	0.304
2.1	0.099	0.116	0.133	0.148	0.163	0.176	0.199	0.220	0.230	0.255	0.270	0.292
2.2	0.090	0.107	0.122	0.137	0.150	0.163	0.185	0.208	0.218	0.239	0.256	0.280
2.3	0.033	0.099	0.113	0.127	0.139	0.151	0.173	0.193	0.205	0.226	0.243	0.269
2.4	0.077	0.092	0.105	0.118	0.130	0.141	0.161	0.178	0.192	0.213	0.230	0.258
2.5	0.072	0.085	0.097	0.109	0.121	0.131	0.151	0.167	0.181	0.202	0.219	0.249
2.6	0.066	0.079	0.091	0.102	0.112	0.123	0.141	0.157	0.170	0.191	0.208	0.239
2.7	0.062	0.073	0.084	0.095	0.105	0.115	0.132	0.148	0.161	0.182	0.199	0.234
2.8	0.058	0.069	0.079	0.089	0.099	0.108	0.124	0.139	0.152	0.172	0.189	0.228
2.9	0.054	0.064	0.074	0.083	0.093	0.101	0.117	0.132	0.144	0.163	0.180	0.218
3.0	0.051	0.060	0.070	0.078	0.087	0.095	0.110	0.124	0.136	0.155	0.172	0.208
3.2	0.045	0.053	0.062	0.070	0.077	0.085	0.098	0.111	0.122	0.141	0.158	0.190
3.4	0.040	0.048	0.055	0.062	0.069	0.076	0.088	0.100	0.110	0.128	0.144	0.184
3.6	0.036	0.042	0.049	0.056	0.062	0.068	0.080	0.090	0.100	0.117	0.133	0.175
3.8	0.032	0.038	0.044	0.050	0.056	0.062	0.072	0.082	0.091	0.107	0.123	0.166
4.0	0.029	0.035	0.040	0.046	0.051	0.056	0.066	0.075	0.084	0.095	0.113	0.158
4.2	0.026	0.031	0.037	0.042	0.048	0.051	0.060	0.069	0.077	0.091	0.105	0.150
4.4	0.024	0.029	0.034	0.038	0.042	0.047	0.055	0.063	0.070	0.084	0.098	0.144
4.6	0.022	0.026	0.031	0.035	0.039	0.043	0.051	0.058	0.065	0.078	0.091	0.137
4.8	0.020	0.024	0.028	0.032	0.036	0.040	0.047	0.054	0.060	0.072	0.085	0.132
5.0	0.019	0.022	0.026	0.030	0.033	0.037	0.044	0.050	0.056	0.067	0.079	0.126

【例 2-3】 设有一矩形基础，承受中心荷载 N 为 6000kN，基底截面尺寸为 4m × 6m，基础埋深 3m，地质资料如图 2-15 所示，试计算基底中心点下 z = 2m、4m、6m、8m 处的附加应力，以及 8m 处的总应力。

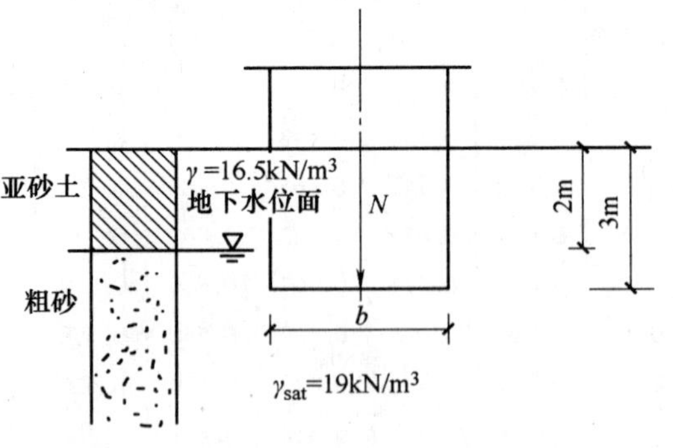

图 2-15　例 2-3 题图

解：1）先计算基底压力，矩形基础受中心荷载：

$$p=\frac{N}{A}=\frac{6000}{4\times6}\text{kPa}=250\text{kPa}$$

2）计算基底附加压力：

$$p_0 = p - \gamma_0 h$$
$$= 250 - 16.5 \times 2 - (19 - 10) \times 1\text{kPa}$$
$$= 208\text{kPa}$$

3）计算基底中心点下的附加应力，见表2-2。

表2-2　基底中心点下的附加应力　（单位：kPa）

z	a	b	a/b	z/b	α	$\sigma_z = \alpha P_0$
0	6	4	1.5	0	1.0000	208
2	6	4	1.5	0.5	0.7730	160.8
4	6	4	1.5	1	0.4275	88.9
6	6	4	1.5	1.5	0.2465	51.3
8	6	4	1.5	2	0.1530	31.8

4）8m处总应力为附加应力和自重应力之和，计算如下：

$$\sigma_{总} = \sigma_{cz} + \sigma_z = 16.5 \times 2 + (19 - 10) \times 9 + 31.8\text{kPa} = 145.8\text{kPa}$$

二、分层总和法计算地基最大沉降量

土体在外荷载作用下会产生压缩变形，道路或桥梁的建造必然引起地基的沉降，正常情况下，随着时间的推移沉降会趋于稳定。如果在工程完工后经过相当长的时间沉降仍未稳定，则会影响道路或桥梁的正常使用，特别是有较大的不均匀沉降，将会对结构产生附加应力，影响其安全使用。为了确保路桥工程等结构的安全使用，必须将地基沉降控制在允许范围内，并且需要了解和估计沉降随时间的发展及趋于稳定的可能性。

地基最终沉降量是指地基在建筑物荷载作用下压缩变形达到完全稳定时地基表面的沉降量。计算地基最终沉降量的目的，是确定建筑物最大沉降值（沉降量、沉降差、倾斜），并将其控制在建筑物所允许的范围内，以保证建筑物的安全和正常使用。计算地基最终沉降量的方法有分层总和法和规范法。

分层总和法是将地基土在一定深度范围内划分若干薄层，先求得各个薄层的压缩量，再将各个薄层的压缩量累加起来，即为总的压缩量，也就是基础的沉降量。

（一）计算假定

1）地基中划分各薄层均在无侧向膨胀情况下产生竖向压缩变形，这样计算基础沉降时，就可以使用室内固结试验的成果，如压缩模量、e-p曲线。

2）基础沉降量按基础底面中心垂线上的附加应力进行计算。实际上基底下同一深度上偏离中垂线的其他各点的附加应力比中垂线上的均小，这样会使计算结果比实际稍偏大，可以抵消一部分由基本假定所造成的误差。

3）对于每一薄层来说，从层顶到层底的应力是变化的，计算时均近似地取层顶和层底应力的平均值。划分的土层越薄，由这种简化所产生的误差就越小。

4）只计算“压缩层”范围内的变形。所谓“压缩层”是指基础底面以下地基中显著变形的那部分土层。由于基础下引起土体变形的附加应力是随着深度的增加而减小，自重应力则相反。因此到一定深度后，地基土的应力变化值已不大，相应的压缩变形也就很小，计算基础沉降时可将其忽略不计。这样，从基础底面到该深度之间的土层，就被称为“压缩层”。压缩层的厚度称为压缩层的计算深度。

（二）计算公式

1. 各薄层压缩量计算公式

在地基沉降量计算深度范围内取一薄层土，并令其为第 i 层，其厚度为 h_i（图 2-16），在附加应力作用下，该土层被压缩了 Δs_i，其应变为 $\Delta\varepsilon=\frac{\Delta s_i}{h_i}$。若假定土层不发生侧向膨胀，则与室内压缩试验情况接近，可以根据公式（2-4）列出下列等式：

$$\Delta\varepsilon=\frac{\Delta s_i}{h_i}=\frac{e_{1i}-e_{2i}}{1+e_{1i}}$$

故薄层土沉降量 $\Delta s_i=\frac{e_{1i}-e_{2i}}{1+e_{1i}}h_i$ （2-13）

或引入式（2-4）压缩模量 E_s，则可写成：

$$\Delta s_i=\frac{(p_{2i}-p_{1i})}{E_{si}}h_i=\frac{\overline{\sigma}_{zi}}{E_{si}}h_i \quad (2\text{-}14)$$

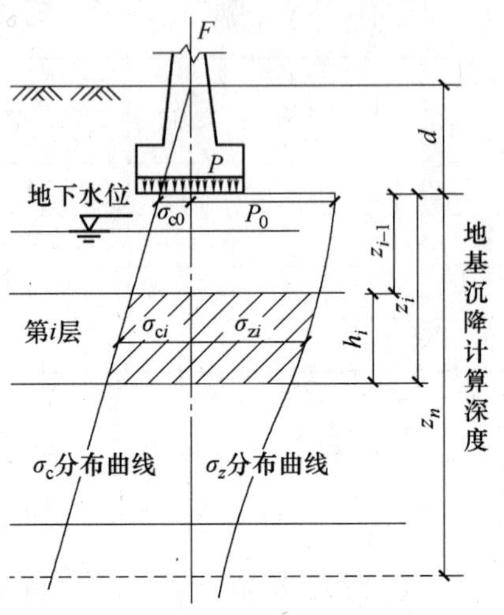

图 2-16 分层总和法计算地基沉降量

式中 Δs_i——第 i 层土的压缩量（mm）；

$\overline{\sigma}_{zi}$——第 i 层平均的附加应力（kPa）；

e_{1i}——第 i 层土对应于 p_{1i} 作用下的孔隙比；

e_{2i}——第 i 层土对应于 p_{2i} 作用下的孔隙比；

p_{1i}——第 i 层土的自重应力平均值（kPa），$p_{1i}=\overline{\sigma}_{ci}$；

p_{2i}——第 i 层土的自重应力和附加应力共同作用下的平均值（kPa），$p_{2i}=\overline{\sigma}_{ci}+\overline{\sigma}_{zi}$；

E_{si}——第 i 层土的压缩模量（kPa）；

h_i——第 i 层土的厚度（m）。

计算地基沉降量时，分层厚度 h_i 越薄，计算值越精确，故取土的分层厚度为 $0.4b$（b 为基础宽度）。

2. 各薄层压缩量求和公式

如前所述，基础的总沉降量 S_n 就是在压缩层范围内各薄层压缩量的总和，即：

$$S_n=\sum_{i=1}^{n}\Delta s_i \quad (2\text{-}15)$$

3. 基础总沉降量的规范公式

由于采用了一系列计算假定，按式（2-15）求出的总压缩量，与工程实际有一定出入，故现行规范用经验系数 m_s 进行修正。规范中的沉降计算公式为：

$$S=m_s\sum_{i=1}^{n}\frac{e_{1i}-e_{2i}}{1+e_{1i}}h_i \quad (2\text{-}16)$$

或
$$S=m_s\sum_{i=1}^{n}\frac{\overline{\sigma}_{zi}}{E_{si}}h_i \quad (2\text{-}17)$$

式中 n——压缩层内划分的薄土层的层数；

e_{1i}——第 i 薄层对应于平均自重应力 $p_{1i}=\overline{\sigma}_{ci}$作用下的孔隙比；

e_{2i}——第 i 薄层对于平均总应力 $p_{2i}=\overline{\sigma}_{ci}+\overline{\sigma}_{zi}$作用时的孔隙比；

$\overline{\sigma}_{ci}$——第 i 薄层土的平均自重应力（kPa）；

$\overline{\sigma}_{zi}$——第 i 薄层土的平均附加应力（kPa）；

h_i——第 i 薄层的土层厚度（cm）；

E_{si}——第 i 薄层土的压缩模量（对应于 p_{1i}至 p_{zi}范围）；

m_s——沉降计算经验系数，按地区建筑经验确定，如缺乏资料可参考表 2-3 选用。

表 2-3　沉降计算经验系数 m_s

E_s/MPa	$1<E_s\leqslant4$	$4<E_s\leqslant7$	$7<E_s\leqslant15$	$15<E_s\leqslant20$	$20<E_s$
m_s	1.8～1.1	1.1～0.8	0.8～0.4	0.4～0.2	0.2

注：1. E_s 为地基压缩层范围内土的压缩模量，当压缩层由多层土组成时，可按厚度的加权平均值采用。

2. 表中与给出的区间值，应对应取值。

（三）计算步骤

1）计算基底的自重应力 γh 及基底处附加压力 $p_0=p-\gamma h$。其中 h 是基础的埋置深度，从地面或河底算起。

2）首先划分薄层，再计算基础底面中心垂线上各薄层上下面处的自重应力和附加应力，最后绘出应力分布线。薄层厚度通常取 $0.4b$（b 为基础宽度），但必须将不同土层的界面或潜水位面划分为薄层的分界面。

3）计算各分层分界面处的自重应力 σ_{ci}和附加应力 σ_{zi}，并绘制分布曲线。

4）计算各分层的平均自重应力 $\overline{\sigma}_{ci}$和平均附加应力 $\overline{\sigma}_{zi}$。平均应力取上、下分层分界面处应力的算术平均值，即：$\overline{\sigma}_{ci}=\dfrac{\sigma_{ci-1}+\sigma_{ci}}{2}$，$\overline{\sigma}_{zi}=\dfrac{\sigma_{zi-1}+\sigma_{zi}}{2}$。

5）在 e-p 曲线上由 $p_{1i}=\overline{\sigma}_{ci}$和 $p_{2i}=\overline{\sigma}_{ci}+\overline{\sigma}_{zi}$查出相应的孔隙比 e_{1i}和 e_{2i}。

6）用式（2-13）或式（2-14）计算各薄层的压缩量 ΔS_i。

7）用式（2-15）计算各薄层压缩量的总和 S_n。

8）确定压缩层的计算深度 Z_n。此时应符合下式要求：

$$\Delta S_n'\leqslant 0.025S_n \tag{2-18}$$

式中　$\Delta S_n'$——在计算深度 Z_n 处，向上取 1m 厚的薄层压缩量（cm）；

S_n——在计算深度 Z_n 范围内，各薄层压缩量的总和（cm）。

计算深度 Z_n 的确定一般要经过试算才能得到，可先取 $\sigma_z=0.2\sigma_c$ 处为试算点。规范指出：如已确定的计算深度下有较软土层时，尚应继续计算，直到软弱土层中 1m 厚的压缩量满足上式要求为止。

9）用式（2-16）或式（2-17）计算基础的总沉降量。

【例 2-4】　某水中基础如图 2-17 所示，基底尺寸为 6m × 12m，基底总应力 $p=212.6$kPa，基底埋深 3.5m，地基上层为透水的粉砂土，厚 7.1m，其 $\gamma=19.3$kN/m³，下层为透水性黏土，其 $\gamma=18.6$kN/m³，地基中两层土的 e-p 曲线如图 2-18 所示。计算基础的沉降量。

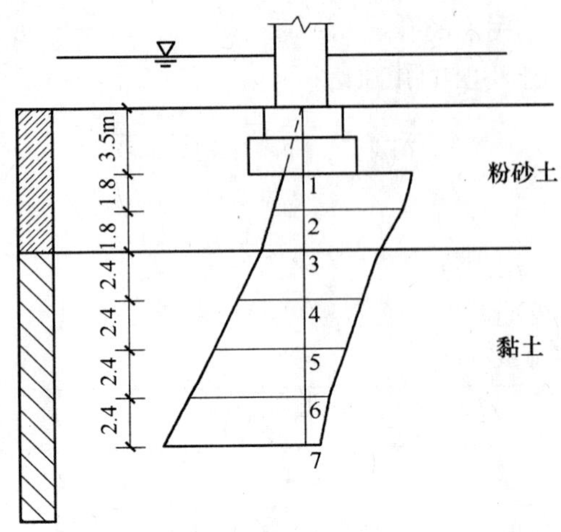

图 2-17　基础图（单位：m）

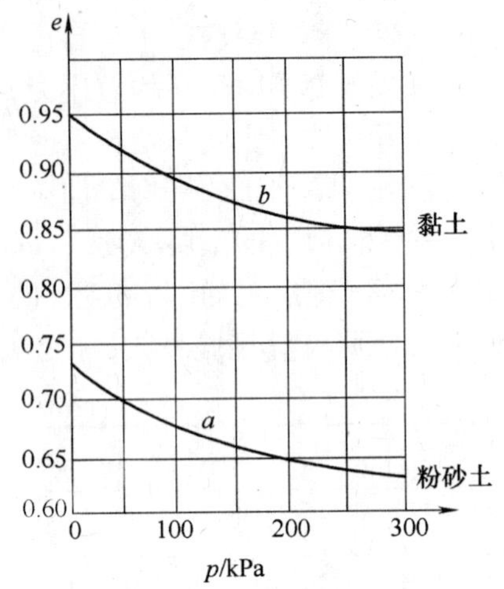

图 2-18　e-p 曲线图

解：1）题中已知基底总应力 $p = 212.6\text{kPa}$，基底自重应力 $\gamma h = 3.5 \times (19.3 - 10) = 32.6\text{kPa}$，则基底附加压力 $p_0 = p - \gamma h = 180.0\text{kPa}$。

2）划分薄层：由于 $0.4b = 0.4 \times 6 = 2.4\text{m}$，而基底下粉砂土层厚 3.6m，宜分两层，每层 1.8m，以下黏土层每薄层均取 2.4m，如图 2-17 所示。

3）各分层分界面处的自重应力计算如下：

点 1　$\sigma_{c1} = \gamma' h_1 = (19.3 - 10) \times 3.5 = 32.6\text{kPa}$

点 2　$\sigma_{c2} = \gamma'(h_1 + h_2) = (19.3 - 10) \times (3.5 + 1.8) = 49.3\text{kPa}$

点 3　$\sigma_{c3} = \gamma'(h_1 + h_2 + h_3) = (19.3 - 10) \times (3.5 + 1.8 + 1.8) = 66.0\text{kPa}$

点 4　$\sigma_{c4} = 66.0 + \gamma' h_4 = 66.0 + (18.6 - 10) \times 2.4 = 86.6\text{kPa}$

点 5　$\sigma_{c5} = 66.0 + (18.6 - 10) \times 4.8 = 107.3\text{kPa}$

点 6　$\sigma_{c6} = 66.0 + (18.6 - 10) \times 7.2 = 127.9\text{kPa}$

点 7　$\sigma_{c7} = 66.0 + (18.6 - 10) \times 9.6 = 148.6\text{kPa}$

各点附加应力计算列于表 2-4 中。

表 2-4　附加应力计算表

计算点	$\frac{l}{b}$	z/m	$\frac{z}{b}$	α	$\sigma_z = \alpha p_0$/kPa
1	2	0	0	1	180.0
2	2	1.8	0.3	0.923	166.1
3	2	3.6	0.6	0.727	130.9
4	2	6.0	1.0	0.482	86.8
5	2	8.4	1.4	0.321	57.8
6	2	10.8	1.8	0.224	40.3
7	2	13.2	2.2	0.163	29.3

根据各点自重应力 σ_{ci} 和附加应力 σ_{zi} 的计算结果，绘制应力分布曲线，如图 2-17 所示。

4）计算各分层的平均自重应力 $\overline{\sigma}_{ci}$ 和平均附加应力 $\overline{\sigma}_{zi}$，计算结果列于表 2-5 中。在图 2-18 中的 e-p 曲线上，由 $p_{1i}=\overline{\sigma}_{ci}$ 和 $p_{2i}=\overline{\sigma}_{ci}+\overline{\sigma}_{zi}$，查出相对应的孔隙比 e_{1i} 和 e_{2i}。用式（2-13）计算各薄层的压缩量 ΔS_i，数据见表 2-5。

5）用式（2-15）计算各薄层压缩量的总和 S_n：

$$S_n = \sum_{i=1}^{n} \Delta S_i = 7.36 + 4.18 + 6.62 + 2.78 + 2.04 + 2.18 = 25.2\text{cm}$$

6）确定压缩层的计算深度 Z_n：

由于点 7 处 $\dfrac{\sigma_z}{\sigma_c}=\dfrac{29.3}{148.6}=0.197<0.2$，故可以假设为压缩层底。计算由此向上厚为 1m 的薄层压缩量，平均自重应力

$$\overline{\sigma}_c=\frac{1}{2}(\sigma_{c7}+\sigma_{c7}-1\times\gamma)=\sigma_{c7}-0.5\gamma=148.6-0.5\times(18.6-10)=144.3\text{kPa}$$

该薄层顶的深度 $z=13.2-1.0=12.2\text{m}$，$b=6\text{m}$，由 $\dfrac{z}{b}=2.03$，$\dfrac{l}{b}=2$ 查表经内插得 $\alpha_s=0.1851$，则有：

层顶附加应力　$\sigma_z=0.1851\times180.0=33.3\text{kPa}$

平均附加应力　$\overline{\sigma}_z=\dfrac{33.3+29.3}{2}=31.3\text{kPa}$

由 $p_1=\overline{\sigma}_c=144.3\text{kPa}$，$p_2=\overline{\sigma}_c+\overline{\sigma}_z=144.3+31.3=175.6\text{kPa}$，从图 2-18 黏土的压缩曲线查得对应的 $e_1=0.866$，$e_2=0.858$，得到：

$$\Delta S_n'=\frac{e_1-e_2}{1+e_1}\times100=\frac{0.866-0.858}{1+0.866}\times100=0.429\text{cm}$$

$$\frac{\Delta S_n'}{S_n}=\frac{0.429}{25.2}=0.017<0.025$$

以上结果满足式（2-18）的要求，故点 7 处可作为压缩层底，即压缩层的计算深度为：

$$Z_n=2\times1.8+4\times2.4=13.2\text{m}$$

7）确定沉降计算经验系数 m_s，计算基础的总沉降量。

由式（2-14）可求得地基压缩范围内各层土的压缩模量 $E_{si}=\dfrac{\overline{\sigma}_{zi}}{\Delta S_i}h_i=\dfrac{\overline{\sigma}_{zi}}{\dfrac{e_{1i}-e_{2i}}{1+e_{1i}}}$，计算结果列于表 2-5 中。

整个压缩层的压缩模量按厚度的加权平均值计算，得到：

$$E_s=\frac{\sum_{i=1}^{n}E_{si}h_i}{Z_n}=\frac{(4.23+6.40)\times1.8+(3.95+6.23+5.78+3.84)\times2.4}{13.2}$$
$$=5.05\text{MPa}$$

计算得 E_s 值，参照表 2-3 经内插得 $m_s=0.995$，所以基础总沉降量为：

$$S=m_s\sum_{i=1}^{n}\frac{e_{1i}-e_{2i}}{1+e_{1i}}h_i=0.995\times25.2\text{cm}=25.1$$

表 2-5　计算结果表

土名	点名	自重应力 /kPa	附加应力 /kPa	各层平均应力 $\overline{\sigma}_{ci}$ /kPa	$\overline{\sigma}_{zi}$ /kPa	$\overline{\sigma}_{ci}+\overline{\sigma}_{zi}$ /kPa	e_{1i}	e_{2i}	$e_{1i}-e_{2i}$	$\dfrac{e_{1i}-e_{2i}}{1+e_{1i}}$	h_i /cm	Δs_i /cm	E_{si} /MPa
(1)	(2)	(3)	(4)	(5)	(6)	(7) = (5) + (6)	(8)	(9)	(10) = (8) − (9)	(11)	(12)	(13) = (11) × (12)	(14) = $\dfrac{(6)}{(11)}\times10^{-3}$
粉砂土	1	32.6	180.0	41.0	173.1	214.1	0.710	0.640	0.070	0.0409	180	7.36	4.23
	2	49.3	166.1	57.7	148.5	206.2	0.682	0.643	0.039	0.0232	180	4.18	6.40
	3	66.0	130.9	76.3	108.9	185.2	0.918	0.865	0.053	0.0276	240	6.62	3.95
硬塑黏土	4	86.6	86.8	97.0	72.3	169.3	0.890	0.868	0.022	0.0116	240	2.78	6.23
	5	107.3	57.8	117.6	49.1	166.7	0.885	0.869	0.016	0.0085	240	2.04	5.78
	6	127.9	40.3	138.3	34.8	173.1	0.878	0.861	0.017	0.0091	240	2.18	3.84
	7	148.6	29.3										

三、规范法计算地基最大沉降量

采用《公路桥涵地基与基础设计规范》（JTG D63—2007）所推荐的地基最终沉降量计算方法是修正形式的分层总和法。它也采用侧限条件的压缩性指标，但运用了地基平均附加应力系数计算；还规定了地基沉降计算深度的新标准以及提出地基沉降计算经验系数，使得计算成果接近于实测值。

地基平均附加应力系数 $\overline{\alpha}$ 的定义：从基底至地基任意深度 z 范围内的附加应力分布图面积 A 对基底附加压力与地基深度的乘积 p_0z 之比值，$\overline{\alpha}=A/p_0z$，也就是 $A=p_0z\,\overline{\alpha}$。假设地基土是均质的，在侧限条件下的压缩模量 E_s 不随深度而变，则从基底至任意深度 z 范围内的压缩量 s' 为：

$$s'=\int_0^z\varepsilon\mathrm{d}z=\frac{1}{E_s}\int_0^z\sigma_z\mathrm{d}z=\frac{p_0}{E_s}\int_0^z\alpha\mathrm{d}z=\frac{A}{E_s}=\frac{p_0z\overline{\alpha}}{E_s}\tag{2-19}$$

成层土地基中第 i 层的沉降量 Δs_i 为：

$$\Delta s_i=\frac{p_0(z_i\overline{\alpha}_i-z_{i-1}\overline{\alpha}_{i-1})}{E_{si}}\tag{2-20}$$

则按分层总和法计算地基沉降量的公式为：

$$s_0=\sum_{i=1}^{n}\Delta s_i=\sum\frac{p_0(z_i\overline{\alpha}_i-z_{i-1}\overline{\alpha}_{i-1})}{E_{si}}\tag{2-21}$$

式中　p_0——基底附加压力（kPa）；

z_{i-1}、z_i——分别为第 i 层的上层面与下层面至基础底面的距离（m）；

$\overline{\alpha}_{i-1}$、$\overline{\alpha}_i$——z_{i-1} 和 z_i 范围内竖向平均附加应力系数，可查表 2-8；

E_{si}——第 i 层土的压缩模量（MPa 或 kPa）；

$p_0(z_i\overline{\alpha}_i - z_{i-1}\overline{\alpha}_{i-1})$——第 i 层土的竖向附加应力面积 A_i（kPa · m）；

ε——土的压缩应变，$\varepsilon = \sigma_z/E_s$；

s_0——分层总和法计算的地基沉降量（mm）。

地基沉降计算深度 Z_n 应满足下列条件：由该深度处向上取按表 2-6 规定的计算厚度 Δz（图 2-19）所得的计算沉降 Δs_n 应满足下式要求（包括考虑相邻荷载的影响）：

$$\Delta s_n \leqslant 0.025\sum_{i=1}^{n}\Delta s_i \tag{2-22}$$

表 2-6　计算厚度 Δz 值　（单位：m）

b	$b \leqslant 2$	$2 < b \leqslant 4$	$4 < b \leqslant 8$	$8 < b$
Δz	0.3	0.6	0.8	1.0

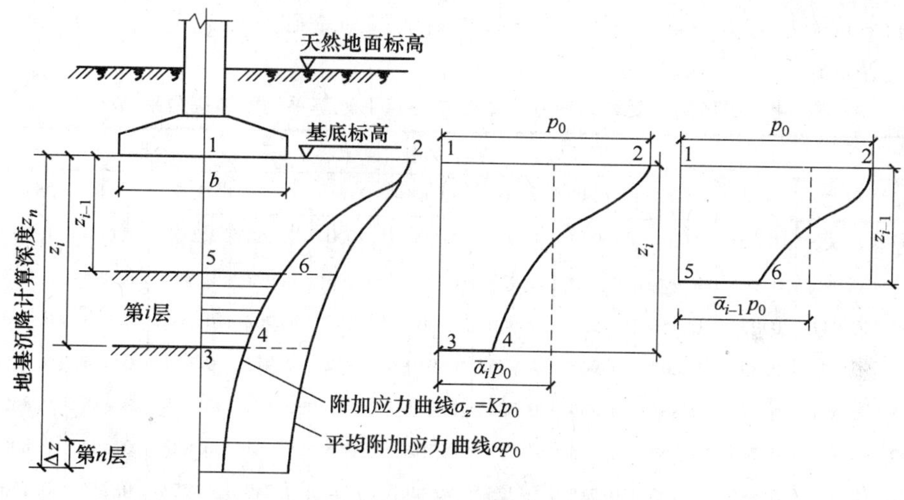

图 2-19　应力面积计算分层沉降量

按上式所确定的沉降计算深度下如有较软弱土层时，尚应向下继续计算，直至软弱土层中所取规定厚度 Δz 的计算沉降量满足上式为止。当无相邻荷载影响，基础宽度 b 在 1～30m 范围内时，基础中心点的地基沉降计算深度，也可按下式简化计算，即：

$$Z_n = b(2.5 - 0.4\ln b) \tag{2-23}$$

为了提高计算的准确度，地基沉降计算深度范围内的计算沉降量 s' 尚需乘以一个沉降计算经验系数 ψ_s，即：

$$S = \psi_s s_0 = \psi_s \sum_{i=1}^{n}\frac{p_0}{E_{si}}(z_i\overline{\alpha}_i - z_{i-1}\overline{\alpha}_{i-1}) \tag{2-24}$$

式中　ψ_s——沉降计算经验系数，根据地区沉降观测资料及经验确定，也可采用表 2-7 的数值（表中［f_{a0}］为地基承载力基本允许值）；

E_{si}——基础底面下第 i 层土的压缩模量，应取“土的自重应力”至“土的自重应力和附加应力之和”的压应力段计算（kPa）。

表 2-7　沉降计算经验系数 ψ_s

基底附加压力	$\overline{E}_s$				
	2.5	4.0	7.0	15.0	20.0
$p_0 \geqslant [f_{a0}]$	1.4	1.3	1.0	0.4	0.2
$p_0 \leqslant 0.75[f_{a0}]$	1.1	1.0	0.7	0.4	0.2

表中 $\overline{E}_s$ 为沉降计算深度范围内压缩模量当量值，应按下式计算：

$$\overline{E}_s = \frac{\sum A_i}{\sum \frac{A_i}{E_{si}}} = \frac{p_0 \sum (z_i \overline{\alpha}_i - z_{i-1}\overline{\alpha}_{i-1})}{p_0 \sum \frac{(z_i \overline{\alpha}_i - z_{i-1}\overline{\alpha}_{i-1})}{E_{si}}} = \frac{\sum (z_i \overline{\alpha}_i - z_{i-1}\overline{\alpha}_{i-1})}{\sum \frac{(z_i \overline{\alpha}_i - z_{i-1}\overline{\alpha}_{i-1})}{E_{si}}} \tag{2-25}$$

式中　A_i——第 i 层土附加应力系数沿土层厚度的积分值。

表 2-8 为矩形基础受竖向均匀荷载作用下基础中心点下地基平均附加应力系数 $\overline{\alpha}_i$。对于其他情况的平均附加应力系数，可由《公路桥涵地基与基础设计规范》（JTG D63—2007）中查得，此处从略。

表 2-8　矩形基础受均匀荷载下基础中心点下地基平均附加应力系数 $\overline{\alpha}_i$

z/b	l/b												
	1.0	1.2	1.4	1.6	1.8	2.0	2.4	2.8	3.2	3.6	4.0	5.0	>10
0.0	1.000	1.000	1.000	1.000	1.000	1.000	1.000	1.000	1.000	1.000	1.000	1.000	1.000
0.2	0.987	0.990	0.991	0.992	0.992	0.992	0.993	0.993	0.993	0.993	0.993	0.993	0.993
0.4	0.936	0.947	0.953	0.956	0.958	0.960	0.961	0.962	0.962	0.963	0.963	0.963	0.963
0.6	0.858	0.878	0.890	0.898	0.903	0.906	0.910	0.912	0.913	0.914	0.914	0.915	0.915
0.8	0.775	0.801	0.810	0.831	0.839	0.844	0.851	0.855	0.857	0.858	0.859	0.860	0.860
1.0	0.689	0.738	0.749	0.764	0.775	0.783	0.792	0.798	0.801	0.803	0.804	0.806	0.807
1.2	0.631	0.663	0.686	0.703	0.715	0.725	0.737	0.744	0.749	0.752	0.754	0.756	0.758
1.4	0.573	0.605	0.629	0.648	0.661	0.672	0.687	0.696	0.701	0.705	0.708	0.711	0.714
1.6	0.524	0.556	0.580	0.599	0.613	0.625	0.614	0.651	0.658	0.663	0.666	0.670	0.675
1.8	0.482	0.513	0.537	0.556	0.571	0.583	0.600	0.611	0.619	0.624	0.629	0.633	0.638
2.0	0.446	0.475	0.499	0.518	0.533	0.545	0.563	0.575	0.584	0.590	0.594	0.600	0.606
2.2	0.414	0.443	0.466	0.484	0.499	0.511	0.530	0.543	0.552	0.558	0.563	0.570	0.577
2.4	0.387	0.414	0.436	0.454	0.469	0.481	0.500	0.513	0.523	0.530	0.535	0.543	0.551
2.6	0.362	0.389	0.410	0.428	0.442	0.455	0.473	0.487	0.496	0.504	0.509	0.518	0.528
2.8	0.341	0.366	0.387	0.404	0.418	0.430	0.449	0.463	0.472	0.480	0.486	0.495	0.506
3.0	0.322	0.346	0.366	0.383	0.397	0.409	0.427	0.441	0.451	0.459	0.465	0.477	0.487
3.2	0.305	0.328	0.348	0.364	0.377	0.389	0.407	0.420	0.431	0.439	0.445	0.455	0.468
3.4	0.289	0.312	0.331	0.346	0.359	0.371	0.388	0.402	0.412	0.420	0.427	0.437	0.452
3.6	0.276	0.297	0.315	0.330	0.343	0.353	0.372	0.385	0.395	0.403	0.410	0.421	0.436

（续）

z/b	l/b												
	1.0	1.2	1.4	1.6	1.8	2.0	2.4	2.8	3.2	3.6	4.0	5.0	>10
3.8	0.263	0.284	0.301	0.316	0.328	0.339	0.356	0.369	0.379	0.388	0.394	0.405	0.422
4.0	0.251	0.271	0.288	0.302	0.314	0.325	0.342	0.355	0.365	0.373	0.379	0.391	0.408
4.2	0.241	0.260	0.276	0.290	0.300	0.312	0.328	0.341	0.352	0.359	0.366	0.377	0.396
4.4	0.231	0.250	0.265	0.278	0.290	0.300	0.316	0.329	0.339	0.347	0.353	0.365	0.384
4.6	0.222	0.240	0.255	0.268	0.279	0.289	0.305	0.317	0.327	0.335	0.341	0.353	0.373
4.8	0.214	0.231	0.245	0.258	0.269	0.279	0.294	0.300	0.316	0.324	0.330	0.342	0.362
5.0	0.206	0.223	0.237	0.249	0.260	0.269	0.284	0.296	0.306	0.313	0.320	0.332	0.352

注：l、b 为矩形的长边与短边，z 为基底以下的深度。

【例 2-5】 如图 2-20 所示为某基础，基底为正方形，边长为 $b=4\text{m}$，基础埋深 $d=1\text{m}$，作用于基底中心荷载 $N=1760\text{kN}$（包括基础自重），地基为粉质黏土，其天然重度 $\gamma=16\text{kN/m}^3$，地下水位埋深 3.4m，地下水位以下土的饱和重度 $\gamma_{sat}=18.2\text{kN/m}^3$。土层压缩模量为：地下水位以上 $E_{s1}=5.5\text{MPa}$，地下水位以下 $E_{s2}=6.5\text{MPa}$。地基土的承载力基本允许值 $[f_{a0}]=94\text{kPa}$，试用规范法计算柱基中心的沉降量。

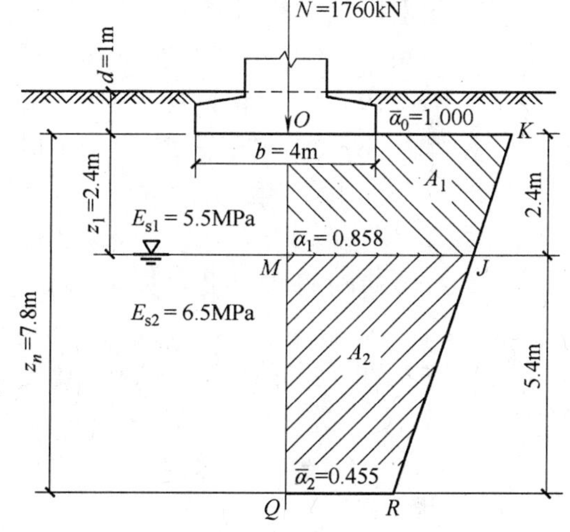

图 2-20　例 2-5 图

解： 1）按公式（2-23）计算地基沉降计算深度 Z_n

$$Z_n=b(2.5-0.4\ln b)=4\times(2.5-0.4\ln 4)=7.8\text{m}$$

2）计算基底附加压力 p_0

$$p_0=\frac{N}{bl}-\gamma_0 d=\frac{1760}{4\times4}-16\times1=94.0\text{kPa}$$

3）确定平均附加应力系数 $\overline{\alpha}_i$

由 $l/b=1$，$z/b=0$、0.6、1.95 分别查表 2-8 得：$\overline{\alpha}_0=1.0$，$\overline{\alpha}_1=0.858$，$\overline{\alpha}_2=0.455$。

4）确定沉降计算经验系数 ψ_s

压缩模量当量值为：

$$\overline{E}_s=\frac{\sum A_i}{\sum\frac{A_i}{E_{si}}}=\frac{p_0\sum(z_i\overline{\alpha}_i-z_{i-1}\overline{\alpha}_{i-1})}{p_0\sum\frac{(z_i\overline{\alpha}_i-z_{i-1}\overline{\alpha}_{i-1})}{E_{si}}}=\frac{\sum(z_i\overline{\alpha}_i-z_{i-1}\overline{\alpha}_{i-1})}{\sum\frac{(z_i\overline{\alpha}_i-z_{i-1}\overline{\alpha}_{i-1})}{E_{si}}}$$

$$=\frac{(2.4\times0.858-0\times1.0)+(7.8\times0.455-2.4\times0.858)}{\frac{(2.4\times0.858-0\times1.0)}{5.5}+\frac{(7.8\times0.455-2.4\times0.858)}{6.5}}$$

$$=\frac{2.06+1.49}{\frac{2.06}{5.5}+\frac{1.49}{6.5}}=5.88\text{MPa}$$

由 $p_0=[f_{a0}]$ 和 $\overline{E}_s=5.88\text{MPa}$ 查表 2-7 得：$\psi_s=1.11$。

5）计算柱基中心的沉降量

$$s=\psi_s s_0=\psi_s\sum_{i=1}^{n}\frac{p_0}{E_{si}}(z_i\,\overline{\alpha}_i-z_{i-1}\,\overline{\alpha}_{i-1})$$

由图 2-20 可知 $z_0=0$，$z_1=2400\text{mm}$，$z_2=7800\text{mm}$，即：

$$s=1.11\times94\times\left[\frac{(2400\times0.858-0\times1.0)}{5500}+\frac{(7800\times0.455-2400\times0.858)}{6500}\right]=63\text{mm}$$

课后训练

（1）若基础底面的压力不变，增加基础埋置深度后，土中附加应力有何变化？

（2）计算如图 2-21 所示土层的自重应力并绘制分布图。

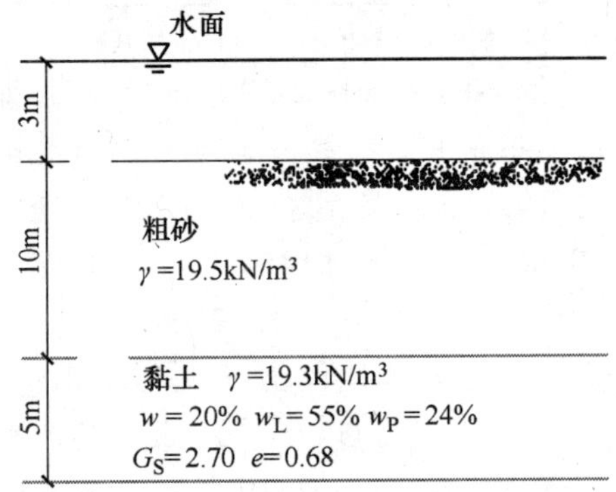

图 2-21　题 2 图

（3）如图 2-22 所示桥墩基础，已知基础底面尺寸 $b=4\text{m}$，$a=10\text{m}$，作用在基础底面中心的荷载 $N=4000\text{kN}$，$M=2800\text{kN}\cdot\text{m}$，计算基础底面的压力。

（4）已知矩形面积均布荷载 $p=500\text{kPa}$，$a=8\text{m}$，$b=6\text{m}$，求矩形均布面积荷载中心下深度 $z=6\text{m}$ 处土中的附加应力。

（5）某矩形基础的底面尺寸为 $4\text{m}\times2.5\text{m}$，天然地面下基础埋深为 1m，设计地面高出天然地面 0.4m，计算资料如图 2-23 所示，压缩试验数据用表 2-9。试按分层总和法计算基础中心点的沉降量。

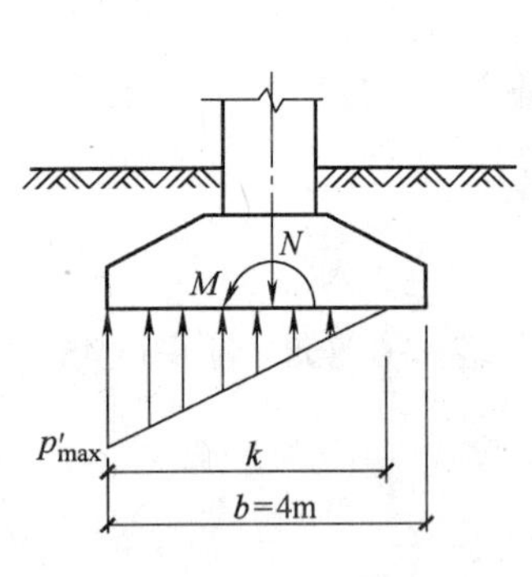

图 2-22　题 3 图

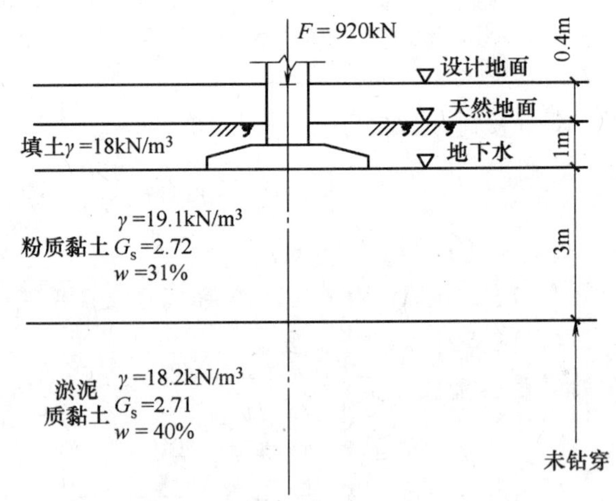

图 2-23　题 5 图

表 2-9　试验数据

垂直压力/kPa		0	50	100	200	300	400
孔隙比	土样 3-1	0.866	0.799	0.770	0.736	0.721	0.714
	土样 3-2	1.085	0.960	0.890	0.803	0.748	0.707

任务三　饱和土体的渗透固结

土的压缩随时间增长的过程，称为土的固结，对于饱和土在荷载作用下，土粒互相挤紧，孔隙水逐渐排出，引起孔隙体积减小直到压缩稳定，需要一定的时间过程，这一过程的快慢，取决于土的渗透性，故称饱和土体的固结为渗透固结。地基的固结，也就是地基沉降的过程。对于无黏性土地基，由于渗透性强，压缩性低，地基沉降的过程时间短，一般在施工完成时，地基沉降可基本完成。而黏性土地基，特别是饱和黏土地基，由于渗透性弱，压缩性高，地基沉降的时间过程长，地基沉降往往延续至完工后数年，甚至数十年才能达到稳定。因此，对于建造在黏土地基上的重要建筑物，常常需要了解地基沉降与时间的关系，以便考虑建筑物有关部分的净空、连接方式、施工顺序和速度。

关于地基沉降与时间的关系常以饱和土体单向渗透固结理论为基础。下面介绍土的渗透性与饱和土体单向渗透固结理论，根据此理论分析地基沉降与时间关系的计算方法及应用。

一、土的渗透性

土是固体颗粒的集合体，是一种碎散的多孔介质，其孔隙中的自由水在重力作用下发生运动的现象，称为土的渗透性。从土的组织结构看，凡是土粒粗、分选性好、颗粒形状浑圆的土（如卵、砾石或砂），它们的透水性强；凡是土粒带棱角或呈片状、分选性差和细粒含量多的土（如细砂、粉土和黏土），它们的透水性弱或很弱。因此土的组织结构对它的透水性有十分重要的影响。当土中含有一定数量的胶体物质或有机物的腐殖质时，土的透水性就大为减小；如果土中孔隙全部被胶体物质和气泡充满，使孔隙与孔隙互不连通，即使在一定静水压力下，也很难打破颗粒周围结合水膜的有力封锁，使带有一定压力的重力水不能轻易地通过，对于这样的土，我们称它透水性弱。修建防水堤或小型水库的土坝，就得采用这种不透水或透水性很弱的土。如果修建蓄水位比较高的拦水土坝，为防止细微渗透形成管涌，要选用不透水的黏土做坝心，以切断静水压力的浸润，保证坝身不致漏水。在道路及桥梁工程中也常需要了解土的渗透性。例如桥梁墩台基坑开挖排水时，需要了解土的渗透性，以便配置排水设备；在河滩上修筑渗水路堤时，需要考虑路堤填料的渗透性；在计算饱和黏土上建筑物的沉降和时间的关系时，需要掌握土的渗透性。

（一）达西渗透定律

若土中孔隙水在压力梯度下发生渗流，如图 2-24 所示。已测得 a 点的水头为 h_1，b 点的水头为 h_2，水自高水头的 a 点流向低水头的 b 点，水流流经长度为 l，由于土的孔隙较小，在大多数情况下水在孔隙中的流速较小，可以认为是属于层流（即水流流线是互相平行流动）。那么土中的渗流规律可以认为符合层流渗透规律。这个定律是法国学者达西根据砂土的实验结果而得到的，也称达西定律。它是指水在土中的渗透速度与水头梯度成正比，即：

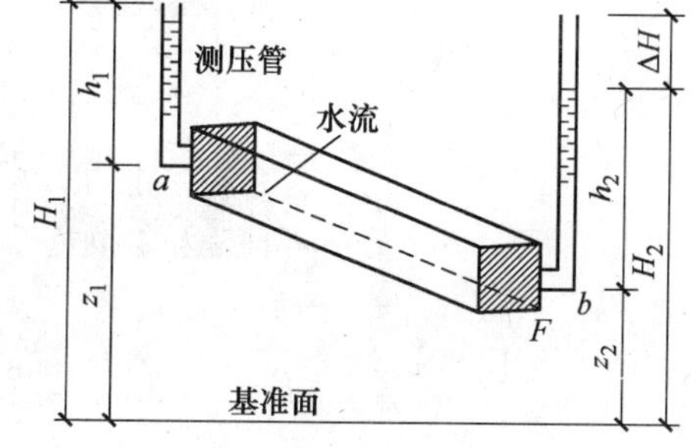

图 2-24　水在土中的渗流

$$v = ki \text{ 或 } q = kiF \tag{2-26}$$

式中　v——渗透速度（m/s）；

i——水头梯度，即沿着水流方向单位长度上的水头差，如 a、b 两点的水头梯度 $i=\frac{\Delta h}{\Delta l}=\frac{H_1-H_2}{l}$；

q——渗透流量（m^3/s），即单位时间内流过土截面积 F 的流量；

k——渗透系数（m/s），各种土的渗透系数参考值见表 2-10。

表 2-10　土的渗透系数参考值　（单位：m/s）

土的类别	渗透系数	土的类别	渗透系数
黏土	$<5\times10^{-8}$	细砂	$1\times10^{-5}\sim5\times10^{-5}$
粉质黏土	$5\times10^{-8}\sim1\times10^{-6}$	中砂	$5\times10^{-5}\sim2\times10^{-4}$
粉土	$1\times10^{-6}\sim5\times10^{-6}$	粗砂	$2\times10^{-4}\sim5\times10^{-4}$
黄土	$2.5\times10^{-6}\sim5\times10^{-6}$	圆砾	$5\times10^{-4}\sim1\times10^{-3}$
粉砂	$5\times10^{-6}\sim1\times10^{-5}$	卵石	$1\times10^{-3}\sim5\times10^{-3}$

达西定律只适用于层流条件，所谓层流条件是指在土孔隙中移动的水，流体质点互不干扰，迹线有条不紊地沿着细微管道流动，也就是要求土中水的流速不能超过某一定值，故达西定律也称为土的层流渗透定律。一般中砂、细砂、粉砂等细颗粒土中水的流速满足层流条件，而粗砂、砾石、卵石等粗颗粒土中水的渗流速度较大，是紊流而不是层流，故不能使用达西定律。

在黏土中，土颗粒周围存在着结合水，渗流受到结合水的黏滞作用产生很大阻力，只有克服结合水的抗剪强度后才能开始渗流。

（二）渗透系数

土的渗透系数 k 是一个代表土的渗透性强弱的定量指标，也是渗流计算时必须用到的一个基本参数。不同种类的土，k 值差别很大（见表 2-10）。因此准确地测定土的渗透系数是一项十分重要的工作。渗透系数的测定方法分为实验室测定法和野外现场测定法两类，但在实际工程中，常采用最简便的方法，即根据经验数值查表 2-10 选用。

（1）实验室测定法　实验室中渗透系数的测定分为常水头和变水头渗透实验两种，前者适用于粗粒土（砂质土），后者适用于细粒土（黏质土和粉质土），如图 2-25 所示。

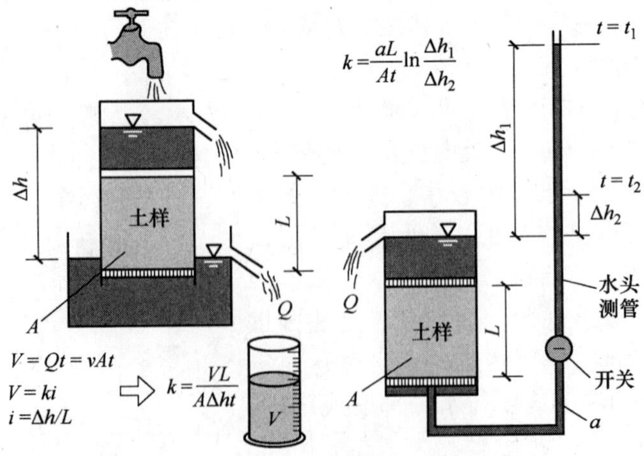

图 2-25　常水头与变水头渗透试验示意图

（2）现场测定法　在现场研究场地的渗透性，进行渗透系数 K 值测定时，常用现场井孔抽水试验或井孔注水试验的方法。对于粗颗粒土或成层的土用现场测定法测出的 K 值要比室内试验准确。现场测试的优点是可获得较为可靠的平均渗透系数，但费用较高，时间较长。

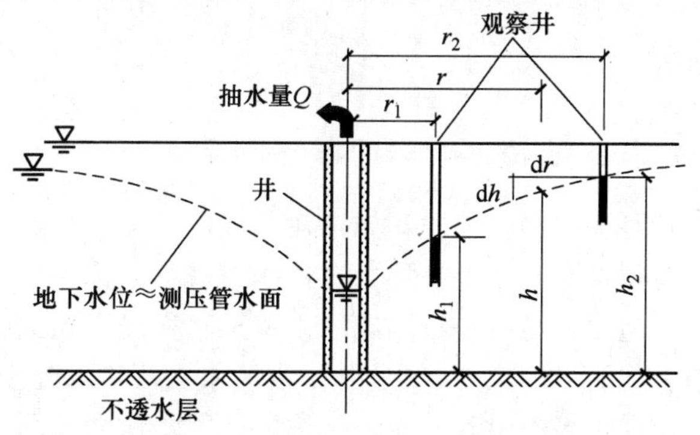

图 2-26　现场井孔抽水试验示意图

图 2-26 为现场井孔抽水试验示意图，在现场打一口试验井，贯穿要测定 K 值的砂土层，打到其下的不透水层，这样的井称为完整井，在距井中心不同距离处设置两个观测孔，然后自井中以不变速率连续进行抽水。抽水造成井周围的地下水位逐渐下降，形成一个以井孔为轴心的降落漏斗状的地下水面。测定试验井和观测孔中的稳定水位，可以画出测压管水位变化图形。测压管水头差形成的水力坡降，使水流向井内。假定水流是水平流向时，则流向水井的渗流过水断面应是一系列的同心圆柱面。待出水量和井中的动水位稳定一段时间后，若测得在时间 t 内从抽水井内抽出的水量为 Q，观测孔距井轴线的距离分别为 r_1、r_2，观测孔内的水头分别为 h_1、h_2。

求得渗透系数

$$K=\frac{q}{\pi}\frac{\ln(r_2/r_1)}{h_2^2-h_1^2} \tag{2-27}$$

【例 2-6】　如图 2-27 所示，在现场进行抽水试验测定砂土层的渗透系数。抽水井管穿过 10m 厚的砂土层进入不透水黏土层，在距井管中心 15m 及 60m 处设置观测孔。已知抽水前土中静止地下水位在地面下 2.35m 处。抽水后待渗透稳定时，从抽水井测得流量 $q=5.47\times10^{-3}\text{m}^3/\text{s}$，同时从两个观测孔测得水位分别下降了 1.93m 和 0.52m，求砂土层的渗透系数。

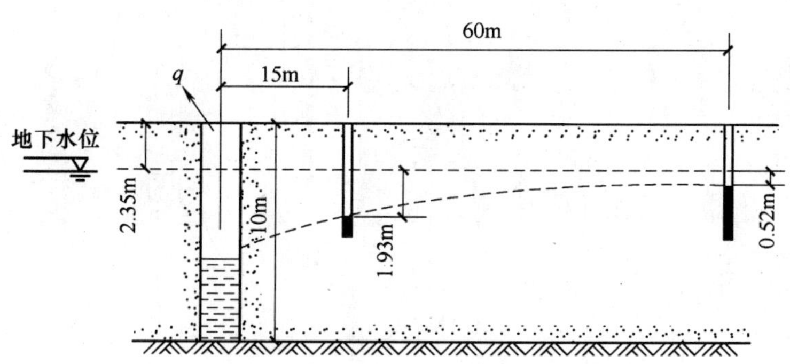

图 2-27　现场井孔抽水试验

解：两个观测孔的水头分别为

$r_1=15\text{m}$ 处　　$h_1=10-2.35-1.93=5.72\text{m}$

$r_2=60\text{m}$ 处　　$h_2=10-2.35-0.52=7.13\text{m}$

由公式（2-27）求得渗透系数：

$$K=\frac{q}{\pi}\frac{\ln(r_2/r_1)}{(h_2^2-h_1^2)}=\frac{5.47\times10^{-3}}{\pi}\times\frac{\ln\left(\frac{60}{15}\right)}{(7.13^2-5.72^2)}$$
$$=1.33\times10^{-4}\text{m/s}$$

二、饱和土的单向渗透固结

对于饱和土来说，如果在荷载作用下，孔隙水只能沿着竖直方向渗流，土体的压缩也只能在竖直方向产生，那么这种压缩过程就称为单向渗透固结。

饱和土是由土粒构成的土骨架和充满于孔隙中的孔隙水两部分组成。显然，外荷载在土中引起的附加应力 σ_z 是由孔隙水和土骨架来分担的，由孔隙水承担的压力，即附加应力作用在孔隙水中引起的应力，称为孔隙水压力，用 u 表示，它高于原来承受的静水压力，故又称超静水压力。孔隙水压力和静水压力一样，是各个方向都相等的中性压力，不会使土骨架发生变形。由土骨架承担的压力，即附加应力在土骨架引起的应力，称为有效应力，用 σ' 表示，它能使土粒彼此挤紧，引起土的变形。在固结过程中，这两部分应力的比例不断变化，而这一过程中任一时刻 t，根据平衡条件，有效应力 σ' 和孔隙水压力 u 之和总是等于作用在土中的附加应力 σ_z，即 $\sigma_z=u+\sigma'$。

为了说明饱和土的单向渗透固结过程，可用图 2-28 所示的弹簧—活塞模型来说明。模型是将饱和土体表示为一个有弹簧、活塞的充满水的容器。弹簧代表土的骨架，容器内的水表示土中孔隙水，由容器中水承担的压力相当于孔隙水压力 u，由弹簧承担的压力相当于有效应力 σ'。在荷载刚施加的瞬间（$t=0$），孔隙水来不及排出，此时 $u=\sigma_z$，$\sigma'=0$。其后（$0<t<\infty$），水从活塞小孔逐渐排出，u 逐渐降低并转化为 σ'，此时，$\sigma_z=u+\sigma'$。最后（$t=\infty$），由于水的停止排出，孔隙水压力 u 等于 0，压力 σ_z 全部转移给弹簧即 $\sigma_z=\sigma'$，渗透固结完成。

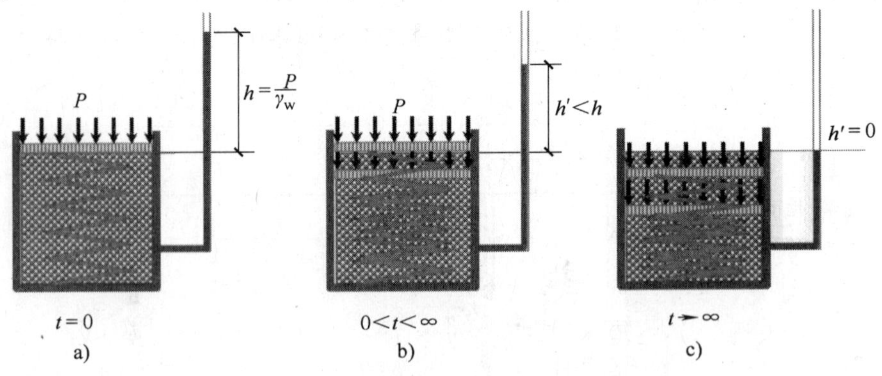

图 2-28　饱和土的单向渗透固结模型

由此可见，饱和土的固结就是孔隙水压力 u 消散和有效应力 σ' 相应增长的过程。

饱和土体单向渗透固结理论的假设如下：

1）地基土为均质、各向同性和完全饱和的。

2）土的压缩完全是由于孔隙体积的减小而引起，土粒和孔隙水均不可压缩。

3）土的压缩与排水仅在竖直方向发生，侧向既不变形，也不排水。

4）土中水的渗透符合达西定律，土的固结快慢取决于渗透系数的大小。

5）在整个固结过程中，假定孔隙比 e、压缩系数 a 和渗透系数 k 为常量。

6）荷载是连续均布的，并且是一次瞬时施加的。

饱和土体的固结过程就是孔隙水压力向有效应力转化的过程。图 2-29 表示一厚度为 H 的饱和黏性土层，顶面透水，底面不透水，孔隙水只能由下向上单向单面排出，土层顶面作用有连续均布荷载 p，属于单向渗透固结情况。

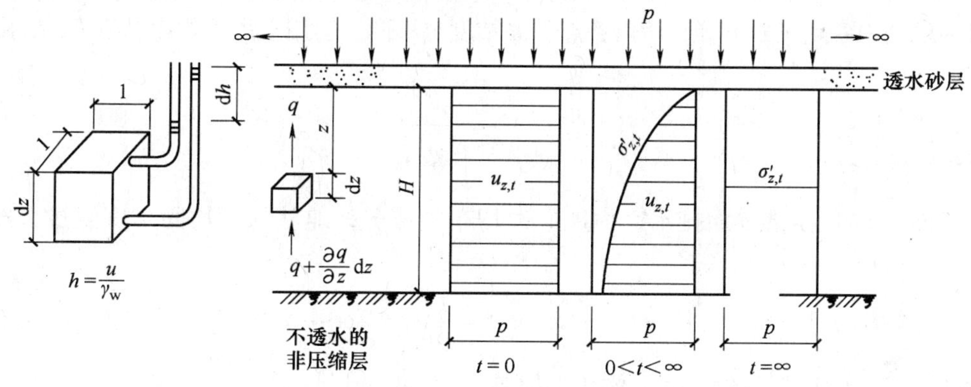

图 2-29　饱和土的固结过程

由于荷载 p 是连续均布，土层中的附加应力 σ_z 将沿深度 H 均匀分布，且 $\sigma_z=p$，当刚加压的瞬间（$t=0$），黏性土层中来不及排水，整个土层中 $u=\sigma_z$，$\sigma'=0$。经瞬间以后（$0<t<\infty$），黏性土层顶面的孔隙水先排出，u 下降并转化为 σ'，接着土层深处的孔隙水随着时间的增长而逐渐排出，u 也就逐渐向 σ'转化，此时土层中 $u+\sigma'=\sigma_z$，直到最后（$t=\infty$），在荷载 p 作用下，应被排出的孔隙水全部排出，整个土层中 $u=0$，$\sigma'=\sigma_z$，达到固结稳定。

根据公式推导可得到某一时刻 t，深度 z 处的孔隙水压力表达式如下：

$$u=\frac{4}{\pi}\sigma_z\sum_{m=1}^{\infty}\frac{1}{m}\sin\left(\frac{m\pi z}{2H'}\right)e^{\frac{-m^2\pi^2}{4}T_V} \tag{2-28}$$

式中　m——正整奇数（1，3，5，…）；

e——自然对数的底；

H'——土层最大排水距离，单面排水为土层厚度 H，双面排水取 $H/2$；

T_V——时间因数，$T_V=\dfrac{C_v t}{H'^2}$；

C_v——固结系数，$C_v=\dfrac{k(1+e_1)}{\alpha\gamma_w}(\mathrm{m^2/s})$；

k——土的渗透系数（m/s）；

a——土的压缩系数（$\mathrm{MPa^{-1}}$）；

e_1——土层固结前的初始孔隙比；

γ_w——水的重度（$9.8\mathrm{kN/m^3}$）。

根据式（2-28）所示的孔隙水压力 u 随时间 t 和深度 z 变化的函数解，即可求得地基在任一时间的固结度。地基在固结过程中任一时刻 t 的固结沉降量 S_t 与其最终沉降量 S 之比，称为地基在 t 时的固结度，用 U_t 表示，即：

$$U_t = \frac{S_t}{S} \tag{2-29}$$

由于土体的压缩变形是由有效应力 σ'引起的，因此地基中任一深度 z 处，历时 t 后的固结度亦可表达为：

$$U_t = \frac{\sigma'}{\sigma_z} = \frac{\sigma_z - u}{\sigma_z} = 1 - \frac{u}{\sigma_z} \tag{2-30}$$

因为地基中各点应力不等，所以各点的固结度也不同，实用上用平均固结度 U_t 表示，即：

$$U_t = 1 - \frac{\int_0^H u\mathrm{d}z}{\int_0^H \sigma_z \mathrm{d}z} \tag{2-31}$$

对于图 2-29 所示的单面排水，附加应力均布的情况，地基的平均固结度经过公式推导可得：

$$U_t = 1 - \frac{8}{\pi^2}\left(e^{-\frac{\pi^2}{4}T_V} + \frac{1}{9}e^{-\frac{9\pi^2}{4}T_V} + \cdots\right) \tag{2-32}$$

上式括号内的级数收敛很快，实用上取第一项，即：

$$U_t = 1 - \frac{8}{\pi^2}\mathrm{e}^{-\frac{\pi^2}{4}T_V} \tag{2-33}$$

由上式可知，平均固结度 U_t 是时间因数 T_V 的函数，它与土中的附加应力分布情况有关，式（2-32）适用于附加应力均匀分布的情况，也适用于双面排水情况。对于地基为单面排水，且上、下附加应力不相等的情况，可由 $\alpha = \sigma_z'/\sigma_z''$（$\sigma_z'$为透水面处的附加应力，$\sigma_z''$为不透水面处的附加应力，对于双面排水 $\alpha = 1$）值，查图 2-30 相应的曲线，得出固结度 U_t。

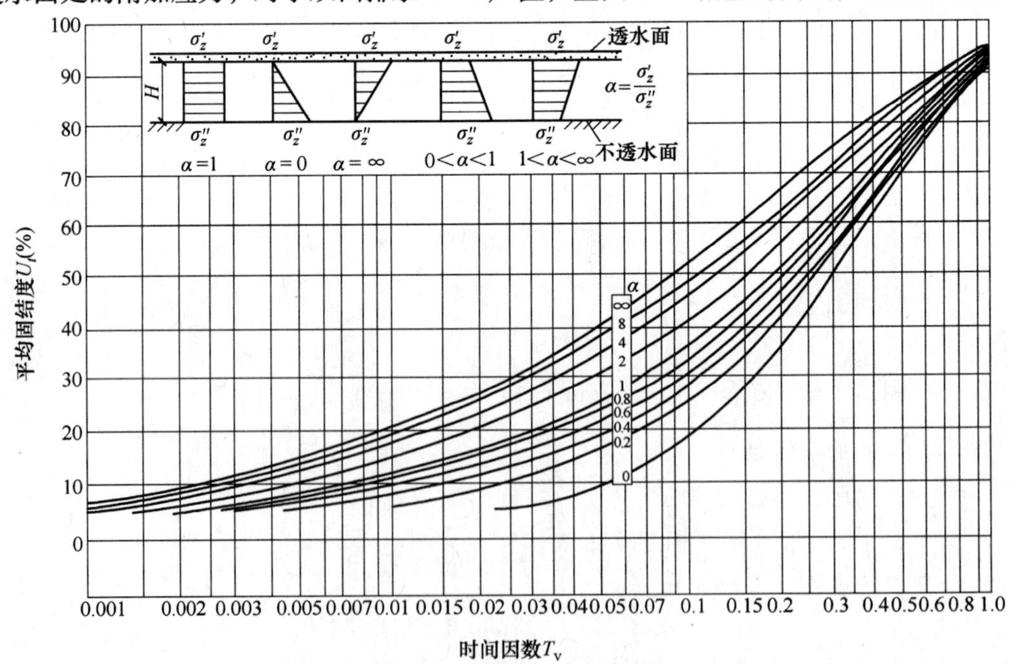

图 2-30 平均固结度 U_t 与时间因数 T_V 的关系

由时间因数 T_V 与平均固结度 U_t 的关系曲线（图 2-30）可解决以下两个问题：

1）计算加荷后历时 t 的地基沉降量 S_t。对于此类问题，可先求出地基的最终沉降量 S，然后根据已知条件计算出土层的固结系数 C_V 和时间因数 T_V，由 $\alpha=\sigma_z'/\sigma_z''$ 及 T_V 查出固结度 U_t，最后用式（2-29）求出 S_t。

2）计算地基沉降量达 S_t 时所需的时间 t。对于此类问题，也可先求出地基的最终沉降量 S，再由式（2-29）求出固结度 U_t，最后由 $\alpha=\sigma_z'/\sigma_z''$ 及 U_t 查出时间因数 T_V 并求出所需时间 t。

【例 2-7】 某地基压缩土层为厚 8m 的饱和软黏土层，上部为透水的砂层，下部为不透水层。软黏土加荷之前的孔隙比 $e_1=0.7$，渗透系数 $k=2.0\text{cm/a}$，压缩系数 $a=0.25\text{MPa}^{-1}$，附加应力分布如图 2-31 所示，求：

①加荷一年后地基沉降量为多少？

②地基沉降达 10cm 所需的时间？

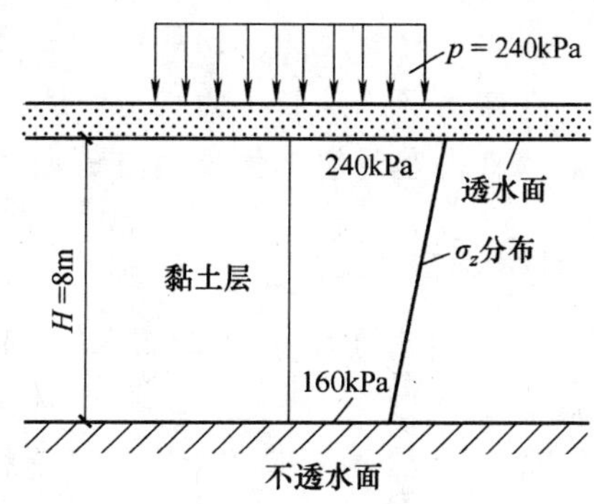

图 2-31 例 2-7 图

解：①求加荷一年后的地基沉降 S_t。

软黏土层的平均附加应力：$\overline{\sigma}_z=(240+160)/2=200\text{kPa}$

地基最终沉降量：

$$S=\frac{a}{1+e_1}\overline{\sigma}_z H=\frac{0.25\times10^{-3}}{1+0.7}\times200\times800=23.5\text{cm}$$

软黏土的固结系数：$C_V=\dfrac{k(1+e_1)}{a\gamma_w}=\dfrac{2\times10^{-2}\times(1+0.7)}{0.25\times9.8\times10^{-3}}=13.9\text{m}^2/\text{a}$

软黏土的时间因数：$T_V=C_V t/H'^2=13.9\times1/8^2=0.217$

由 $\alpha=\sigma_z'/\sigma_z''=240/160=1.5$ 及 $T_V=0.217$ 查图 2-30 得：$U_t=0.55$，故

$$S_t=SU_t=23.5\times0.55=12.9\text{cm}$$

②求地基沉降达 10cm 所需的时间 t。

固结度：$U_t=S_t/S=10/23.5=0.43$

由 $\alpha=1.5$ 及 $U_t=0.43$ 查图 2-30 得：$T_V=0.13$，则：

$$t=T_V H'^2/C_V=0.13\times8^2/13.9=0.60\text{a}$$

课后训练

某基础压缩层为饱和黏土层，层厚为 10m，上、下为砂土。由基底附加压力在黏土层中引起的附加应力 σ_z 分布如图 2-32 所示。已知黏土层的物理力学指标为：$a=0.25\text{MPa}^{-1}$，$e_1=0.8$，$k=2\text{cm/a}$。

试求：①加荷一年后地基的沉降量。

②地基沉降量达到 25cm 时所需的时间。

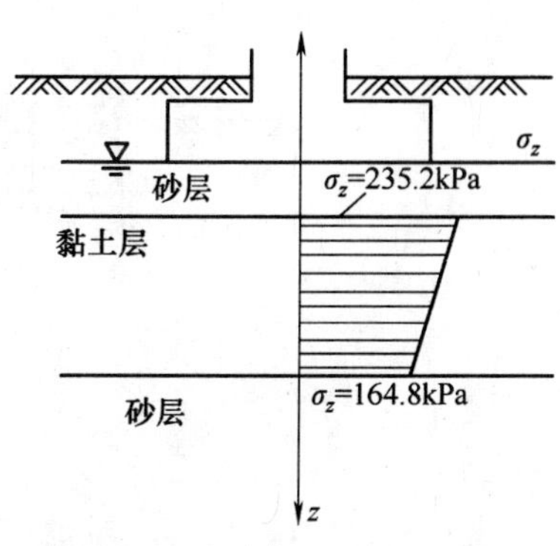

图 2-32 附加应力分布

项目三　土体强度的工程应用

项目概述

土体破坏表现为剪切破坏，土的强度即抗剪强度。本项目以土的强度理论计算原理为基础，介绍抗剪强度指标的测定方法、地基承载力的确定，土压力计算原理和土坡稳定分析方法。项目内容围绕土体强度与稳定性评价，具有很强的理论性与实践性。

学习目标

（1）运用直接剪切试验测定土的强度指标，会通过土的强度理论分析土体所处的应力状态。

（2）根据地质勘察资料运用荷载试验法和规范法来确定地基承载力。

（3）陈述路桥工程中的挡土结构形式，计算作用在挡土墙上的土压力。

（4）会进行简单的土坡稳定性评价。

工程实践和室内试验都证实，土体的破坏一般均表现为剪切破坏的形式，这是因为与土颗粒自身压碎破坏相比，土体更容易产生相对滑移破坏。在工程建设实践中，道路的边坡、路基、土石坝、建筑物地基等丧失稳定性的例子很多。如图 3-1 所示，都是由于剪切变形导致土体发生破坏的现象。

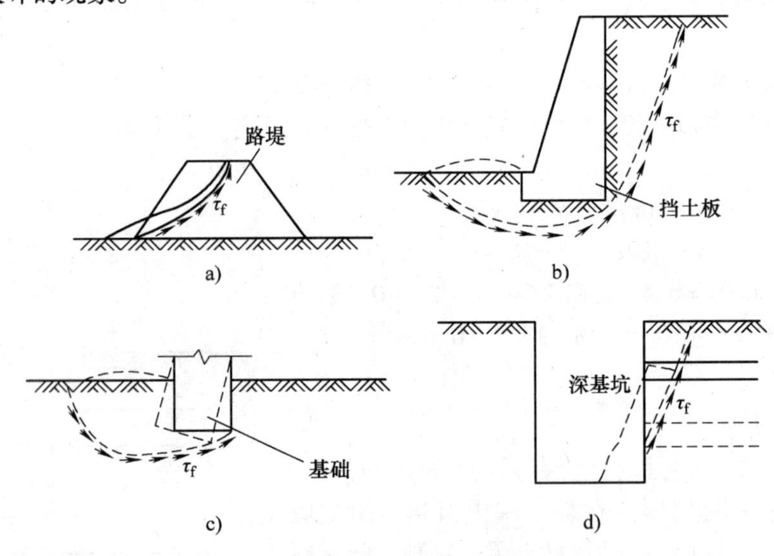

图 3-1　土体的剪切破坏

在实际工程中，与土的抗剪强度有关的工程问题主要有三类：

1）建筑物地基承载力问题即基础下的地基土体产生整体滑动或因局部剪切破坏而导致

过大的地基变形甚至倾覆。

2）土压力问题。如挡土墙、基坑等工程中，墙后土体强度破坏造成过大的侧向土压力，导致墙体滑动、倾覆或支护结构破坏事故。

3）土坡稳定性问题。如土坝、路堤等填方边坡以及天然土坡等在超载、渗流乃至暴雨作用下引起土体强度破坏后产生整体失稳、边坡滑坡等事故。

本项目从这三个方面来阐述土的强度在工程上的应用。

任务一　土体强度与指标测定

土的抗剪强度是指土体抵抗剪切破坏的极限能力。当土体受到外荷载作用后，土中各点将产生剪应力，若某点剪应力达到抗剪强度，土体就沿着剪应力作用方向产生相对滑动，该点便发生剪切破坏。

一、抗剪强度的库伦定律

1776 年，法国的库仑根据直接剪切试验绘出抗剪强度曲线（图 3-2）。以此提出砂土和黏性土的抗剪强度表达式：

砂土
$$\tau_f = \sigma \cdot \tan\varphi \tag{3-1}$$

黏性土
$$\tau_f = \sigma \cdot \tan\varphi + c \tag{3-2}$$

式中　τ_f——土的抗剪强度（kPa）；

σ——作用在剪切面的法向压力（kPa）；

φ——土的内摩擦角；

c——土的黏聚力（kPa）。

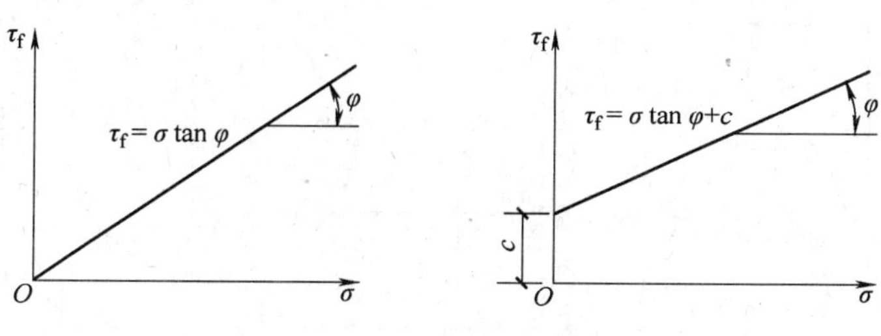

图 3-2　抗剪强度曲线图

a）砂土　b）黏性土

式（3-1）和式（3-2）统称为库仑公式或库仑定律。

库仑公式中 c 和 φ 是土的抗剪强度指标，反映了土的抗剪强度的构成因素，主要通过室内剪切试验和土体原位测试来确定。c 和 φ 在一定条件下是常数，c、φ 的大小反映土的抗剪强度的高低。砂土的抗剪强度由土的内摩擦力（$\sigma\tan\varphi$）组成，它主要是由于土粒之间的滑动摩擦以及凹凸面间的镶嵌作用所产生的摩阻力，其大小取决于土粒表面粗糙度、土的密实度以及颗粒级配等因素。黏性土的抗剪强度由土的内摩擦力和黏聚力组成，黏聚力 c 是由土粒之间的胶结作用、结合水膜以及水分子引力作用等形成的，其大小与土的矿物组成和压密程度有关。

土的抗剪强度指标的工程数值范围大致为：

砂土的内摩擦角变化范围不是很大，一般中砂、粗砂、砾砂的 $\varphi=32°\sim40°$；粉砂、细砂的 $\varphi=28°\sim36°$。孔隙比越小时，φ 越大。但是含水饱和的粉砂、细砂很容易失去稳定，因此必须采取慎重的态度，有时取 $\varphi=20°$左右。

黏性土的抗剪强度指标的变化范围很大，与土的种类有关，并且与土的天然结构是否被破坏、试样在法向压力下的排水固结、试验方法等因素有关。大致可以认为黏性土的黏聚力从小于 9.81kPa 到 200kPa 以上。

二、土的强度理论——极限平衡条件

当土体中某一点在任意平面上的剪应力达到土的抗剪强度时，称该点处于极限平衡状态。

在土体中取一单元体，该单元体作用有大主应力 σ_1 和小主应力 σ_3 时，由材料力学可知，其任意斜面上的正应力与剪应力的大小可用摩尔应力圆表示（图 3-3），其关系式为：

$$\begin{cases}\sigma=\dfrac{1}{2}(\sigma_1+\sigma_3)+\dfrac{1}{2}(\sigma_1-\sigma_3)\cos2\alpha\\[2ex]\tau=\dfrac{1}{2}(\sigma_1-\sigma_3)\sin2\alpha\end{cases}\tag{3-3}$$

由摩尔应力圆可知，圆周上的 A 点表示与大主应力面成 α 角的斜截面，A 点的坐标表示该斜截面上的剪应力 τ 和正应力 σ。将图 3-2 的抗剪强度直线与图 3-3 的摩尔应力圆绘于同一直角坐标系上，可出现三种情况（图 3-4）：

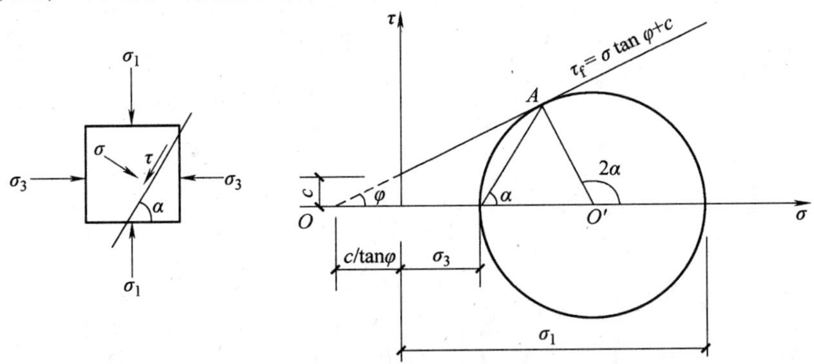

图 3-3　土中一点达极限平衡时的摩尔应力圆

（1）应力圆与库仑直线相离（Ⅰ）　说明应力圆代表的单元体上各截面的剪应力均小于抗剪强度，即各截面都不破坏，所以，该点处于稳定状态。

（2）应力圆与库仑直线相割（Ⅲ）　说明库仑直线上方的一段弧所代表的各截面的剪应力均大于抗剪强度，即该点已有破坏面产生，事实上这种应力状态是不可能存在的。

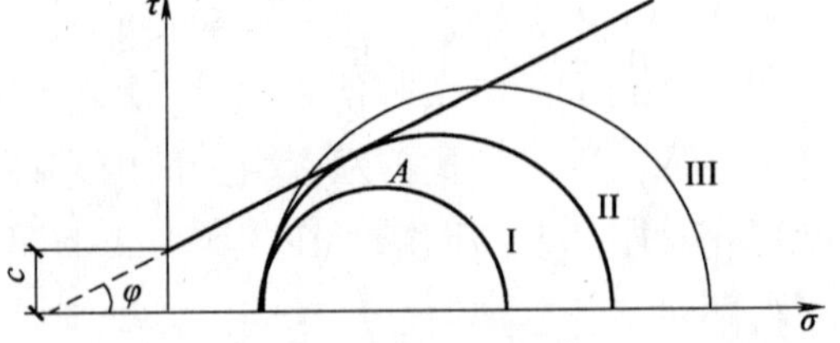

图 3-4　摩尔应力圆与抗剪强度之间的关系

（3）应力圆与库仑直线相切（Ⅱ）　说明

单元体上有一个截面的剪应力刚好等于抗剪强度，而处于极限平衡状态，其余所有的截面都有 $\tau<\tau_f$，因此该点处于极限平衡状态，所以圆（Ⅱ）称为极限应力圆。

根据极限应力圆与抗剪强度线之间的几何关系，可求得抗剪强度指标 c、φ 和主应力 σ_1、σ_3 之间的关系。由图3-4可知：

$$AO'=\frac{\sigma_1-\sigma_3}{2}OO'=\frac{\sigma_1+\sigma_3}{2}+c\cot\varphi$$

由几何条件可以得出下列关系式：

$$\sin\varphi=\frac{\sigma_1-\sigma_3}{\sigma_1+\sigma_3+2c\cot\varphi} \tag{3-4}$$

上式经三角变换后，得如下极限平衡条件式：

$$\sigma_1=\sigma_3\tan^2\left(45°+\frac{\varphi}{2}\right)+2c\tan\left(45°+\frac{\varphi}{2}\right) \tag{3-5}$$

或

$$\sigma_3=\sigma_1\tan^2\left(45°-\frac{\varphi}{2}\right)-2c\tan\left(45°-\frac{\varphi}{2}\right) \tag{3-6}$$

由图3-4中的几何关系可知，土体的破坏面（剪破面）与大主应力作用面的夹角 α 为：

$$2\alpha=90°+\varphi \text{ 即 } \alpha=45°+\frac{\varphi}{2} \tag{3-7}$$

式（3-4）、式（3-5）、式（3-6）是验算土体中某点是否达到极限平衡状态的判断式，也是表示 c、φ、σ_1、σ_3 之间的关系式，在地基稳定计算和土压力计算中都要用到。

【例3-1】 某土层的抗剪强度指标 $\varphi=20°$，$c=20\text{kPa}$，其中某一点的大主应力 $\sigma_1=300\text{kPa}$，小主应力 $\sigma_3=120\text{kPa}$。①问该点是否破坏？②若保持小主应力 σ_3 不变，该点不破坏的 σ_1 最大为多少？

解：①将 $\sigma_3=120\text{kPa}$ 代入式（3-5）得：

$$\sigma_1'=120\tan^2\left(45°+\frac{20°}{2}\right)+2\times20\tan\left(45°+\frac{20°}{2}\right)$$

$$=301.88\text{kPa}>\sigma_1=300\text{kPa}$$

因此该点稳定。

②若 σ_3 不变，由上式计算可知，保持该点不破坏时 σ_1 的最大值为301.88kPa。

三、强度指标的测定

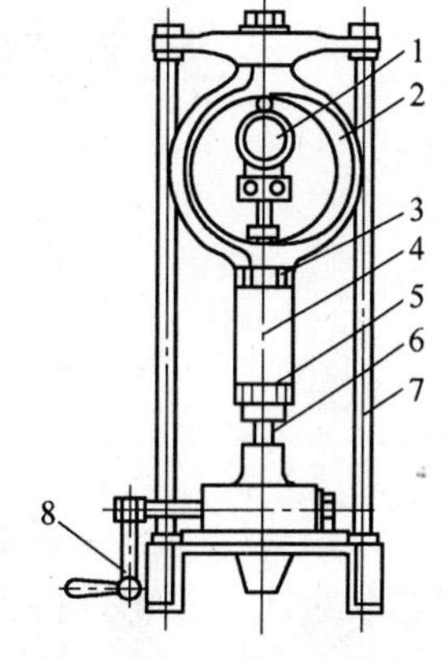

图3-5　无侧限压缩仪

1—百分表　2—测力计　3—上加压板　4—试样　5—下加压板　6—螺杆　7—加压框架　8—升降设备

土的抗剪强度指标包括内摩擦角 φ 和黏聚力 c 两项，其值是地基与基础设计的重要参数，该指标需要用专门的仪器通过试验来确定。常用的试验仪有直接剪切仪、无侧限压力仪（图3-5）、三轴剪切仪和十字板剪切仪（图3-6）等。由于各种仪器的构造和试验条件、原理及方法均不同，对于同样的土会得出不同的试验结果，所以需要根据工程的实际情况来选择适当的试验方法。这里仅简介常用的直接剪切试验和三轴压缩试验。

（一）直接剪切试验

直接剪切试验是应用较早的一种测定土的抗剪强度指标的方法，由于其试验原理易于理解，试验设备简单、操作方便，故应用较为广泛，是现行《公路土工试验规程》（JTG E40—2007）规定使用的方法之一。

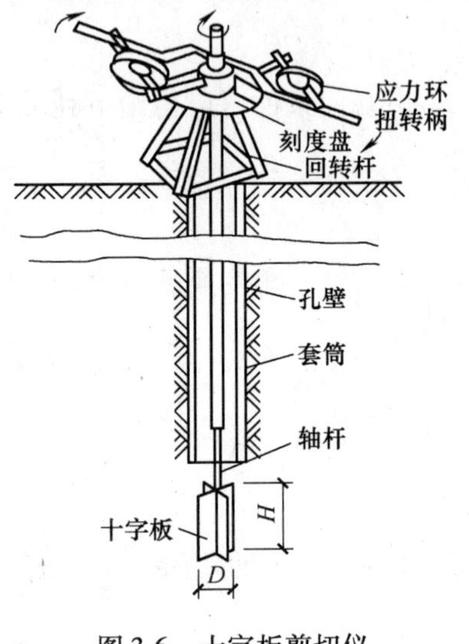

图 3-6　十字板剪切仪

直接剪切试验按加荷载方式分为应变式和应力式两类，前者是以等速推动剪切盒使土样受剪，后者则是分级施加水平剪力于剪力盒使土样受剪。我国目前普遍应用的是应变式直接剪切仪。如图 3-7 所示，剪力盒分上盒和下盒两部分，试验时先用插销将上、下盒位置固定起来，用环刀切取原状土样，把土样推入剪力盒内后，拔去插销，通过传压活塞向土样施加竖向力 P。这样土样上承受平均压应力 $\sigma=\dfrac{P}{A}$。然后在下盒上施加水平力，水平力由小到大逐步增加，上、下盒间随之产生相对移动，使土样受剪，直到土样被剪坏，即测得其最大的水平力 T_{max}。剪坏时土样剪切面上的平均极限剪应力为 $\tau_f=\dfrac{T_{max}}{A}$，也即在压应力 σ 作用下土的抗剪强度为 τ_f。

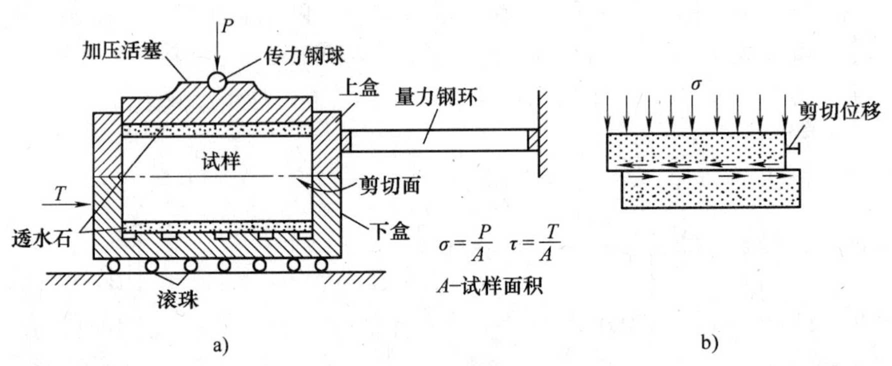

图 3-7　直接剪切仪示意图

a）直接剪切仪简图　b）试样受剪情况

例如，当剪应力—剪切位移曲线出现峰值时，取峰值剪应力为破坏时的剪应力 τ_f，当无峰值时可取对应于剪切位移 $\lambda=6$mm 时的剪应力作为 τ_f。整个试验共需取 4 ~5 个相同的土样，在不同的竖向压力下剪切。这样，对应于几个不同的压应力 σ_1、σ_2、$\sigma_3\cdots$，可以得到相应的抗剪强度 τ_{f1}、τ_{f2}、$\tau_{f3}\cdots$。试验结果表明，抗剪强度与作用在剪切面上的压应力呈线性关系。取压应力 σ 为横坐标，抗剪强度 τ_f 为纵坐标，按所得的试验数据，先在图上绘出 4 ~5 点，基本落在一条直线上，如图 3-8 所示，此直线称为抗剪强度线，以近似地表示 σ -

τ_f 的关系。

直接剪切试验目前依然是室内最基本的抗剪强度测定方法。试验和工程实践都表明土的抗剪强度是与土受力后的排水固结状况有关，因而在工程设计中所需要的强度指标试验方法必须与现场的施工加荷实际相符合。如软土地基上快速堆填路堤，由于加荷速度快，地基土体渗透性低，则这种条件下的强度和稳定问题是属于不能排水条件下的稳定分析问题，它就要求室内的试验条件能模拟实际加荷状况，即在不能排水的条件下进行剪切试验。但是直剪仪的构造却无法做到控制土样是否排水的要求，为了在直剪试验中能考虑这类实际需要，很早便通过采用不同的加荷速率来达到排水控制的要求，这便是直剪试验中三种不同试验方法——快剪、固结快剪和慢剪的出发点。

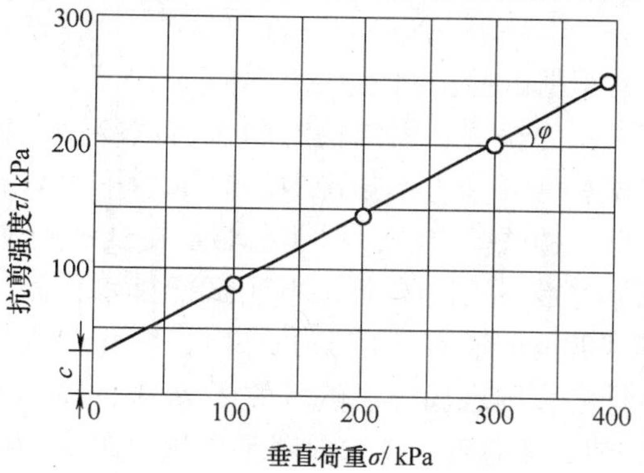

图 3-8　抗剪强度与垂直压力关系曲线

（1）快剪　竖向压力施加后立即施加水平剪力进行剪切，快速（剪切速率 0.8mm/min）把土样剪破，一般从加荷到剪坏只用几分钟。由于剪切速率快，可认为土样在这样短暂时间内没有排水固结或者说模拟了“不排水”剪切情况。当地基土排水不良，工程施工进度又快，土体将在没有固结的情况下承受荷载时，宜用此法。

（2）固结快剪　竖向压力施加后，给以充分时间使土样排水固结。固结终了后再施加水平剪力，快速地（剪切速率 0.8mm/min）把土样剪坏，即剪切时模拟不排水条件。当建筑物在施工期间允许土体充分排水固结，但完工后可能有突然增加的荷载作用时，宜用此法。

（3）慢剪　竖向压力施加后，让土样排水固结，固结后以慢速（剪切速率 0.04mm/min）施加水平剪力，使土样在受剪过程中一直有充分时间排水固结。当地基排水条件良好（如砂土或砂土中夹有薄黏性土层），土体易在较短时间内固结，工程的施工进度较慢且使用中无突然增加的荷载时，可选用此法。

上述三种试验方法对黏性土是有意义的，但效果要视土的渗透性大小而定。对于非黏性土，由于土的渗透性很大，即使快剪也会产生排水固结，所以只采用一种剪切速率“排水剪”试验。

（二）三轴压缩试验

三轴压缩试验的原理是根据摩尔—库伦强度理论得出的。三轴压缩仪主要由压力室、加压系统和量测系统三大部分组成，图 3-9 是三轴压缩仪的压力室示意图，它是一个由金属顶盖、底座和透明有机玻璃圆筒组成的密闭容器。

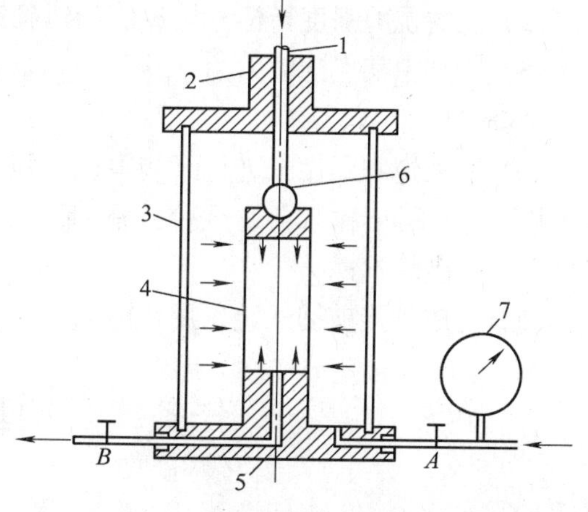

图 3-9　三轴压缩仪压力室示意图

1—竖向加荷活塞　2—顶盖　3—有机玻璃圆筒　4—乳胶膜　5—底座　6—活塞座　7—压力表

试验时，先将圆柱形土样套在乳胶膜内，将它放入透明、密闭压力室内，然后通过底座中的阀门 A，向压力室内压入水，使试样三个轴向受到相同的压力 σ_3，此时土样没有剪应力，再通过活塞座施加竖向压力 q，使土样中产生剪应力。在固定 σ_3 作用下，不断增大 q，直至土样剪破。根据最大主应力 $\sigma_1=\sigma_3+q$ 和最小主应力 σ_3，可绘出一个极限应力圆。取 3 ~5 个相同土样，在不同的周围压力 σ_3 下进行剪切破坏，可得到相应的 σ_1，便可绘出几个极限应力圆，这些极限应力圆的公切线，即该土样的抗剪强度线(图 3-10)，由此得出 c、φ 值。

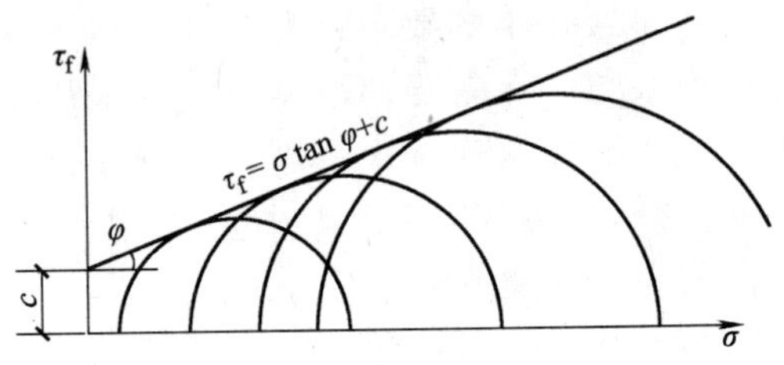

图 3-10　三轴剪切试验成果图

根据试验排水条件的不同，对应于直接剪切试验的快剪、固结快剪和慢剪试验，三轴压缩试验也可分为不排水剪、固结不排水剪和排水剪三种试验方法：不排水剪是在试样施加 σ_3 和 q 时始终关闭 B 阀，不让试样排水；固结不排水剪是在施加固结压力 σ_3 时，打开 B 阀，让试样充分排水固结，然后关闭 B 阀，逐级增大 q，使试样剪破；排水剪则是在试验时，始终打开阀门 B，让试样自由排水。对于不排水剪和固结不排水剪试验，还可测出试样中产生的孔隙水压力 u，因而可以求出土的有效应力抗剪强度指标 c'、φ'值，这种方法称为有效应力法。

三轴压缩试验较直接剪切试验完善，其优点是能比较严格地控制排水条件，并能测定试样的孔隙水压力变化，受力条件比较符合实际，没有人为地限定破裂面，破裂面是最弱面，试验结果较为准确。缺点是仪器的机构复杂，试样制备、试验操作比较麻烦，费用较高，故一般生产部门还用得不多。

课后训练

(1) 何谓土的抗剪强度？在实际工程中，与土的抗剪强度有关的问题有哪些？

(2) 土的抗剪强度指标 c 与 φ 值如何确定？

(3) 地基中某点的应力为 $\sigma_1=180\text{kPa}$，$\sigma_3=50\text{kPa}$，并已知土的 $\varphi=30°$，$c=10\text{kPa}$，问该点是否破坏？

(4) 用某饱和黏性土进行无侧限抗压强度试验，求得不排水强度 $q_u=70\text{kPa}$，如果对同一土样进行三轴不排水剪切试验，施加周围压力 $\sigma_3=200\text{kPa}$，问试样将在多大的轴向压力作用下发生破坏？

(5) 完成直接剪切试验，用快剪的方法测定土的强度指标(详见实训任务五)。

任务二　地基承载力的确定

案例导学

加拿大特朗斯康谷仓是由于地基强度破坏发生整体滑动而失稳的典型实例。

加拿大特朗斯康谷仓平面呈矩形（图 3-11），长 59.44m、宽 23.47m、高 31.0m、容积 36368m^3。谷仓为圆筒仓，每排 13 个圆筒仓，共 5 排 65 个圆筒仓。谷仓的基础为钢筋混凝土筏基，厚 61cm，基础埋深 3.66m。该谷仓于 1911 年开始施工，1913 年秋完工。谷仓自重 20000t，相当于装满谷物后满载总重量的 42.5%。1913 年 9 月起往谷仓装谷物，仔细地装载，使谷物均匀分布。10 月，当谷仓装了 31822m^3 谷物时，发现 1h 内垂直沉降达 30.5cm。结构物向西倾斜，并在 24h 间谷仓倾倒，倾斜度离垂线达 26°53′。谷仓西端下沉 7.32m，东端上抬 1.52m。1913 年 10 月 18 日谷仓倾倒后，上部钢筋混凝土筒仓坚如磐石，仅有极少的表面裂缝。

图 3-11　倾倒后的特朗斯康谷仓

1913 年春事故发生预兆：当冬季大雪融化，附近由石碴组成，高为 9.14m 的铁路路堤面的黏土下沉 1m 左右迫使路堤两边的地面成波浪形，处理此事故，通过打几百根长为 18.3m 的木桩，穿过石碴，形成一个台面，用以铺设铁轨。谷仓的地基土事先未进行调查研究。根据邻近结构物基槽开挖试验结果，计算承载力为 352kPa，应用到这个谷仓。谷仓的场地位于冰川湖的盆地中，地基中存在冰河沉积的黏土层，厚 12.2m。黏土层上面是更近代沉积层，厚 3.0m。黏土层下面为固结良好的冰川下冰碛层，厚 3.0m。这层土支承了这个地区很多更重的结构物。

1952 年从不扰动的黏土试样测得：黏土层的平均含水率随深度而增加，从 40% 到 60%；无侧限抗压强度 q_u 从 118.4kPa 减少至 70.0kPa，平均为 100.0kPa；平均液限 $w_L=105\%$，塑限 $w_P=35\%$，塑性指数 $I_p=70$。试验表明这层黏土是高胶体高塑性的。按太沙基公式计算承载力，如采用黏土层无侧限抗压强度试验平均值 100kPa，则为 276.6kPa，已小于破坏发生时的压力 329.4kPa。如用 $q_{u_{min}}=70$kPa 计算，则为 193.8kPa，远小于谷仓地基破坏时的实际压力。地基上加荷的速率对发生事故起一定作用，因为当荷载突然施加的地基承载力要比加荷固结逐渐进行的地基承载力小。这个因素对黏性土尤为重要，因为黏性土需要很长时间才能完全固结。根据资料计算，抗剪强度发展所需时间约为 1 年，而谷物荷载施加仅 45 天，几乎相当于突然加荷。

综上所述，加拿大特朗斯康谷仓发生地基滑动强度破坏的主要原因：对谷仓地基土层事先未做勘察、试验与研究，采用的设计荷载超过地基土的抗剪强度，导致这一严重事故。由于谷仓整体刚度较高，地基破坏后，筒仓仍保持完整，无明显裂缝，因而地基发生强度破坏而整体失稳。

问题引入：

1）什么是地基承载力？

2）地基承载力如何确定？

地基承载力是指地基承受荷载的能力。通常分为两种承载力：一种是地基极限承载力，指地基即将丧失稳定性时的承载力；另一种是地基容许承载力，指地基土在外荷载的作用下，不产生剪切破坏且基础的沉降量不超过容许值时，单位面积上所能承受的最大荷载。影响地基极限承载力的因素很多，除地基土的性质外，还与基础的埋置深度、宽度、形状有关。容许承载力则还与建筑物的结构特性等因素有关。因此，地基承载力与通常所说的材料的“容许强度”或构件的“承载力”的概念有很大区别。在基础设计中，规范要求地基压应力的计算值不超过地基容许承载力。

地基承载力的确定，一般可通过如下三种途径：①现场原位测试，如静荷载试验、动力和静力触探等。②利用理论公式计算获得。③根据土的性质指标按规范方法确定。

一、现场荷载试验法确定地基承载力

现场荷载试验是在现场天然土层上，通过一定面积的载荷板向地基施加竖向荷载，测定压力与变形的关系，从而确定地基的承载力和变形特性(图 2-4)。荷载试验装置的载荷板面积一般采用$0.25m^2$或$0.5m^2$。试验标高处的试坑宽度应不小于载荷板直径的3 倍，试坑深度一般与设计基础埋深相同。

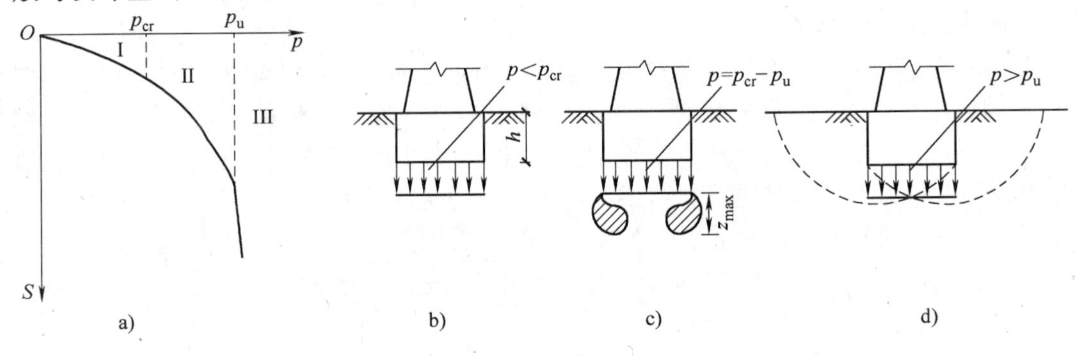

图 3-12 地基变形三阶段

a) p-S 曲线 b)压密阶段 c)局部剪切阶段 d)破坏阶段

荷载试验是确定地基承载力的最可靠的方法，该现场测试可以说明地基从开始发生变形到失去稳定(即破坏)的发展过程。试验结果：压力—沉降关系 p-S 曲线如图 3-12a 所示，可以将地基受压变形分为三个阶段，分别是：压密阶段(Ⅰ)、局部剪切变形阶段(Ⅱ)和整体剪切破坏阶段(Ⅲ)。

(1) 压密阶段(Ⅰ) 当荷载小于临塑荷载p_{cr}(或称比例极限荷载，是地基中即将出现塑性变形区的荷载)，p-S 接近直线关系。此阶段地基中各点的剪应力均小于地基土的抗剪强度，地基土处于弹性平衡状态，如图 3-12b 所示。基础沉降的主要原因是土颗粒互相挤密，空隙减小，地基土产生压缩变形。

(2) 局部剪切阶段(Ⅱ) 当荷载大于临塑荷载p_{cr}，小于极限荷载p_u(是地基将要发生整体剪切破坏的荷载)时，变形的增加率随荷载的增加而增大，p-S 曲线由直线变为曲线。其原因是在地基土中的局部区域内，发生剪切变形，这些区域称为塑性变形区，如图 3-12c 所示。随着荷载的增加，地基土中塑性变形区的范围逐渐增大。

(3) 破坏阶段(Ⅲ) 当荷载大于极限荷载p_u时，地基变形突然增大，说明地基土中的塑性变形区已形成了与地面贯通的连续滑动面，地基土向基础一侧或两侧挤出，地面隆起，地基整体失稳，基础急剧下沉，如图 3-12d 所示。

显然以 p_u 作为地基承载力是极不安全的，而将临塑荷载 p_{cr} 作为地基承载力，有时又偏于保守，因为荷载 p 大于 p_{cr} 时，只要保证塑性区最大深度不超过某一界限，地基就不会形成连通的滑动面，就不会发生整体剪切破坏。实践表明，地基土中塑性变形区的最大深度 z_{max} 达到 1/4 ~ 1/3 的基础宽度时，地基仍是安全的。与塑性区最大深度 z_{max} 相对应的荷载强度，称为临界荷载。

利用荷载试验所得的 p-S 曲线来确定地基承载力的方法如下：

1）对于密实砂土、一般硬黏土等低压缩性土，p-S 曲线有较明显的直线段，可以用直线段末端对应的临塑荷载 p_{cr} 作为地基容许承载力。

2）对于硬黏土，临塑荷载 p_{cr} 接近极限荷载 p_u，可取 p_u/K（K 为安全系数，一般取 $K=2$）作为地基的容许承载力。

3）对于稍松的砂土、新填土、可塑性黏土等中高压缩性土，p-S 曲线没有明显的直线段和转折点，这种地基上的建筑物沉降量很大，故用相对沉降量进行控制。一般采用压缩变形量为 $0.02b$ 所对应的荷载 $p_{0.02b}$ 作为地基承载力。

由于荷载试验是承压板尺寸远小于实际地基的底面尺寸，因此用上述方法确定的地基容许承载力是偏于保守的。

二、理论公式法确定地基承载力

地基承载力的理论公式只考虑地基的强度，没有考虑沉降的要求，而且是作了一定简化假设条件下导出的，多针对条形基础。下面只对该方法的原理作简要介绍。

（1）按塑性区的深度确定地基承载力　按塑性区开展深度确定地基承载力的方法，就是将地基中的剪切破坏区限制在某一范围，确定地基土所能承受多大的基底压力，该压力即为所求的地基承载力，包括临塑荷载和临界荷载。临塑荷载是指在外荷载作用下，地基中刚开始产生塑性变形（即局部剪切破坏）时，基础底面单位面积上承受的荷载。而在中心荷载作用下，当地基中塑性变形区最大开展深度为 $z_{max}=\frac{1}{4}b$ 时，与此相对应的基础底面的压力，称为临界荷载。

（2）按极限荷载确定地基承载力　极限荷载 p_u 是指地基即将要失去稳定，土体将从基底被挤出时，作用于地基上的外荷载。由于假设不同，计算极限荷载的公式也不相同。工程中常用太沙基公式，太沙基用塑性理论推导出条形浅基础在垂直中心荷载下，地基极限荷载的理论公式，并推广至其他形状的基础。实际工程中，用极限荷载除以安全系数 K 后，可以作为地基承载力。

临塑荷载或临界荷载均能作为地基容许承载力；极限荷载/K（K 为安全系数，一般取 1.5 ~ 2）也可以作为地基容许承载力，比较这两种结果，应取较小者。必须注意：理论公式法确定地基容许承载力只考虑了地基土的强度，必要时应验算地基沉降。

三、规范法确定地基承载力

《公路桥涵地基与基础设计规范》（JTG D63—2007）根据大量的地基荷载试验资料和已建成

桥梁的使用经验，经过统计分析，给出了各类土的地基承载力基本容许值[f_{a0}]表及修正计算公式，采用按规范确定地基容许承载力的方法，广泛应用于公路及一般的桥梁基础设计。

（一）地基承载力基本容许值[f_{a0}]及修正后的地基承载力容许值[f_a]

地基承载力的验算，应以修正后的地基承载力容许值[f_a]控制。该值系在地基原位测试或规范给出的各类岩土承载力基本容许值[f_{a0}]的基础上，经修正而得。修正后的地基承载力容许值[f_a]按式(3-8)确定。当基础位于水中不透水地层上时，[f_a]按平均常水位至一般冲刷线的水深每米再增大10kPa。

$$[f_a]=[f_{a0}]+k_1\gamma_1(b-2)+k_2\gamma_2(h-3) \tag{3-8}$$

式中　[f_a]——修正后的地基承载力容许值（kPa）；

[f_{a0}]——地基承载力基本容许值（kPa）；应首先考虑由载荷试验或其他原位测试取得，其值不应大于地基极限承载力的1/2；对于中小桥、涵洞，当受现场条件限制，或载荷试验和原位测试确有困难时，也可根据岩土类别、状态及其物理力学特性指标按表3-1～表3-7选用；地基承载力基本容许值尚应根据基础宽度（$b>2$m）、基底埋深（$h>3$m）及地基土的类别按照式（3-8）进行修正；

b——基础底面的最小边宽（m）；当$b<2$m时，取$b=2$m；当$b>10$m时，取$b=10$m；

h——基底埋置深度（m）；自天然地面起算，有水流冲刷时自一般冲刷线起算；当$h<3$m时，取$h=3$m；当$h/b>4$时，取$h=4b$；

k_1、k_2——基底宽度、深度修正系数，根据基底持力层土的类别按表3-8确定；

γ_1——基底持力层土的天然重度（kN/m^3）；若持力层在水面以下且为透水者，应取浮重度：

γ_2——基底以上土层的加权平均重度（kN/m^3）；换算时若持力层在水面以下，且不透水时，不论基底以上土的透水性质如何，一律取饱和重度；当透水时，水中部分土层应取浮重度。

一般岩石地基可根据强度等级、节理按表3-1确定承载力基本容许值［f_{a0}］。对于复杂的岩层（如溶洞、断层、软弱夹层、易溶岩石、软化岩石等）应按各项因素综合确定。

表3-1　岩石地基承载力基本容许值［f_{a0}］　（单位：kPa）

［f_{a0}］ 节理发育程度 / 坚硬程度	节理不发育	节理发育	节理很发育
坚硬岩、较硬岩	>3000	3000～2000	2000～1500
较软岩	3000～1500	1500～1000	1000～800
软岩	1200～1000	1000～800	800～500
极软岩	500～400	400～300	300～200

碎石土地基可根据其类别和密实程度按表3-2确定承载力基本容许值［f_{a0}］。

表3-2　碎石土地基承载力基本容许值［f_{a0}］　（单位：kPa）

［f_{a0}］ 密实程度 / 土名	密　实	中　密	稍　密	松　散
卵石	1200～1000	1000～650	650～500	500～300
碎石	1000～800	800～550	550～400	400～200
圆砾	800～600	600～400	400～300	300～200
角砾	700～500	500～400	400～300	300～200

注：1. 由硬质岩组成，填充砂土者取高值；由软质岩组成，填充黏性土者取低值。
2. 半胶结的碎石土，可按密实的同类土的［f_{a0}］值提高10%～30%。
3. 松散的碎石土在天然河床中很少遇见，需特别注意鉴定。
4. 漂石、块石的［f_{a0}］值，可参照卵石、碎石适当提高。

砂土地基可根据土的密实度和水位按表3-3确定承载力基本容许值［f_{a0}］。

表3-3　砂土地基承载力基本容许值［f_{a0}］　（单位：kPa）

［f_{a0}］ 密实度 / 土名及水位情况		密　实	中　密	稍　密	松　散
砾砂、粗砂	与湿度无关	550	430	370	200
中砂	与湿度无关	450	370	330	150
细砂	水上	350	270	230	100
	水下	300	210	190	—
粉砂	水上	300	210	190	—
	水下	200	110	90	—

粉土地基可根据土的天然孔隙比e和天然含水率w（%）按表3-4确定承载力基本容许值［f_{a0}］。

表3-4　粉土地基承载力基本容许值［f_{a0}］　（单位：kPa）

［f_{a0}］ w（%） / e	10	15	20	25	30	35
0.5	400	380	355	—	—	—
0.6	300	290	280	270	—	—
0.7	250	235	225	215	205	—
0.8	200	190	180	170	165	—
0.9	160	150	145	140	130	125

老黏性土地基可根据压缩模量 E_s 按表 3-5 确定承载力基本容许值 $[f_{a0}]$。

表 3-5　老黏性土地基承载力基本容许值 $[f_{a0}]$

E_s/MPa	10	15	20	25	30	35	40
$[f_{a0}]$ /kPa	380	430	470	510	550	580	620

注：当老黏性土 $E_s<10$MPa 时，承载力基本容许值 $[f_{a0}]$ 按一般黏性土（表 3-6）确定。

一般黏性土可根据液性指数 I_L 和天然孔隙比 e 按表 3-6 确定地基承载力基本容许值 $[f_{a0}]$。

表 3-6　一般黏性土地基承载力基本容许值 $[f_{a0}]$　　（单位：kPa）

$[f_{a0}]$ I_L / e	0	0.1	0.2	0.3	0.4	0.5	0.6	0.7	0.8	0.9	1.0	1.1	1.2
0.5	450	440	430	420	400	380	350	310	270	240	220	—	—
0.6	420	410	400	380	360	340	310	280	250	220	200	180	—
0.7	400	370	350	330	310	290	270	240	220	190	170	160	150
0.8	380	330	300	280	260	240	230	210	180	160	150	140	130
0.9	320	280	260	240	220	210	190	180	160	140	130	120	100
1.0	250	230	220	210	190	170	160	150	140	130	120	110	—
1.1	—	—	160	150	140	130	120	110	100	90	—	—	—

注：1. 土中含有粒径大于 2mm 的颗粒质量超过总质量 30% 以上者，$[f_{a0}]$ 可适当提高。

2. 当 $e<0.5$ 时，取 $e=0.5$；当 $I_L<0$ 时，取 $I_L=0$。此外，超过表列范围的一般黏性土，$[f_{a0}]=57.22E_s^{0.57}$。

新近沉积黏性土地基可根据液性指数 I_L 和天然孔隙比 e 按表 3-7 确定地基承载力基本容许值 $[f_{a0}]$。

表 3-7　新近沉积黏性土地基承载力基本容许值 $[f_{a0}]$　　（单位：kPa）

$[f_{a0}]$ I_L / e	≤0.25	0.75	1.25
≤0.8	140	120	100
0.9	130	110	90
1.0	120	100	80
1.1	110	90	—

表 3-8　地基承载力宽度、深度修正系数 k_1、k_2

土类 / 系数	黏性土				粉土	砂土								碎石土			
	老黏性土	一般黏性土		新近沉积黏性土	—	粉砂		细砂		中砂		砾砂、粗砂		碎石、圆砾、角砾		卵石	
		$I_L\geqslant0.5$	$I_L<0.5$		—	中密	密实	中密	密实	中密	密实	中密	密实	中密	密实	中密	密实
k_1	0	0	0	0	0	1.0	1.2	1.5	2.0	2.0	3.0	3.0	4.0	3.0	4.0	3.0	4.0
k_2	2.5	1.5	2.5	1.0	1.5	2.0	2.5	3.0	4.0	4.0	5.5	5.0	6.0	5.0	6.0	6.0	10.0

注：1. 对于稍密和松散状态的砂、碎石土，k_1、k_2 值可采用表列中密值的 50%。

2. 强风化和全风化的岩石，可参照所风化成的相应土类取值；其他状态下的岩石不修正。

3. 软土地基承载力容许值可按照下文确定。

4. 其他特殊性岩土地基承载力基本容许值可参照各地区经验或相应的标准确定。

（二）软土地基承载力容许值

软土地基承载力容许值的确定应按照如下规定进行：

（1）软土地基承载力基本容许值 $[f_{a0}]$ 应由载荷试验或其他原位测试取得，然后按式（3-8）计算修正后的地基承载力容许值 $[f_a]$。载荷试验和原位测试确有困难时，对于中小桥、涵洞基底未经处理的软土地基，承载力容许值 $[f_a]$ 可采用以下两种方法确定：

①根据原状土天然含水率 w，按表 3-9 确定软土地基承载力基本容许值 $[f_{a0}]$，然后按式（3-9）计算修正后的地基承载力容许值 $[f_a]$。

$$[f_a] = [f_{a0}] + \gamma_2 h \tag{3-9}$$

表 3-9　软土地基承载力基本容许值 $[f_{a0}]$　（单位：kPa）

天然含水率 w(%)	36	40	45	50	55	65	75
$[f_{a0}]$	100	90	80	70	60	50	40

②根据原状土强度指标确定软土地基承载力容许值 $[f_a]$。

$$[f_a] = \frac{5.14}{m} k_P C_u + \gamma_2 h \tag{3-10}$$

$$k_P = \left(1 + 0.2\frac{b}{l}\right)\left(1 - \frac{0.4H}{blC_u}\right) \tag{3-11}$$

式中　m——抗力修正系数，可视软土灵敏度及基础长宽比等因素选用 1.5～2.5；

C_u——地基土不排水抗剪强度标准值(kPa)；

k_P——系数；

H——由作用(标准值)引起的水平力(kN)；

b——基础宽度(m)，有偏心作用时，取 $b-2e_b$；

l——垂直于 b 边的基础长度(m)，有偏心作用时，取 $l-2e_l$；

e_b、e_l——偏心作用在宽度和长度方向的偏心距；

γ_2、h——意义同式(3-8)。

(2)经排水固结方法处理的软土地基　其承载力基本容许值 $[f_{a0}]$ 应通过载荷试验或其他原位测试方法确定，经复合地基方法处理的软土地基，其承载力基本容许值应通过载荷试验确定，然后按式(3-8)计算修正后的软土地基的地基承载力容许值 $[f_a]$。

（三）地基承载力容许值的提高

地基承载力容许值 $[f_a]$ 应根据地基受荷阶段及受荷情况，乘以下列抗力系数 γ_R。

（1）使用阶段

①当地基承受作用短期效应组合或作用效应偶然组合时，可取 $\gamma_R = 1.25$；但对承载力容许值 $[f_a]$ 小于 150kPa 的地基，应取 $\gamma_R = 1.0$。

②当地基承受的作用短期效应组合仅包括结构自重、预加力、土重、土侧压力、汽车和人群效应时，应取 $\gamma_R = 1.0$。

③当基础建于经多年压实未遭破坏的旧桥基(岩石旧桥基除外)上时，不论地基承受的作用情况如何，抗力系数均可取 $\gamma_R = 1.5$；对 $[f_a]$ 小于 150kPa 的地基，可取 $\gamma_R = 1.25$。

④基础建于岩石旧桥基上，应取 $\gamma_R = 1.0$。

(2)施工阶段

①地基在施工荷载作用下，可取 $\gamma_R = 1.25$。

②当墩台施工期间承受单向推力时，可取 $\gamma_R = 1.5$。

【例 3-2】 某水中基础，其底面为 5.0m × 10.0m 的矩形，埋置深度为 4.0m，作用在基底中心的竖直荷载 $N = 8000\text{kN}$，地基土中密粉砂的性质如图 3-13 所示。当承受作用短期效应组合时，试验算地基强度是否满足要求。

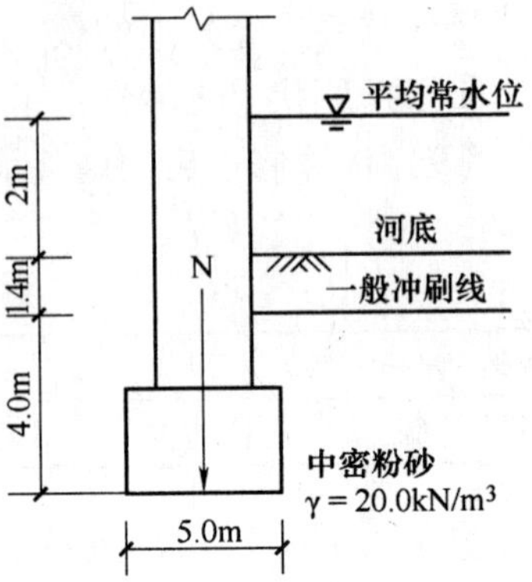

解： 持力层属中密粉砂（水下），查表 3-3 得 $[f_{a0}] = 110\text{kPa}$；查表 3-8 得宽度、深度修正系数 $k_1 = 1.0$、$k_2 = 2.0$，按式(3-8)可算得：

$$
\begin{aligned}
[f_a] &= [f_{a0}] + k_1\gamma_1(b-2) + k_2\gamma_2(h-3) \\
&= 110 + 1.0 \times (20.0 - 10) \times (5.0 - 2) + 2.0 \times (20.0 - 10) \times (4.0 - 3) \\
&= 160\text{kPa}
\end{aligned}
$$

图 3-13　例 3-2 图

持力层的地基承载力容许值为 $\gamma_R[f_a] = 1.25 \times 160 = 200\text{kPa}$

基底压力 $P = \dfrac{N}{A} = \dfrac{8000}{5.0 \times 10.0} = 160\text{kPa} < \gamma_R[f_a] = 200\text{kPa}$

故地基强度满足要求。

课后训练

(1) 确定地基容许承载力的方法有哪些？各有何特点？

(2) 某水中基础，其底面为 4.0m × 6.0m 的矩形，埋置深度为 3.5m，平均常水位到一般冲刷线的深度为 2.5m，持力层为黏土，它的天然孔隙比 $e = 0.7$，液性指数 $I_L = 0.45$，天然容重 $\gamma = 19.0\text{kN/m}^3$。基底以上全为中密的粉砂，其饱和容重 $\gamma_{sat} = 20.0\text{kN/m}^3$。当承受作用短期效应组合时，试求持力层的地基承载力容许值。

(3) 某桥墩基础底面宽度 $b = 5\text{m}$，长度 $l = 10\text{m}$，埋置深度 $h = 4\text{m}$，地基土的性质如图 3-14 所示，试按《公路桥涵地基与基础设计规范》(JTG D63—2007)，确定地基承载力容许值。

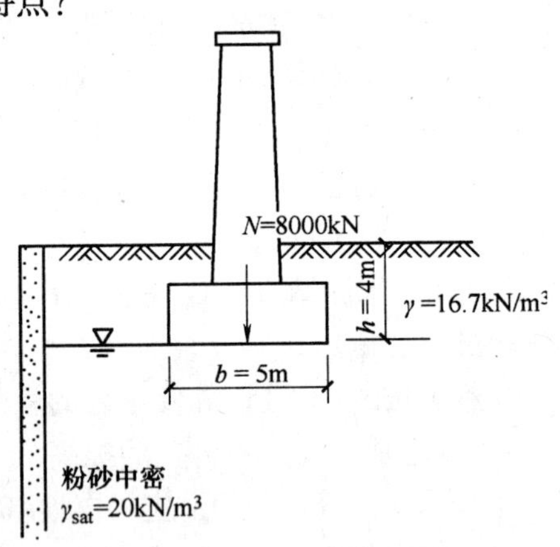

图 3-14　习题 3 图

任务三　土压力计算

一、土压力的概念

土压力是指作用于各种挡土墙上的侧向压力。它是挡土墙承受的主要荷载，其值的大小直接影响挡土墙的稳定性，所以计算土压力是设计挡土墙中的一个重要内容。土压力的大小及其分布规律同挡土墙位移的方向、大小、土的性质、挡土结构物的刚度及高度等因素有关。

（一）土压力类型

根据挡土墙可能产生位移的方向和墙后填土中不同的应力状态，将土压力分为如下三种：

（1）静止土压力　挡土墙保持初始位置静止不动，如地下室侧墙等，此时作用在挡土墙上的土压力称为静止土压力，如图 3-15a 所示。作用在每延米挡土墙上的静止土压力的合力用 E_0（kN/m）表示，这时墙后填土中各点均处于弹性平衡状态。

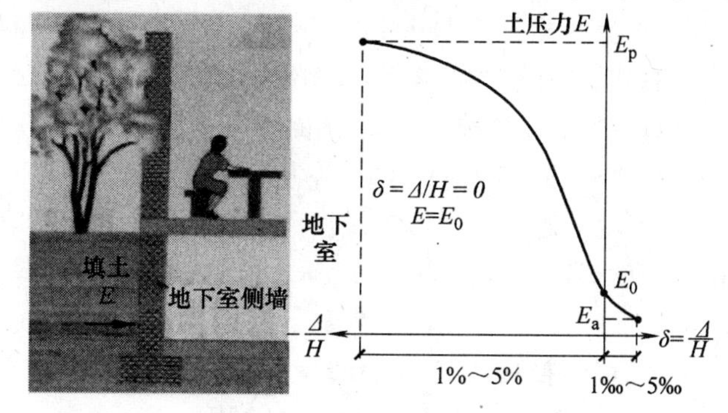

a)

（2）主动土压力　挡土墙在墙后填土作用下，离开填土发生位移 $-\Delta$ 值（如河道边、山坡边的挡土墙），这时作用在墙上的土压力将由静止土压力逐渐减小，当墙后土体达到极限平衡，并出现连续滑动面使土体下滑，这时土压力减至最小值，称为主动土压力，如图 3-15b 所示，用 E_a（kN/m）表示。

对于密砂及密实黏土，当墙体向前产生的位移 Δ 分别为 0.5% H 和 (1% ~2%)H（H 为挡土墙高）时，才会产生主动土压力。

（3）被动土压力　挡土墙在外力作用下，向填土方向移动 $+\Delta$（如拱桥的桥台），这时作用在墙上的土压力将由静止土压力逐渐增大，一直到土体达到极限平衡，并出现连续滑动面，墙后土体向上挤出隆起，这时土压力增至最大值，称为被动土压力，如图 3-15c 所示，用 E_p（kN/m）表示。

对于密砂及密实黏土，当位移 Δ 分别为 5% H 和 10% H 时，才会产生被动土压力。可见产生被动土压力时发生了较大的位移，若需要利用被动土压力时，如果工程结构不容许产生过大位移，则只能利用部分被动土压力。

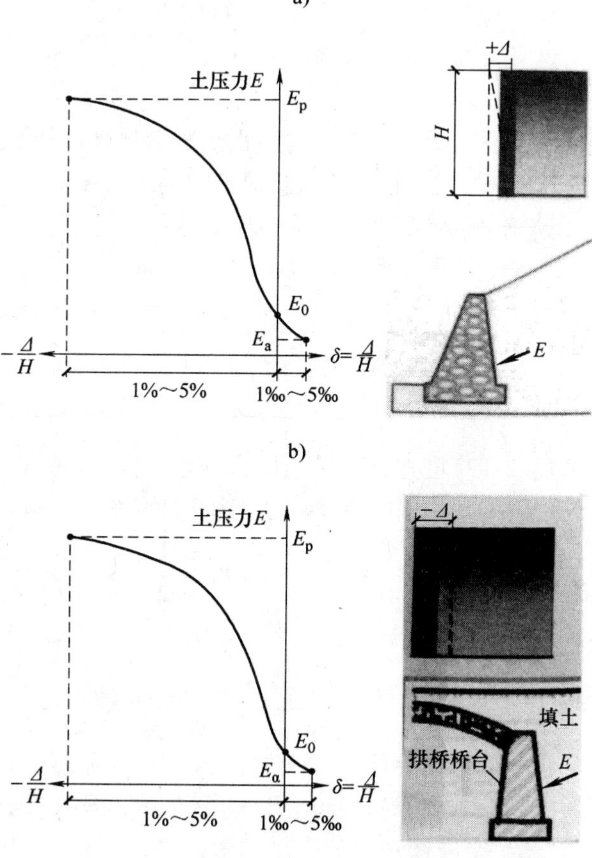

图 3-15　土压力类型

a）静止土压力 E_0　b）主动土压力 E_a　c）被动土压力 E_p

在设计挡土墙时，究竟采用哪种土压力，除了根据挡土墙产生位移的方向确定外，还应根据结构物的受力情况、可能产生的位移及填土等具体情况来确定。一般对建于分散土地基上的梁桥桥台或挡土墙，按主动土压力计算；对拱桥桥台应根据受力和填土的压实情况，采用静止土压力或静止土压力加土抗力（土抗力指土体对结构的弹性抗力，与位移成正比）；对临时性挡土结构物（如板桩），按其变位和位置不同，采用主动土压力或静止土压力。

（二）静止土压力计算

静止土压力，墙静止不动，土体无侧向位移，可假定墙后填土内的应力状态为半无限弹性体的应力状态。在半无限弹性土体中，任一竖直面都是对称面，对称面上无剪应力，所以竖直面和水平面都是主应力面。

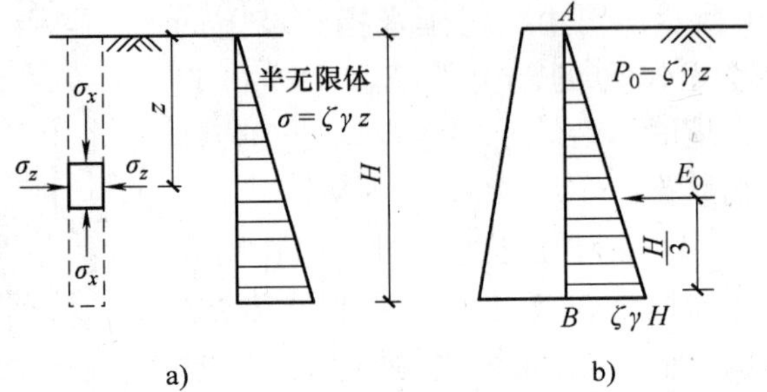

图 3-16　静止土压力的计算图

在深度 z 处，由土体自重所引起的竖直和水平应力分别为 $\sigma_z=\gamma z$、$\sigma_x=\sigma_y=\zeta\sigma_z=\zeta\gamma z$，且都是主应力，如图 3-16a 所示。若将某一竖直面换成挡土墙的墙背 AB，如图 3-16b 所示，墙背静止不动时，墙后填土无侧向位移，说明墙背对墙后填土的作用力强度与该竖直面上原有的水平向应力 σ_x 相同，即：

$$P_0=\sigma_x=\zeta\sigma_z=\zeta\gamma z \tag{3-12}$$

式中　P_0——作用于墙背上的静止土压力强度（kPa）；

ζ——静止土压力系数（即土的侧压力系数），压实土的 ζ 值可参考表 3-10；

γ——墙后填土的容重（kN/m^3）；

z——计算点离填土表面的深度（m）。

表 3-10　压实土的静止土压力系数

土的名称	砾石、卵石	砂石	亚砂土	亚黏土	黏土
ζ	0.20	0.25	0.35	0.45	0.55

由式（3-12）可知，静止土压力强度 P_0 与 z 成正比，所以 P_0 沿深度的分布图为三角形。当墙高为 H 时，作用于每延米挡土墙上的静止土压力为：

$$E_0=\frac{1}{2}(\zeta\gamma H)H=\frac{1}{2}\zeta\gamma H^2 \tag{3-13}$$

式中　H——挡土墙高度。

E_0 的方向水平，作用线通过 P_0 的分布图形心，离墙脚的高度为$\frac{H}{3}$，如图 3-16b 所示。

静止土压力在墙后填土表面作用有均布荷载 q 时，竖向应力为 $\sigma_z=q+\gamma z$，代入式（3-12）得：$P_0=\xi(q+\gamma z)$，绘出 P_0 的分布图，分布图形的面积即为作用在每延米挡土墙上的合力 E_0，P_0 分布图形心的高度即为合力 E_0 的作用点高度。

在墙后填土中有地下水时，水下土若透水，应考虑水的浮力，用 γ' 计算竖向应力 σ_z，同时考虑作用在挡土墙上的静水压力，即水土分算；水下土若不透水，用 γ_{sat} 计算竖向应力 σ_z，同时不考虑作用在挡土墙上的静水压力，即水土合算。

【例 3-3】 计算作用在图 3-17 所示挡土墙上的静止土压力及静水压力，墙后为砂石填筑，其中 ab 两点间的距离为 6m，bc 两点间的距离为 4m。

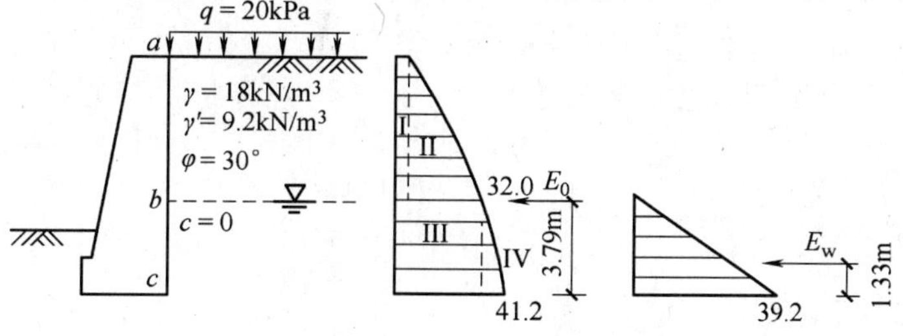

图 3-17　例 3-3 图

解： 1）求各特征点的竖向应力

$$\sigma_{za} = q = 20\text{kPa}$$

$$\sigma_{zb} = q + \gamma h_1 = 20 + 18 \times 6 = 128\text{kPa}$$

$$\sigma_{zc} = q + \gamma h_1 + \gamma h_2 = 128 + 9.2 \times 4 = 164.8\text{kPa}$$

2）求各特征点的土压力强度

查表 3-10：$\zeta = 0.25$，则

$$P_{0a} = \zeta\sigma_{za} = 0.25 \times 20 = 5.0\text{kPa}$$

$$P_{0b} = \zeta\sigma_{zb} = 0.25 \times 128 = 32.0\text{kPa}$$

$$P_{0c} = \zeta\sigma_{zc} = 0.25 \times 164.8 = 41.2\text{kPa}$$

C 点静水压力：$P_{wc} = \gamma_w h_w = 9.8 \times 4 = 39.2\text{kPa}$

按计算结果绘 P_0 及 P_w 分布图，如图 3-17 所示。

3）求 E_0 及 E_w

把 P_0 分布图分为四块，如图 3-17 所示矩形或三角形，分别求其面积，总和后即得 E_0：

$$E_{01} = p_{01} h_1 = 5.0 \times 6 = 30.0\text{kN/m}$$

$$E_{02} = \frac{1}{2}(P_{0b} - P_{0a})h_1 = \frac{1}{2} \times (32.0 - 5.0) \times 6 = 81.0\text{kN/m}$$

$$E_{03} = p_{0b} h_2 = 32.0 \times 4 = 128.0\text{kN/m}$$

$$E_{04} = \frac{1}{2}(p_{0c} - p_{0b})h_2 = \frac{1}{2} \times (41.2 - 32.0) \times 4 = 18.4\text{kN/m}$$

$$E_0 = E_{01} + E_{02} + E_{03} + E_{04} = 30.0 + 81.0 + 128.0 + 18.4 = 257.4\text{kN/m}$$

$$E_w = \frac{1}{2} p_{wc} h_w = \frac{1}{2} \times 39.2 \times 4 = 78.4\text{kN/m}$$

4）求 E_0 和 E_w 的作用点位置

$$z_{0c} = \frac{\sum E_{0i} z_i}{\sum E_{0i}} = \frac{E_{01}\left(h_2 + \frac{h_1}{2}\right) + E_{02}\left(h_2 + \frac{h_1}{3}\right) + E_{03}\frac{h_2}{2} + E_{04}\frac{h_2}{3}}{E_0}$$

$$=\frac{30.0\times\left(4+\frac{6}{2}\right)+81.0\times\left(4+\frac{6}{3}\right)+128.0\times\frac{4}{2}+18.4\times\frac{4}{3}}{257.4}$$

$$=3.974\text{m}$$

$$z_{wc}=\frac{h_w}{3}=1.333\text{m}$$

二、朗金土压力理论

朗金(Rankine)于1857年提出了土压力理论，虽然不够完善，但由于计算简单，在一定条件下其计算结果与实际较符合，所以目前仍被广泛应用。

朗金土压力理论是从分析挡土结构物后面土体内部因自重产生的应力状态入手，去研究土压力的，如图3-18a所示。在半无限土体中取一竖直切面 AB，因竖直面(是对称面)和水平面上均无剪应力，故 AB 面上深度 z 处的单元土体上的竖向应力 σ_z 和水平应力 σ_x 均为主应力。当土体处于弹性平衡状态时，$\sigma_z=\gamma z$、$\sigma_x=\xi\gamma z$，其应力圆如图3-18d中的 MN_1 所示，与土的抗剪强度线不相交。在 σ_z 不变的条件下，若 σ_x 逐渐减小，到土体达到极限平衡时，其应力圆将与抗剪强度线相切，如图3-18d中的 MN_2 所示，σ_z 和 σ_x 分别为最大及最小主应力，称为朗金主动极限平衡状态，土体中产生的两组滑动面与水平面成夹角 $\left(45°+\frac{\varphi}{2}\right)$，如图3-18b所示。在 σ_z 不变的条件下，若 σ_x 不断增大，在土体达到极限平衡时，其应力圆将与抗剪强度线相切，如图3-18d中的 MN_3 所示，但 σ_z 为最小主应力，σ_x 为最大主应力，称为朗金被动极限平衡状态，土体中产生的两组滑动面与水平面成夹角 $\left(45°-\frac{\varphi}{2}\right)$，如图3-18c所示。

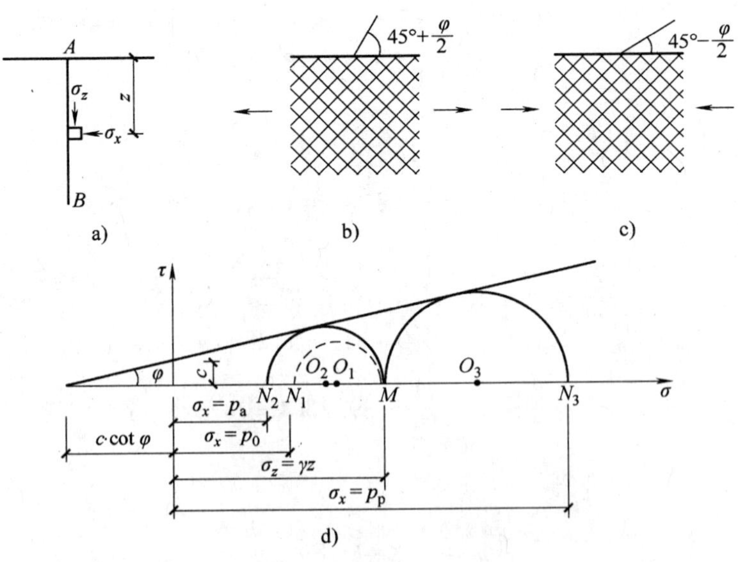

图3-18 朗金极限平衡状态

朗金假定：把半无限土体中的任一竖直面，如图3-19a中的AB，换成一个光滑(无摩擦)的挡土墙墙背，当墙体位移使墙后土体达到主动或被动极限平衡状态时，墙背上的土压力强度等于相应状态下的水平应力σ_x。注意，这里介绍的朗金土压力公式只适用于墙背竖直、光滑(墙背与土体间摩擦力不计)、墙后填土表面水平且与墙顶齐平的情况。

(一) 主动土压力计算

由上述分析可知，当土体推动墙发生位移，土体达到主动极限平衡状态时，$\sigma_x = \sigma_3 = P_a$，$\sigma_z = \sigma_1 = \gamma z$，根据极限平衡条件可得出深度$z$处的土压力强度为：

$$P_a = \sigma_z \tan^2\left(45° - \frac{\varphi}{2}\right) - 2c\tan\left(45° - \frac{\varphi}{2}\right) = \sigma_z m^2 - 2cm \tag{3-14}$$

式中　P_a——主动土压力强度(kPa)；

σ_z——深度z处的竖向应力(kPa)；

φ——土体的内摩擦角；

c——土的凝聚力(kPa)；

m——土压力系数，$m = \tan\left(45° - \frac{\varphi}{2}\right)$。

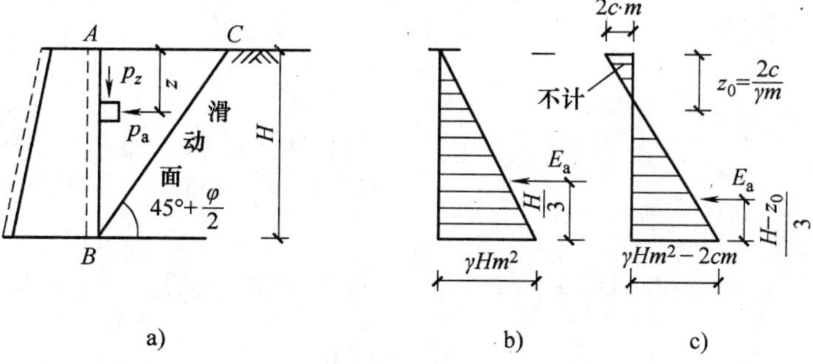

图3-19　朗金主动土压力计算图式

a) 挡土墙向外移动　b) 砂性土　c) 黏性土

对于砂性土，$c=0$，$P_a = \sigma_z m^2 = \gamma z m^2$，$P_a$与$z$成正比，其分布图为三角形，其分布图如图3-19b所示。作用于每延米挡土墙上的主动土压力合力E_a等于该三角形的面积，即：

$$E_a = \frac{1}{2}(\gamma H m^2)H = \frac{1}{2}\gamma H^2 m^2 \tag{3-15}$$

E_a的方向水平，通过分布图的形心，作用点离墙脚的高度为$z_c = \frac{H}{3}$。

对于黏性土($c \neq 0$)，当$z=0$时，$\sigma_z = \gamma z = 0$，$P_a = -2cm$；$z=H$时，$\sigma_z = \gamma z$，$P_a = \gamma H m^2 - 2cm$，其分布图如图3-19c所示，图中阴影部分表示受拉，设$P_a=0$处的深度为z_0，由式(3-14)得$z_0 = \frac{2c}{\gamma m}$。由于墙背与土体间不可能有拉应力，故计算土压力时，这部分应略去不计。因此，作用于每延米挡土墙上的主动土压力E_a等于分布图中压力部分三角形的面积，即：

$$E_a = \frac{1}{2}(\gamma H m^2 - 2cm)(H - z_0) = \frac{1}{2}\gamma H^2 m^2 - 2Hcm + \frac{2c^2}{\gamma} \tag{3-16}$$

E_a 的方向水平，通过分布图形心，作用点离墙脚的高度为$\frac{H-z_0}{3}$。

（二）被动土压力计算

同理，当墙推动土产生位移，土体达到极限平衡状态时，如图 3-20a 所示，$P_p=\sigma_x=\sigma_1$，$\sigma_x=\gamma z=\sigma_3$，根据极限平衡条件可得出被动土压力计算式：

$$P_p=\sigma_z\tan^2\left(45°+\frac{\varphi}{2}\right)+2c\tan\left(45°+\frac{\varphi}{2}\right)=\sigma_z\frac{1}{m^2}+2c\frac{1}{m} \quad (3\text{-}17)$$

式中 P_p——被动土压力强度(kPa)。

$$\frac{1}{m}=\tan\left(45°+\frac{\varphi}{2}\right)$$

对于砂性土，$c=0$，$P_p=\sigma_z\frac{1}{m^2}=\frac{\gamma z}{m^2}$，$P_p$ 与 z 成正比，其分布图为三角形，如图 3-20b 所示。作用于每延米挡土墙上的合力 E_p 等于该三角形的面积，即：

$$E_p=\frac{1}{2}\frac{\gamma H}{m^2}H=\frac{\gamma H^2}{2m^2} \quad (3\text{-}18)$$

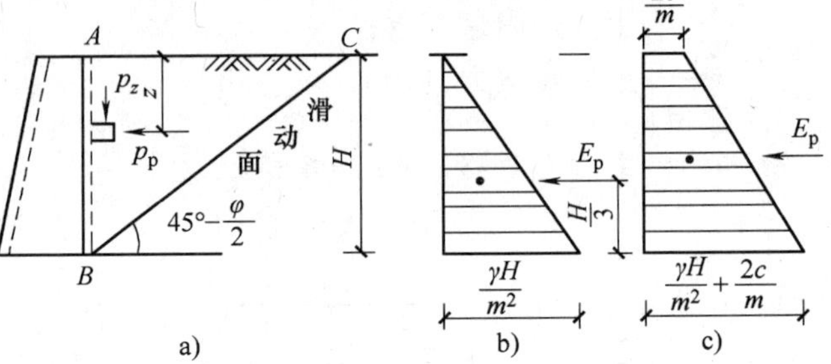

图 3-20 朗金被动土压力计算图式

a）挡土墙向内填土移动 b）砂性土 c）黏性土

对于黏性土，$c\neq0$，当 $z=0$ 时，$\sigma_z=0$，$P_p=\frac{2c}{m}$；$\sigma_z=\gamma H$，$P_p=\frac{\gamma H}{m^2}+\frac{2c}{m}$，其分布图形为梯形，如图 3-20c 所示。作用于每延米挡土墙上的合力 E_p 等于该梯形分布图的面积，即：

$$E_p=\frac{\gamma H^2}{2m^2}+\frac{2cH}{m} \quad (3\text{-}19)$$

E_p 的方向水平（指向挡土墙），作用点位置与其分布的形心同高。

【例 3-4】 作用于填土面上的荷载和各层土的厚度及物理力学性质指标如图 3-21 所示，求作用于图中挡土墙上的主动土压力。

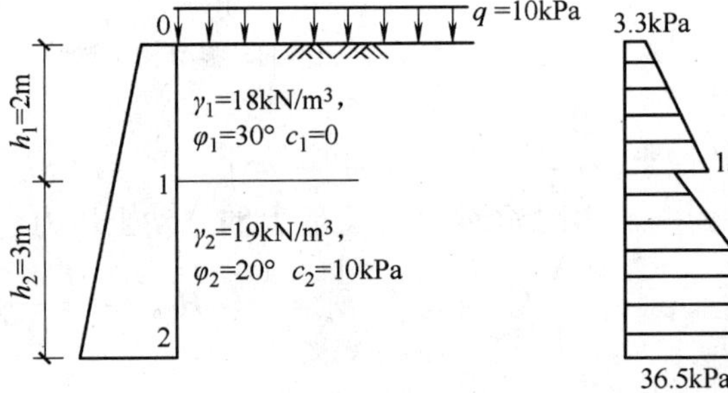

图 3-21 例 3-4 图

解：1）求各特征点的竖向应力

$$\sigma_{z0}=q=10\text{kPa}$$

$$\sigma_{z1}=q+\gamma_1h_1=10+18\times2=46\text{kPa}$$

$$\sigma_{z2}=q+\gamma_1h_1+\gamma_2h_2=46+19\times3=103\text{kPa}$$

2）求各特征点的土压力强度

由 $\varphi_1=30°$，$\varphi_2=20°$计算得：

$m_1=0.577$，$m_1^2=0.333$，$m_2=0.70$，$m_2^2=0.49$

土层 1
$$P_{a0}=\sigma_{z0}m_1^2-2c_1m_1=10\times0.333-0=3.3\text{kPa}$$
$$P_{a1}=\sigma_{z1}m_1^2-2c_1m_1=46\times0.333-0=15.3\text{kPa}$$

土层 2
$$P_{a1}=\sigma_{z1}m_2^2-2c_2m_2=46\times0.49-2\times10\times0.7=8.5\text{kPa}$$
$$P_{a2}=\sigma_{z2}m_2^2-2c_2m_2=103\times0.49-2\times10\times0.7=36.5\text{kPa}$$

按计算结果绘出 P_a 分布图(图 3-21)。

3）求 E_a 值及其作用点高度

由 P_a 分布图面积可得：

$$\begin{aligned}E_a&=E_{a1}+E_{a2}+E_{a3}+E_{a4}\\&=3.3\times2+\frac{(15.3-3.3)\times2}{2}+8.5\times3+\frac{(36.5-8.5)\times3}{2}\\&=6.6+12.0+25.5+42.0=86.1\text{kN/m}\end{aligned}$$

E_a 作用点高度：

$$z_0=\frac{\sum E_{ai}z_{ai}}{\sum E_{ai}}=\frac{6.6\times\left(3+\frac{2}{2}\right)+12.0\times\left(3+\frac{2}{3}\right)+25.5\times\frac{3}{2}+42.0\times\frac{3}{3}}{86.1}=1.75\text{m}$$

三、库仑土压力理论

1776 年法国库仑(C. A. Coulomb)提出的土压力理论，由于其计算简明，适用范围广，至今仍被广泛应用。

库仑土压力理论假定：挡土墙墙后填土是均匀的砂性土；墙体产生位移，使墙后填土达到极限平衡状态时，将形成一个滑动土楔体；其滑动面是通过墙脚 A 的平面 AC，如图 3-22 所示；假定滑动土楔体 ABC 是一个刚体。根据 ABC 静力平衡条件，可解出墙背上的土压力。

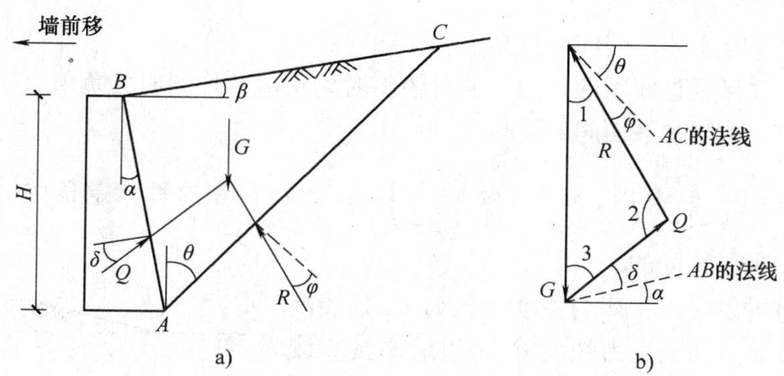

图 3-22　库仑主动土压力计算图示

(一) 主动土压力计算

墙背向前(背离填土)移动一定值时，如图 3-22a 所示，墙后填土处于主动极限平衡状态，形成滑动面 AB 和 AC，因此，在 AB、AC 面上均产生有摩阻力，以阻止土楔体下滑。此时作用于土楔体上的力有：土楔体自重 G、墙背 AB 面的反力 Q 和 AC 面的反力 R。G 通过 $\triangle ABC$ 的形心，方向垂直向下；Q 与 AB 面的法线成 δ 角(δ 是墙背与土体间的摩擦角)，Q

与水平面夹角为 $\alpha+\delta$；R 与 AC 面的法线成 φ 角（φ 为土的内摩擦角），AC 面与竖直面成 θ 角，所以 R 与竖直面夹角为 $90°-\theta-\varphi$。根据力的平衡原理可知：G、Q、R 三个力应交于一点，且应组成闭合的力三角形，如图 3-22b 所示。

在力三角形中，$\angle 1=90°-\theta-\varphi$，$\angle 2=\theta+\varphi+\alpha+\delta$，$\angle 3=90°-\alpha-\delta$。由正弦定律得：

$$Q=G\frac{\sin(90°-\varphi-\theta)}{\sin(\theta+\varphi+\alpha+\delta)}=G\frac{\cos(\varphi+\theta)}{\sin(\theta+\varphi+\alpha+\delta)} \tag{3-20}$$

将重力代入(3-20)得：

$$Q=\frac{1}{2}\gamma H^2\sec^2\alpha\cos(\alpha-\beta)\frac{\sin(\theta+\alpha)\cos(\theta+\varphi)}{\cos(\theta+\beta)\sin(\varphi+\theta+\delta+\alpha)} \tag{3-21}$$

在上式中，α、β、φ、δ 均为常数，Q 是 θ 的函数，最危险滑动面上的 Q 将有一个极大值，这个极大值 Q_{max} 即所求的主动土压力 E_a（E_a 与 Q 是作用力与反作用力）。

计算 Q_{max} 时，令 $\frac{dQ}{d\theta}=0$，可求得破裂角 θ，将其代入式（3-21）得：

$$E_a=Q_{max}=\frac{1}{2}\gamma H^2\mu_\alpha \tag{3-22}$$

$$\mu_\alpha=\frac{\cos^2(\varphi-\alpha)}{\cos^2\alpha\cos(\alpha+\delta)\left[1+\sqrt{\frac{\sin(\delta+\varphi)\sin(\varphi-\beta)}{\cos(\delta+\alpha)\cos(\alpha-\beta)}}\right]^2} \tag{3-23}$$

式中　μ_α——库仑主动土压力系数；

γ——墙后填土的容重(kN/m^3)；

H——挡土墙高度(m)；

φ——填土的内摩擦角；

δ——墙背与土体之间的摩擦角；

α——墙背与竖直面间的夹角，墙背俯斜时为正值，仰斜时为负值；

β——填土面与水平面间的夹角。

当 $\beta=0$、$\alpha=0$、$\delta=0$ 时，$\mu_\alpha=\left(45°-\frac{\varphi}{2}\right)=m^2$，可见在这种特定条件下，库仑公式与朗金公式计算结果是相同的。

由式(3-22)可以看出，库仑主动土压力 E_a 是墙高 H 的二次函数，故主动土压力强度 P_a 是沿墙高按直线规律分布的，如图 3-23 所示。合力 E_a 的作用点距墙脚的高度即 E_a 分布图形心的高度，即 $z_c=\frac{H}{3}$；其作用线方向与墙背法线成 δ 角，与水平面成 $\alpha+\delta$ 角。

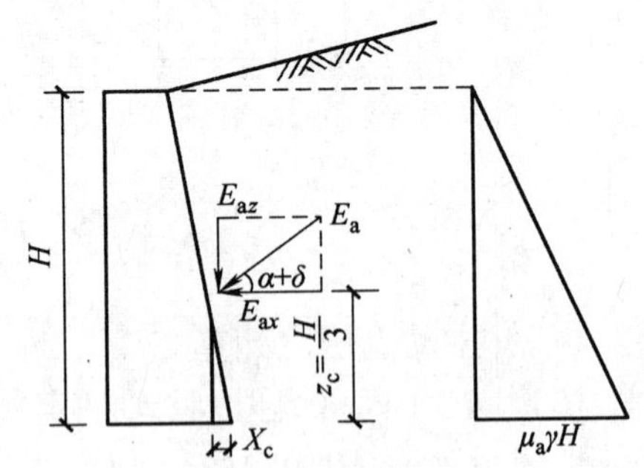

图 3-23　主动土压力

E_a 可分解为水平向和竖向两个分量：

$$E_{ax}=E_a\cos(\alpha+\delta)=\frac{1}{2}\gamma H^2\mu_\alpha\cos(\alpha+\delta) \tag{3-24}$$

$$E_{az}=E_a\sin(\alpha+\delta)=\frac{1}{2}\gamma H^2\mu_\alpha\sin(\alpha+\delta) \tag{3-25}$$

其中 E_{az} 至墙脚的水平距离为 $x_c=z_c\tan\alpha$。

（二）被动土压力计算

若挡土墙在外力下推向填土，当墙后土体达到极限平衡状态时，如图 3-24 所示，墙后填土中出现滑裂面 AC，土楔体将沿 AB、AC 面向上滑动，因此，在 AB、AC 面上作用于土楔体的摩阻力均向下（与主动极限平衡时的方向相反），根据 G、Q、R 三力平衡条件，可推导出被动土压力公式。

$$E_p=\frac{1}{2}\gamma H^2\mu_p \tag{3-26}$$

其中

$$\mu_p=\frac{\cos^2(\varphi+\alpha)}{\cos^2\alpha\cos(\alpha-\delta)\left[1-\sqrt{\frac{\sin(\varphi+\delta)\sin(\varphi+\beta)}{\cos(\alpha-\delta)\cos(\alpha-\beta)}}\right]^2} \tag{3-27}$$

式中　μ_p——库仑被动土压力系数。

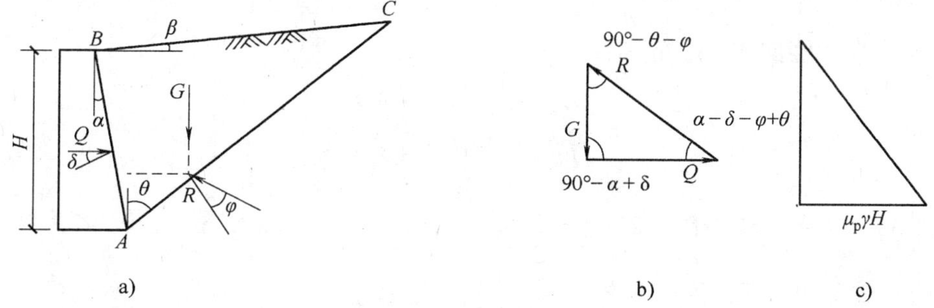

图 3-24　库仑被动土压力

库仑被动土压力强度沿墙高的分布也呈三角形，如图 3-24c 所示，合力作用点距离墙脚的高度也为$\frac{H}{3}$。

（三）库仑土压力公式应用中的几个问题

由于库仑理论研究的挡土墙墙后填土是砂土，实用中很多情况下墙后填土是非砂性土，这时可将 φ 值适当提高，采用所谓等值内摩擦角 φ' 近似计算土压力，以反映凝聚力 c 对土压力的影响。规范建议：取 $\varphi'=30°\sim35°$或取 $\varphi'=\varphi+(5°\sim10°)$。采用上述公式换算内摩擦角，对于矮挡土墙是偏于安全的，对于高挡土墙有时偏于危险。因此，对于高挡土墙，应按墙高酌情降低换算内摩擦角 φ'的数值。

库仑主动土压力公式所算得的结果，一般情况下都比较接近实际情况，且计算简便，适应范围又较广泛，因此，目前铁路、公路桥涵设计规范都推荐采用库仑公式计算主动土压力。但库仑被动土压力计算结果常常偏大，δ 值越大，偏差也越大，偏于危险，所以实践中一般不用库仑被动土压力公式。

填土面上有荷载时库仑公式的应用：

1）有连续均布荷载作用时。挡土墙后的土体表面常作用有不同形式的荷载，这些荷载将使作用在墙背上的土压力增大。当填土面上有连续均布荷载 q 作用时图 3-25，$\sigma_z = q + \gamma z$，$P_a = \mu_a \sigma_z$，仍按前述方法及步骤计算，绘出 P_a 分布图，求出分布图面积即得土压力合力 E_a。

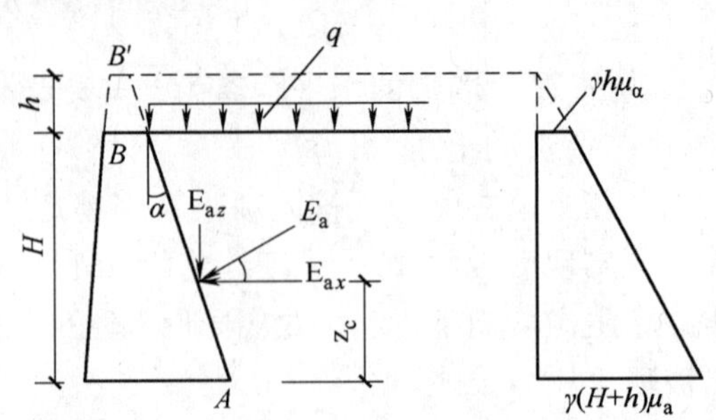

图 3-25 填土上有均布荷载的库仑土压力

实际应用中常用厚度为 h、重度 γ 与填土相同的等代土层来代替 $q = \gamma h$，于是等代土层的厚度 $h = \dfrac{q}{\gamma}$，同时设想墙背为 AB'，因而可求绘出三角形的土压力强度分布图。但 BB' 段墙背是虚设的，高度 h 范围内的侧压力不应计算，因此作用于墙背 AB 上的土压力，应为实际墙高 H 范围内的梯形面积，即：

$$E_a = \frac{H}{2}[\mu_a \gamma h + \mu_a \gamma (H+h)] = \frac{1}{2}\mu_a \gamma H(H+2h) \tag{3-28}$$

E_a 的作用点高度等于梯形形心的高度，即 $z_c = \dfrac{H}{3} \times \dfrac{(H+3h)}{(H+2h)}$，方向与水平面成 $\alpha + \delta$ 角。

E 在水平向和竖向的分量分别为：

$$E_{ax} = E_a \cos(\alpha + \delta) \tag{3-29}$$

$$E_{az} = E_a \sin(\alpha + \delta) \tag{3-30}$$

【例 3-5】 某挡土墙如图 3-26 所示，填土为细砂，$\gamma = 19\text{kN/m}^3$，$\varphi = 30°$，取 $\delta = \dfrac{\varphi}{2} = 15°$，试按库仑理论求其主动土压力。

解： 方法一

$$\sigma_{zB} = q = 9.5\text{kPa}$$

$$\sigma_{zA} = q + \gamma h = 9.5 + 19 \times 5 = 104.5\text{kPa}$$

由 $\varphi = 30°$，$\alpha = 11°19'$ 得：$\mu_a = 0.390$

$$P_{aB} = \mu_a \sigma_{zB} = 0.390 \times 9.5 = 3.71\text{kPa}$$

$$P_{aA} = \mu_a \sigma_{zA} = 0.390 \times 104.5 = 40.76\text{kPa}$$

P_a 分布图如图 3-27 所示。

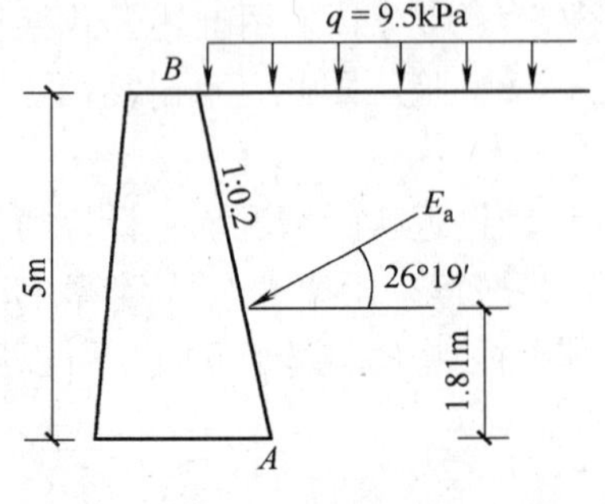

图 3-26 例 3-5 图

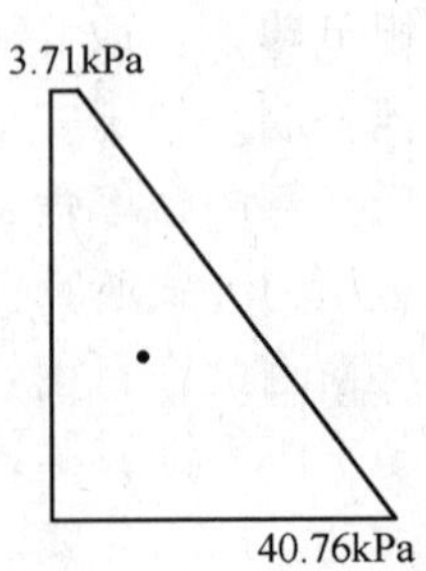

图 3-27 Pa 分布图

$$E_a = E_{a1} + E_{a2} = 3.71 \times 5 + \frac{1}{2} \times (40.76 - 3.71) \times 5 = 18.6 + 92.6 = 111.2\text{kN/m}$$

$$z_c = \frac{\sum E_{ai} Z_{ai}}{\sum E_{ai}} = \frac{18.6 \times \frac{5}{2} + 92.6 \times \frac{5}{3}}{111.2} = 1.81\text{m}$$

E_a 与水平面间的夹角为 $\alpha + \delta = 11°19' + 15° = 26°19'$

$$E_{ax} = E_a \cos(\alpha + \delta) = 111.2 \times \cos 26°19' = 99.7\text{kN/m}$$

$$E_{az} = E_a \sin(\alpha + \delta) = 111.2 \times \sin 26°19' = 49.3\text{kN/m}$$

方法二

$$h = \frac{q}{\gamma} = \frac{9.5}{19} = 0.5\text{m}$$

由 $\varphi = 30°$，$\alpha = 11°19'$得：$\mu_a = 0.390$

$$E_a = \frac{1}{2}\mu_a \gamma H(H + 2h) = \frac{1}{2} \times 0.390 \times 19 \times 5 \times (5 + 2 \times 0.5) = 111.2\text{kN/m}$$

$$z_c = \frac{H}{3} \times \frac{(H + 3h)}{(H + 2h)} = \frac{5}{3} \times \frac{5 + 3 \times 0.5}{5 + 2 \times 0.5} = 1.81\text{m}$$

E_a 与水平面间夹角及 E_{ax}、E_{az} 同方法一。

2）有车辆荷载作用时。填土面上有车辆荷载时，一般先把滑动土楔体范围内的车辆荷载换算成均布荷载 q（或等代土层厚度 h），再按库仑主动土压力公式计算。

设 l_0 为滑动土楔体长度（图 3-28），B 为桥台的计算宽度或挡土墙的计算长度，$\sum G$ 为布置在 $B \times l_0$ 面积内的车辆轮重之和，γ 为填土容重，则等效均布荷载 q 为：

$$q = \frac{\sum G}{B l_0} = \gamma h \tag{3-31}$$

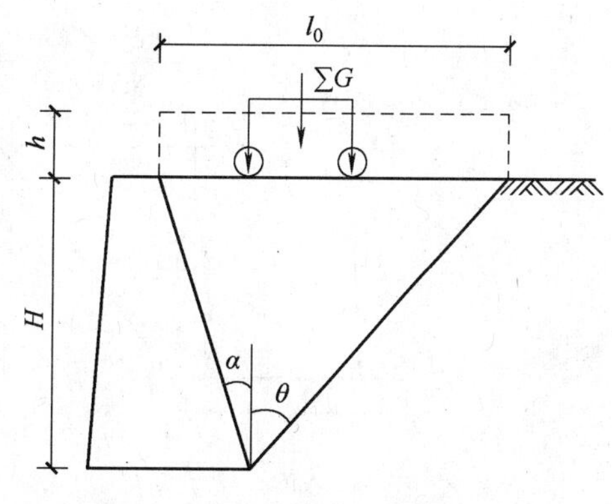

图 3-28　车辆荷载引起的土压力

即：

$$h = \frac{q}{\gamma} = \frac{\sum G}{\gamma B l_0} \tag{3-32}$$

桥台的计算宽度或挡土墙的计算长度 B，应符合以下规定：

1）桥台的计算宽度为桥台的横桥向全宽。

2）挡土墙的计算长度按下式计算但不应超过挡土墙的分段长度。

$$B = 13 + H\tan 30° \tag{3-33}$$

式中　H——挡土墙高度（m），对于墙顶以上有填土的挡土墙，为墙顶填土厚度的两倍加墙高。

由图 3-29 知，滑动土楔体长度 l_0 计算式为：

$$l_0 = H(\tan\theta + \tan\alpha) \tag{3-34}$$

式中　α——墙背倾角，墙背竖直时 $\alpha=0$，俯斜墙背（图 3-29a）为正值，仰斜墙背（图 3-29b）α 为负值；

θ——滑裂面与竖直面间的夹角。

$$\tan\theta = -\tan(\varphi+\alpha+\delta) + \sqrt{[\cot\varphi + \tan(\varphi+\alpha+\delta)][\tan(\varphi+\alpha+\delta) - \tan\alpha]} \tag{3-35}$$

当墙背为仰斜时，式中 α 以负值代入。

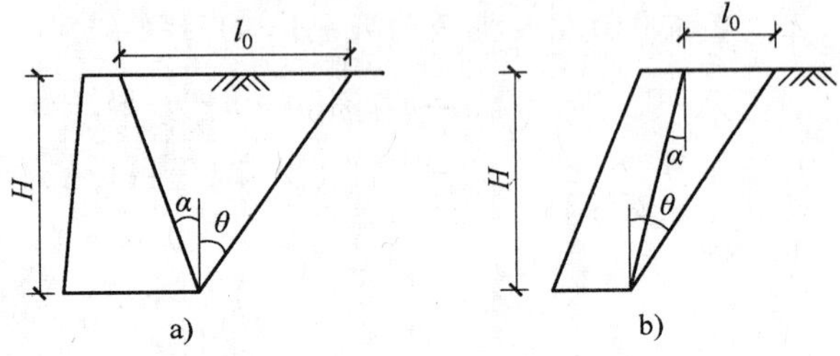

图 3-29　滑动土楔体长度

计算挡土墙土压力时，填土面上汽车荷载的布置规定为：

①纵向。当 B 取用挡土墙分段长度时，应为分段长度内所能布置的轮载之和；当 B 取用车辆荷载的扩散长度时，为车辆荷载标准值。

②横向。滑动土楔体长度 l_0 范围内可能布置的车轮。车辆外侧车轮中线距路面（或硬路肩）或安全带边缘的距离为 0.5m。

【例 3-6】　某公路梁桥桥台如图 3-30 所示，桥台宽度为 8.5m。汽车荷载为公路-Ⅱ级，土重度 $\gamma=18\text{kN/m}^3$，$\varphi=35°$，$c=0$，填土与墙背间的摩擦角 $\delta=\frac{2}{3}\varphi$，桥台高 $H=8.0\text{m}$，求作用于台背（AB）上的主动土压力。

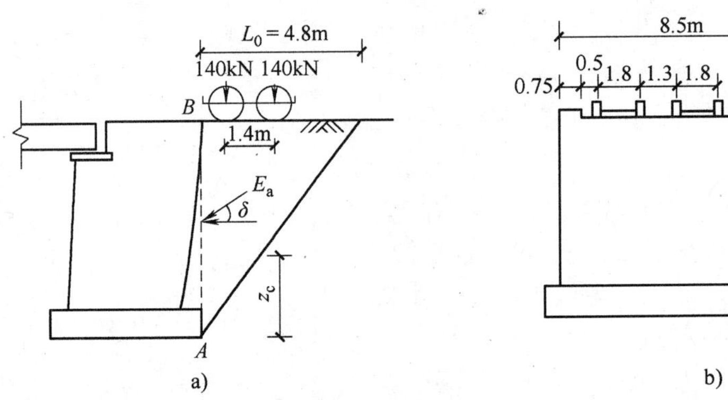

图 3-30　例 3-6 图

解： 1）确定 B、l_0

对于桥台，B 取横桥向宽度，即 $B=8.5\text{m}$。

把 AB 作为台背，$\alpha=0$；填土面水平，$\beta=0$；$\delta=\frac{2}{3}\varphi=23.33°$，代入式（3-35），有：

$$\begin{aligned}\tan\theta &= -\tan(\varphi+\delta) + \sqrt{[\cot\varphi + \tan(\varphi+\delta)]\tan(\varphi+\delta)} \\ &= -\tan(35°+23.33°) + \sqrt{[\cot 35° + \tan(35°+23.33°)]\tan(35°+23.33°)} \\ &= -1.62 + 2.22 \\ &= 0.60\end{aligned}$$

$$L_0 = H\tan\theta = 8 \times 0.6 = 4.8\text{m}$$

2）求等代土层厚度 h

对于桥台 l_0 为纵向，B 为横向。

由图 3-30a 可见，纵向 l_0 范围内可布置两排后轮，如图 3-30b 可见，横向范围内可布置两列汽车；$B \times l_0$ 范围内可布置的车轮总重为：

$$\sum G = 2 \times (140 + 140) = 560\text{kN}$$

$$h = \frac{\sum G}{\gamma B l_0} = \frac{560}{18 \times 8.5 \times 4.8} = 0.763\text{m}$$

3）求主动土压力

根据规范要求，采用库仑公式计算主动土压力。由 $\varphi = 35°$，$\delta = \frac{2}{3}\varphi$，$\alpha = 0$ 得 $\mu_a = 0.245$，则：

$$E_a = \frac{1}{2}\gamma H(H + 2h)\mu_a = \frac{1}{2} \times 18 \times 8 \times (8 + 2 \times 0.763) \times 0.245 = 168.8\text{kN/m}$$

E_a 与水平面的夹角为 23.33°，E_a 的作用点离台脚的高度为：

$$z_c = \frac{H}{3} \times \frac{(H + 3h)}{(H + 2h)} = \frac{8}{3} \times \frac{8 + 3 \times 0.763}{8 + 2 \times 0.763} = 2.88\text{m}$$

作用于整个桥台上的主动土压力为 $B \times E_a = 8.5 \times 168.8\text{kN} = 1434.8\text{kN}$

课后训练

（1）何谓静止土压力、主动土压力、被动土压力？

（2）工程中什么情况时用主动土压力？什么情况时用被动土压力？举例说明。

（3）朗金土压力理论和库仑土压力理论的原理有何不同？

（4）某挡土墙高 10m，墙背铅直光滑，墙后填土表面水平，有均布荷载 $q = 15\text{kPa}$，土的重度为 $\gamma = 20\text{kN/m}^3$，$\varphi = 30°$，$c = 0$。试用朗金土压力理论计算墙背的主动土压力。

（5）某挡土墙高 7m，墙背铅直光滑，填土表面水平，并作用有均布荷载 $q = 25\text{kPa}$，墙后填土分两层，上层厚 3m，土的重度为 $\gamma_1 = 19\text{kN/m}^3$，$\varphi_1 = 20°$，$c_1 = 12\text{kPa}$，地下水位埋深 3m，水位以下土的重度为 $\gamma_{sat} = 18.6\text{kN/m}^3$，$\varphi_2 = 25°$，$c_2 = 7\text{kPa}$。试计算墙背的主动土压力。

任务四　土坡稳定性评价

在道路、桥梁等土建工程中经常遇到路堑、路堤或基坑开挖时的边坡稳定性问题，土坡失稳产生滑坡不仅影响工程的正常施工，严重的还会造成人身伤亡，道桥结构物被破坏。分析土坡稳定的目的是检验所设计的土坡断面是否安全与合理，边坡过陡可能发生坍塌，过缓则使土方量增加。是否需要对边坡进行加固，以及采用何种措施，与对边坡的稳定性评价的结果有关，而边坡的稳定安全系数是岩土工程师评价边坡是否稳定的关键依据。

一、土坡稳定原因分析

边坡指具有倾斜坡面的土体或岩体，由于坡面倾斜，在坡体自重或其他外力作用下，整个坡体有从高处向低处滑动的趋势，同时由于坡体土(岩)自身具有一定的强度和人为的工程措施，它会产生阻止坡体下滑的抵抗力。一般来说，若边坡土体内部某一个面上的滑动力超过了土体抵抗滑动的能力，边坡将产生滑动，即失去稳定。如果滑动力小于抵抗力，则认为边坡是稳定的。

土坡的失稳受内部和外部因素制约，当受力超过土体平衡条件时，土坡便发生失稳现象。简单归纳如下：

(1) 产生滑动的内部因素

①斜坡的土质：各种土质的抗剪强度、抗水能力是不一样的，如钙质或石膏质胶结的土、湿陷性黄土等，遇水后软化，使原来的强度降低很多。

②斜坡的土层结构：如在斜坡上堆有较厚的土层，特别是当下伏土层(或岩层)不透水时，容易在交界上发生滑动。

③斜坡的外形：凸肚形的斜坡由于重力作用，比上陡下缓的凹形坡易于下滑。由于黏性土有黏聚力，当土坡不高时尚可直立，但随时间和气候的变化，也会逐渐塌落。

(2) 促使滑动的外部因素

①降水或地下水的作用：持续的降雨或地下水渗入土层中，使土中含水率增高，土中易溶盐溶解，土质变软，强度降低；还可使土的重度增加，以及孔隙水压力的产生，使土体作用有动、静水压力，促使土体失稳。故设计斜坡应针对这些原因，采用相应的排水措施。

②振动的作用：如在地震的反复作用下，砂土极易发生液化；黏性土，振动时易使土的结构破坏，从而降低土的抗剪强度；施工打桩或爆破，由于振动也可使邻近土坡变形或失稳等。

③人为影响：由于人类不合理地开挖，特别是开挖坡脚；开挖基坑、沟渠、道路边坡时将弃土堆在坡顶附近；在斜坡上建房或堆放重物，都可引起斜坡变形破坏。

二、土坡稳定分析方法

这里仅介绍简单土坡的稳定分析。所谓简单土坡，是指土质均匀、坡顶和坡底都是水平的并伸至无穷远处且坡度不变、没有地下水影响的土坡。对于简单土坡，可简化计算方法。

(一) 无黏性土的土坡稳定分析

由于无黏性土颗粒间无黏聚力存在，故土的抗剪强度 $\tau_f = \sigma_f \tan\varphi$，如图 3-31 所示，已知土坡高度为 H，坡角为 β，土的重度为 γ。若假定滑动面是通过坡角 A 的平面 AC，AC 的倾角为 α，则可计算滑动土体 ABC 沿 AC 面上滑动的稳定安全系数 K 值。

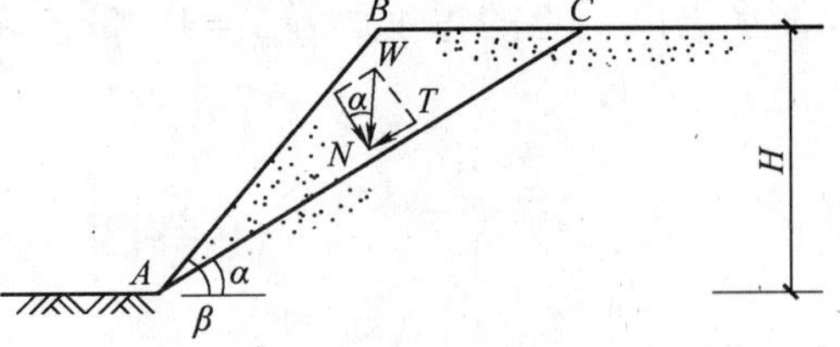

图 3-31　砂性土的土坡稳定计算

沿土坡长度方向截取单位长度土坡，已知滑动土体 ABC 的重力为 W，W 在滑动面 AC 上的法向分力 N 及正应力 σ 为：

$$N = W\cos\alpha$$

$$\sigma = \frac{N}{\overline{AC}} = \frac{W\cos\alpha}{\overline{AC}}$$

W 在滑动面 AC 上的切向分力 T 及剪应力 τ：

$$T = W\sin\alpha$$

$$\tau = \frac{T}{\overline{AC}} = \frac{W\sin\alpha}{\overline{AC}}$$

土坡的滑动安全系数 K 为：

$$K = \frac{\tau_{\mathrm{f}}}{\tau} = \frac{\sigma\tan\varphi}{\tau} = \frac{\dfrac{W\cos\alpha}{\overline{AC}}}{\dfrac{W\sin\alpha}{\overline{AC}}}\tan\varphi = \frac{\tan\varphi}{\tan\alpha} \tag{3-36}$$

从式(3-36)可见，当 $\alpha=\beta$ 时滑动稳定安全系数最小，也即土坡面上的一层土是最容易滑动的。因此，砂性土的土坡稳定安全系数为：

$$K = \frac{\tan\varphi}{\tan\beta} \tag{3-37}$$

一般要求 $K>1.25\sim1.30$。

（二）黏性土的土坡稳定分析

均质黏性土坡发生滑坡时，其滑动面形状大多数为近似于圆弧面的曲面，在进行理论分析时通常采用圆弧面计算。

条分法是黏性土坡稳定性分析的常用方法。其计算比较简单合理，在工程中应用较广，是一种试算法，具体分析步骤如下。

1）按比例绘制土坡剖面图，如图 3-32 所示。

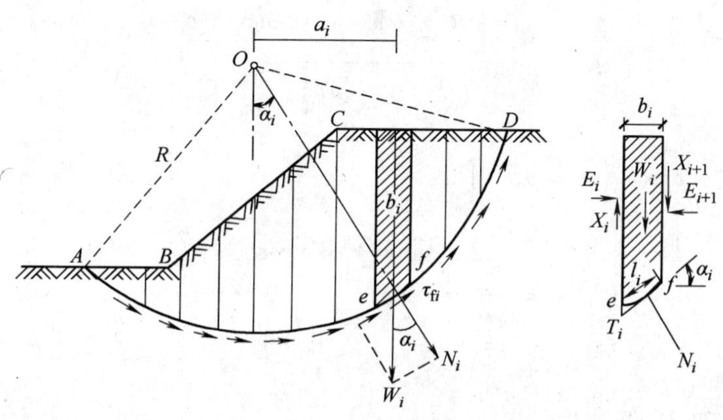

图 3-32　条分法计算土坡稳定

2）任选一点 O 为圆心，以 OA 为半径(R)作圆弧 AD，AD 即为滑动圆弧面。

3）将滑动面以上土体竖直分成宽度相等的若干土条，土条的宽度一般可取 $b=0.1R$。

4）计算作用在任一土条 i 上的作用力。

土条的重力 W_i，其大小、作用点位置及方向均为已知。滑动面 ef 上的法向力 N_i 及切向反力 T_i，假定 N_i、T_i 作用在滑动面 ef 的中点，它们的大小均未知。土条两侧的法向力 E_i、E_{i+1}及竖向剪切力 X_i、X_{i+1}，其中 E_i 和 X_i 可由前一个土条的平衡条件求得，而 E_{i+1}和 X_{i+1}的大小未知，E_{i+1}的作用点位置也未知。由此可以看到，作用在土条 i 的作用力中有 5 个未知数，但只能建立 3 个平衡方程，故无法直接求解。为了求得 N_i、T_i 值，必须对土条两侧作用力的大小和位置作适当的假定。假设 E_i 和 X_i 的合力等于 E_{i+1}和 X_{i+1}的合力，同时它们的作用线也重合，因此土条两侧的作用力相互抵消。这时土条 i 仅有作用力 W_i、N_i 及 T_i，根据平衡条件可得：

$$N_i = W_i\cos\alpha_i$$

$$T_i = W_i\sin\alpha_i$$

滑动面 ef 上土的抗剪强度为：

$$\tau_{fi} = \sigma_i\tan\varphi_i + c_i = \frac{1}{l_i}(N_i\tan\varphi_i + c_i l_i) = \frac{1}{l_i}(W_i\cos\alpha_i\tan\varphi_i + c_i l_i)$$

式中 α_i——土条 i 滑动面的法线(即半径)与竖直线的夹角；

l_i——土条 i 滑动面 ef 的弧长；

c_i、φ_i——滑动面上的黏聚力及内摩擦角。

5）计算滑动稳定系数 K(沿整个滑动面上的稳定力矩与滑动力矩之比)

土条 i 上的作用力对圆心 O 产生的滑动力矩 M_s 及稳定力矩 M_r 分别为：

$$M_s = T_i R = W_i R\sin\alpha_i$$

$$M_r = \tau_{fi} l_i R = (W_i\cos\alpha_i\tan\varphi_i + c_i l_i)R$$

整个土坡相应于滑动面为 AD 时的稳定系数为：

$$K = \frac{M_r}{M_s} = \frac{R\sum_{i=1}^{i=n}(W_i\cos\alpha_i\tan\varphi_i + c_i l_i)}{R\sum_{i=1}^{i=n}W_i\sin\alpha_i} \tag{3-38}$$

对于均质土坡，$c_i=c$、$\varphi_i=\varphi$，则得：

$$K = \frac{M_r}{M_s} = \frac{\tan\varphi\sum_{i=1}^{i=n}W_i\cos\alpha_i + c\widehat{l}}{\sum_{i=1}^{i=n}W_i\sin\alpha_i} \tag{3-39}$$

式中 $\widehat{l}$——滑动面 AD 的弧长；

N——土条分条数。

6）最危险滑动面圆心位置的确定。上面是对于某一个假定滑动面求得的稳定安全系数，因此需要试算许多个可能的滑动面，相应于最小安全系数的滑动面即为最危险滑动面。

（三）土坡稳定分析的几个问题

（1）关于挖方边坡和天然边坡　人工挖出和天然存在的土坡是在天然地层中形成的，但与人工填筑土坡相比有独特之处。对均质挖方土坡和天然土坡稳定性分析，与人工填筑土坡相比，求得的安全系数比较符合实测结果，但对于超固结裂隙黏土，算得的安全系数虽远大于1，表面上看来已稳定，实际上都已破坏，这是由超固结黏土的特性决定的。随着剪切变形的增加，抗剪力增大到峰值强度，随后降至残余值，特别是黏聚力下降较大，甚至接近于零，这些特性对土坡稳定性有很大影响。

（2）关于圆弧滑动法　该法把滑动面简单地当作圆弧，并认为滑动土体是刚性的，没有考虑分条之间的推力，或只考虑分条间水平推力（毕肖普公式），故计算结果不能完全符合实际，但由于计算概念明确，且能分析复杂条件下土坡稳定性，所以在各国实践中普遍使用。由均质黏土组成的土坡，该方法可使用，但由非均质黏土组成的土坡，如坝基下存在软弱夹层或土石坝等，其滑动面形状发生很大变化，应根据具体情况，采用非圆弧法进行计算比较。不论用哪一种方法，都必须考虑渗流的作用。

（3）土的抗剪强度指标选用问题　选用的土抗剪强度指标是否合理，与土坡稳定性分析结果有密切关系，如果使用过高的指标值来设计土坝，就会有发生滑坡的可能。因此，应尽可能结合边坡实际加荷情况、填料性质和排水条件等，合理选用土的抗剪强度指标。

（4）安全系数选用问题　从理论上讲，处于极限平衡状态的土坡，其安全系数 $K=1$，所以，若设计土坡时的 $K>1$，就应满足稳定要求，但实际工程中，有些土坡安全系数虽大于1，还是发生了滑动；而有些土坡安全系数小于1，却是稳定的。这是因为影响安全系数的因素很多，如：抗剪强度指标的选用、计算方法的选择、计算条件的选择等。目前对土坡稳定容许安全系数的数值，各部门尚无统一标准，选用时要注意计算方法、强度指标和容许安全系数必须相互配合，并要根据工程不同情况，结合当地已有经验加以确定。

三、挡土结构物

在天然土坡上修筑建筑物或构筑物时，为了防止土体的滑移和坍塌，工程上常用各种类型的挡土结构物支撑，如地下室的外墙、重力式码头的岸壁、桥梁的桥台等。这些用来支持侧向土体的结构物统称为挡土墙。

挡土墙被广泛应用于工业与民用建筑、水利工程、铁道工程、公路与桥梁、港口及航道建筑中，例如：山区和丘陵地带，在山坡上修造建筑物时，防止土坡坍塌的挡土墙（图3-33a）；支挡建筑物周围填土的挡土墙（图3-33b）；房屋地下室的侧墙（图3-33c）；桥台（图3-33d）；堆放散体材料的挡墙（图3-33e）；码头（图3-33f）；公路边坡挡土墙（图3-33g）；基坑工程中的支挡结构（图3-33h）等。

挡土墙按其结构形式可分为如下几种常见类型：

（1）重力式挡土墙　重力式挡土墙一般由块石或素混凝土砌筑，墙身截面较大，依靠自身的重力来维持墙体稳定。其结构简单、施工方便、易于就地取材，在工程中应用较广，如图3-34所示。墙背的倾斜方向，可分为仰斜、直立和俯斜三种。但是由于其体积大、工程量大、沉降较大，宜用于高度小于8m、地层稳定、开挖土石方时不会危及相邻建筑物的地段。

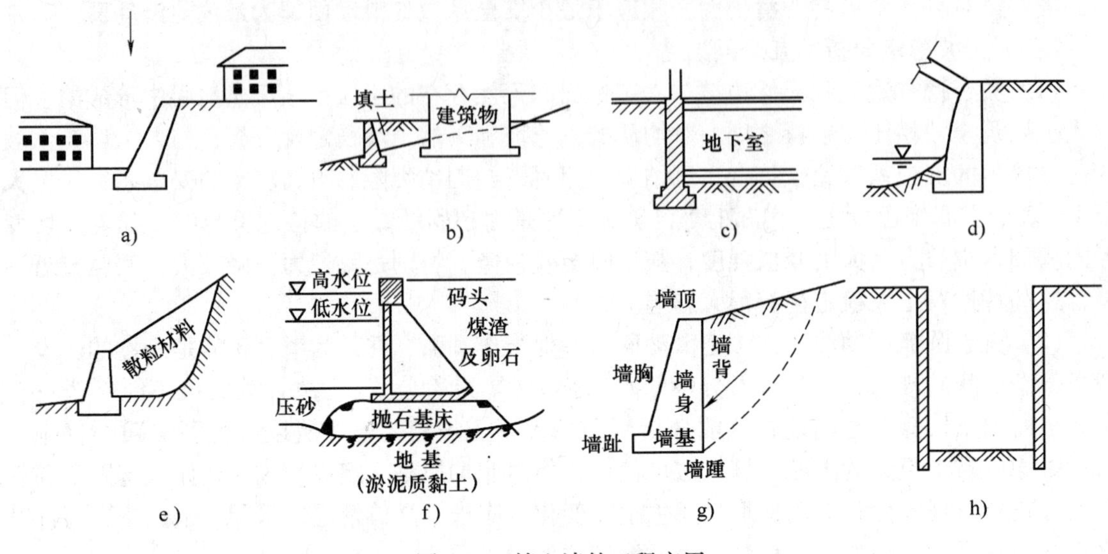

图 3-33　挡土墙的工程应用

（2）薄壁式挡土墙　薄壁式挡土墙一般用钢筋混凝土建造，分悬臂式和扶壁式两种类型。悬臂式和扶壁式挡土墙的结构稳定性是依靠墙身自重和墙踵板上方填土的重力来保证，基底应力小。一般情况下，墙高 6m 以内采用悬臂式，6m 以上采用扶壁式。它们适用于缺乏石料及地震地区。由于墙踵板的施工条件，一般用于填方路段作路肩墙或路堤墙使用。悬臂式和扶壁式挡土墙虽然应用于高墙时断面不会增加很多，但钢筋用量大，成本较高。

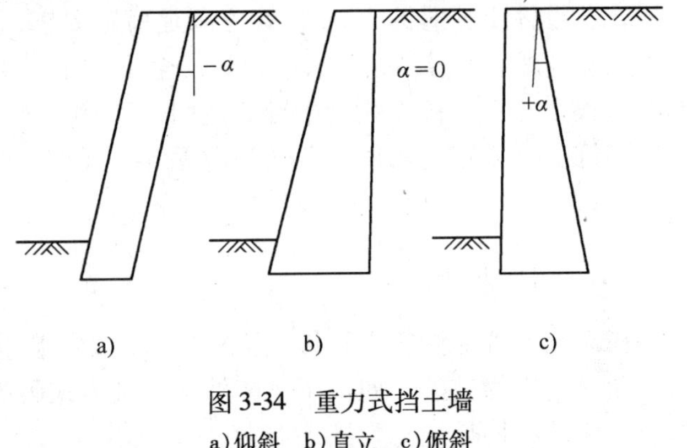

图 3-34　重力式挡土墙
a）仰斜　b）直立　c）俯斜

悬臂式挡土墙由三个悬臂板组成，即立臂、墙趾悬臂和墙踵悬臂。墙的稳定主要靠墙踵底板上的土重维持，墙体内的拉应力则由钢筋承受，如图 3-35 所示。

图 3-35　悬臂式挡土墙

当墙较高时，为了增强悬臂式挡土墙立臂的抗弯性能和减少钢筋用量，常沿墙的纵向每隔一定距离设一道扶壁，故称为扶壁式挡土墙。其墙体稳定性主要靠扶壁间土重维持，一般高度不超过10m，如图3-36所示。

(3)锚定式挡土墙　锚定式挡土墙也属于轻型挡土墙，通常包括锚杆式和锚定板式两种。其结构质量轻、柔性大、工程量小、造价低、利于机械化施工，但是施工工艺要求较高，要有钻孔、灌浆等配套的专用机械设备，且要耗用一定的钢材。一般适用于岩质路堑地段，但其他具有锚固条件的路堑墙也可使用，还可应用于陡坡路堤，也常用于基坑维护结构。

锚杆式挡土墙(图3-37)是由预制的钢筋混凝土立柱及挡土面板构成墙面，与锚固于边坡深处的稳定基岩或土层中的锚杆共同组成挡土墙。

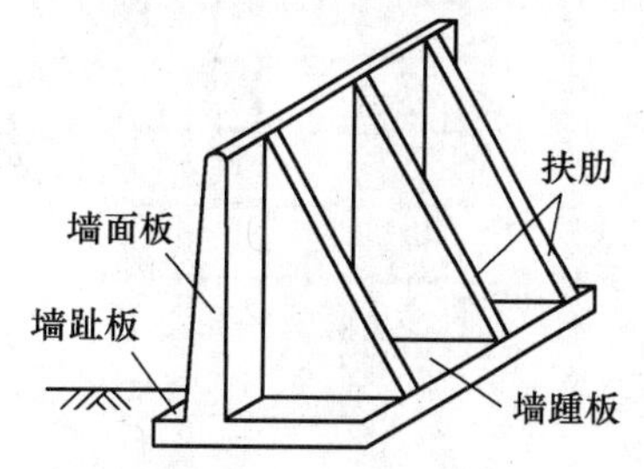

图3-36　扶壁式挡土墙

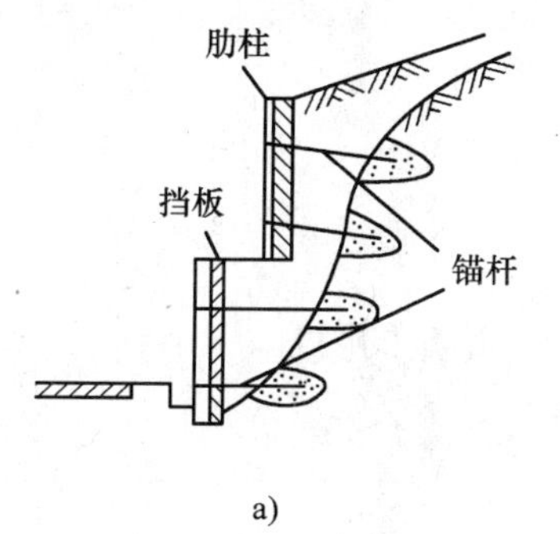

a)

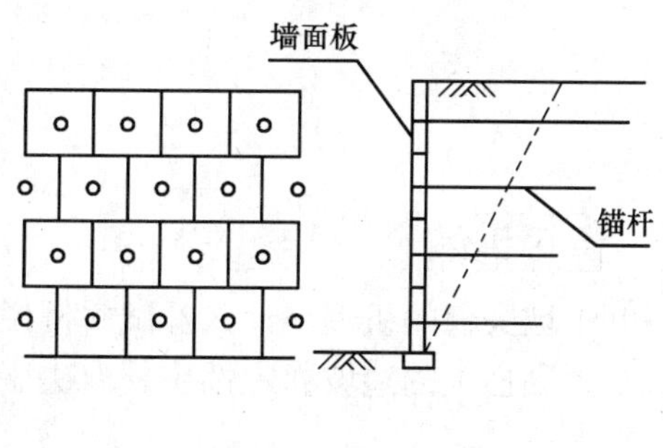

b)

图3-37　锚杆式挡土墙
a）柱板式(锚杆)挡土墙　b）壁板式(锚杆)挡土墙

锚定板式挡土墙一般由预制的钢筋混凝土墙面、钢拉杆和埋在填土中的锚定板组成，如图3-38所示。依靠填土与结构的相互作用力而维持自身稳定。

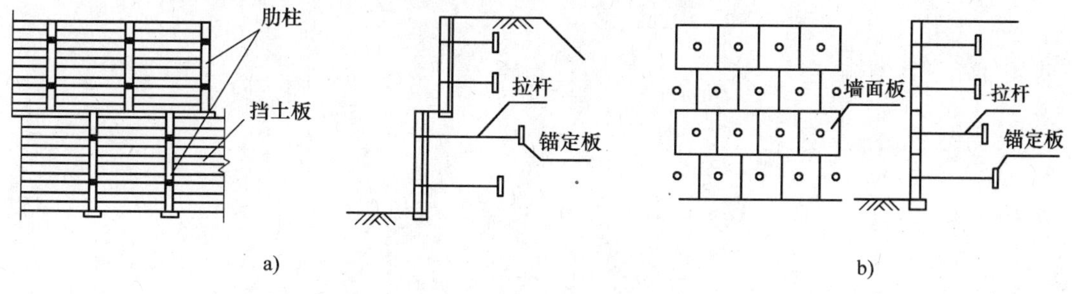

a)　b)

图3-38　锚定板式挡土墙
a）柱板式(锚定板)挡土墙　b）壁板式(锚定板)挡土墙

(4)加筋土挡土墙　加筋土挡土墙由墙面板、拉筋和填料三部分组成(图3-39)，依靠填料与拉筋之间的摩擦力来维持墙体稳定平衡墙面板所受的水平土压力，称为加筋土挡土墙的内部稳定，并以这一复合结构抵抗拉筋尾部填料所产生的土压力，称为加筋土挡土墙的外部稳定。不出现水平滑动、深层滑动等失稳现象，而且地基承载力及地基变形在允许范围内，从而保证了整个结构的稳定。其主要优点是施工简便、造价低廉、占地少、造型美观。

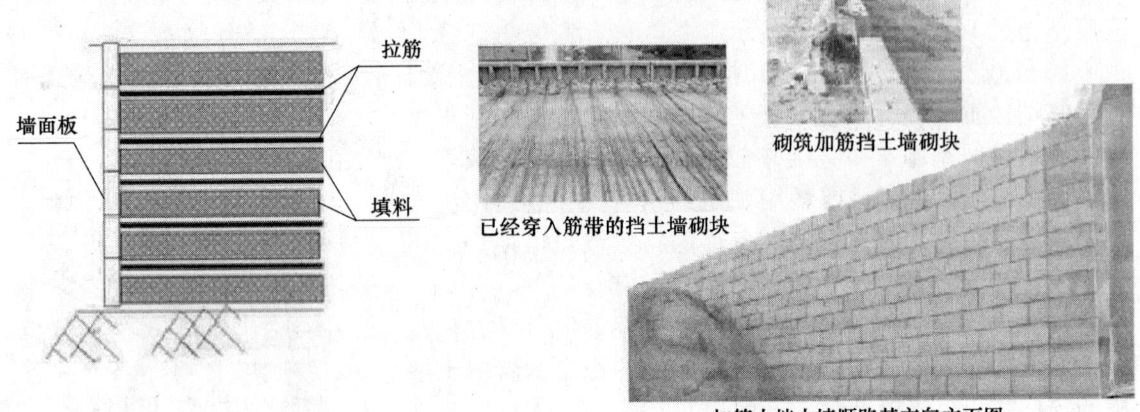

图 3-39　加筋土挡土墙

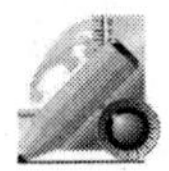

课后训练

(1) 土坡失稳的机理是什么？试举例说明有哪些影响土坡稳定的因素。

(2) 无黏性土的边坡稳定性主要取决于边坡的哪一要素？

项目四　特殊土地基处理

项目概述

我国国土辽阔、工程地质复杂，公路建设实践中各种特殊土地基问题频频出现，对此，本项目从软土、湿陷性黄土、膨胀土和冻土四方面出发，阐述处于这些地质条件下的不良岩土性质、道路工程问题和改良加固的技术措施，同时附有工程实例。

学习目标

(1) 通过学习，能够根据软土的成因和影响因素，结合软土的工程特点，提出合理和可行的加固措施。

(2) 明确黄土的特征和工程性质，提出黄土地质病害的防治措施。

(3) 了解膨胀土的工程性质和对公路工程的危害，提出膨胀土病害的防治措施。

(4) 了解冻土地区公路的主要病害，提出冻土病害的防治措施。

由于公路是线形结构物，绵延数公里或数千公里，而地形、地质情况千变万化，因此在公路建设中，不可避免地会遇到各种不良土质，它们往往具有天然孔隙比大、压缩性高、抗剪强度低等不利的工程性质，导致地基承载力往往不能满足工程设计的要求，因此，需要对这些不良地基进行加固处理。地基加固处理的方法多种多样，如果处理不当，就会直接影响路基失稳或过量沉降，出现路基纵、横向断裂等病害。

任务一　软土地基处理

一、软土的成因分类

软土是第四纪全新世形成的近代沉积物，一般是指在静水或缓慢流水环境中沉积而成、天然含水率大、压缩性高、承载力低、透水性差的一种软塑到流塑状态的饱和黏性土层。主要包含内陆湖塘盆地、江河海洋沿岸和山间洼地沉积的各种淤泥和淤泥质土。我国工程界把冲填土、杂填土等也并入软土范畴。

(1) 淤泥、淤泥质土　滨海、湖沼、谷地、河滩沉积的天然含水率高、孔隙比大、压缩性高、抗剪强度低的淤泥、淤泥质土及泥炭，具有固结时间长、灵敏度高、扰动性大、透水性差等特点。当天然孔隙比大于1.5时，为淤泥；天然孔隙比大于1.0而小于1.5时，为淤泥质土。软土是公路建设中遇到最多的软弱地基，广泛分布在我国沿海地区、内陆平原及山区，如天津、连云港、上海、杭州、武汉、南京等地区。

(2) 冲填土　冲填土是指将水利建设中清除的江河泥砂冲填至淤地形成的沉积土，有的以砂粒为主，有的以黏粒或粉粒为主，其工程性质主要取决于颗粒成分、均匀程度和排水固结条件。若含黏粒较多，含水率高且排水困难，属于软弱地基；反之，若以砂或其他粗粒土为主要成分，则不属于软弱土范畴。与自然沉积的同类土相比，冲填土强度低、压缩性高，常产生触变现象。

(3) 杂填土　杂填土是指因人类活动而形成的无规则的堆积物，含有建筑垃圾、工业废料、生活垃圾等杂物。其成分复杂，性质不均匀。对以生活垃圾和腐蚀性工业废料为主的杂填土，不宜作为建筑物地基。对以建筑垃圾和工业废料为主要成分的杂填土，经慎重处理后可以作为一般建筑的地基。杂填土承载力不高，压缩性较大，且填料性质不均匀；当杂填土加到某级荷载时浸水，变形剧增，有湿陷性。

二、软土的工程性质

(1) 软土的孔隙比和含水率　软土的颗粒分散性高、连结弱、孔隙比大、含水率高，孔隙比一般大于1，最高可达5.8。如云南滇池淤泥，含水率大于液限，达50% ~70%，最大可达300%。沉积年代久，埋深大的软土，孔隙比和含水率降低。

(2) 软土的透水性和压缩性　软土孔隙比大、孔隙细小、黏粒亲水性强、土中有机质多，分解出的气体封闭在孔隙中，使土的透水性很差，渗透系数 $k<10^{-6}$cm/s。荷载作用下排水不畅、固结慢，压缩性高，压缩系数 $\alpha=0.7\sim20\text{MPa}^{-1}$，压缩模量为1 ~6MPa。软土在建筑物荷载作用下容易发生不均匀下沉和大量沉降，而且下沉缓慢，完成下沉的时间很长。

(3) 软土的强度　软土强度低，无侧限抗压强度为10 ~40kPa。不排水直剪试验的 $\varphi=2°\sim5°$，$c=10\sim15$kPa；排水条件下 $\varphi=10°\sim15°$，$c=20$kPa。所以在确定软土抗剪强度时，应据建筑物加载情况选择不同的试验方法。

(4) 软土的触变性　软土受到振动，颗粒连结破坏，土体强度降低，呈流动状态，称为触变，也称振动液化。触变可以使地基土大面积失效，导致建筑物破坏。触变的机理是吸附在土颗粒周围的水分子的定向排列被破坏，土粒悬浮在水中，呈流动状态。当振动停止，土粒与水分子相互作用的定向排列恢复，土强度可慢慢恢复。

(5) 软土的流变性　在长期荷载作用下，变形可延续很长时间，最终引起破坏，这种性质称为流变性。破坏时土强度低于常规试验测得的标准强度。软土的长期强度只有平时强度的40% ~80%。

三、软土地基的加固与处理

软土地基变形破坏的主要原因是承载力低，地基变形大或发生挤出。建筑物变形破坏的主要形式是不均匀沉降，使建筑物产生裂缝，影响正常使用。在软土地基上的公路、铁路路堤高度受软土强度的控制，路堤过高，将导致挤出破坏，产生坍塌。

(一) 软土地基的处理方法

按照地基处理的作用机理，地基处理的途径大致可分为以下三类：

(1) 土的置换　土的置换是将软土层换为良质土，如砂垫层、素土垫层等。

(2) 土质改良　土质改良是指用机械(力学)、化学、电学等措施增加地基土的密度、排除水分或增强土颗粒间的胶结作用。

(3) 土的补强　土的补强是采用薄膜、绳网、板桩等约束地基土，或在土中放入抗拉强度高的补强材料，形成复合地基以加强和改善地基土的剪切性能。

根据不同的加固原理，将常用的软土地基的加固与处理方法归纳见表4-1。

表4-1　软土地基的加固与处理方法

方　法	施工要点	适用范围
强夯	强夯法采用10～20t重锤，从10～40m高处自由落下，夯实土层，强夯法产生很大的冲击能，使软土迅速排水固结，加固深度可达11～12m	适用于小于12m的软土层
换土	将软土挖除，换填强度较高的黏性土、砂、砾石、卵石等渗水土，从根本上改善地基土的性质(图4-1)	适用于软土深度不超过2m的地区
抛石挤淤	在路基底部从中间向两边抛投一定数量的片石，将淤泥挤出基底范围，以提高地基强度(图4-2)	适用于石料丰富区，软土厚3～4m
反压护道	在路堤两侧填筑一定宽度低于路堤的护道，以平衡路堤下的软土的隆起之势，从而保证路堤的稳定性(图4-3)	适用于非耕作区和取土不困难的地区
砂垫层	在建筑物(如路堤)底部铺设一层砂垫层，其作用是在软土顶面增加一个排水面。在路堤填筑过程中，由于荷载逐渐增加，软土地基排水固结，渗出的水可以从砂垫层排走(图4-4)	适用于软土深度不超过2m，砂料较丰富地区
砂井排水	在软土地基中按一定规律设计排水砂井，井孔直径多在0.4～2.0m，井孔中灌入中、粗砂。砂井起排水通道作用，加快软土排水固结过程，使地基土强度提高(图4-5)	适用于软土层厚度大于5m、路堤高度大于极限高度2倍的情况，或地处农田和填料来源较困难的地区
深层挤密	在软弱土中成孔，在孔内填以水泥、砂、碎石、素土、石灰或其他材料(煤矸石、粉煤灰等)，形成桩土复合地基(水泥砂桩或石灰桩)，从而使较大深度范围内的松软地基得以挤密和加固	适用于软土层较厚地区
化学加固	通过气压、液压等将水泥浆、黏土浆或其他化学浆液压入、注入、拌入土中，使其与土粒胶结成一体，形成强度高、化学稳定性良好的“结石体”，以增强土体强度。按施工方式分为灌浆法、高压旋喷法、深层搅拌法等	适用于软土层较厚地区
土工织物加固	将具有较大抗拉强度的土工织物、塑料隔栅或筋条等材料铺设在路堤的底部，以增加路堤的强度，扩散基底压力，阻止土体侧向挤出，从而提高地基承载力和减小路基不均匀沉降	适用于人工填土、土质边坡加固

（二）软土地基上路堤的加固与处理

在路堤高度超过极限高度，或者虽低于极限高度，但筑后即行通车的软土路堤，或者设计荷重大于地基允许承载力等情况下，都应对路堤或基底进行加固与处理，以保证路堤的安全使用。路堤加固和处理方法归纳起来有两大类：一是改变荷重，即改变荷载的结构形式和大小；二是改善地基，即提高地基的承载能力。目前，在工程实践中用于软土路堤加固与处理的方法很多，现将几种主要方法介绍如下。

（1）换土　指用人工或机械全部挖除软土，换填强度较高的砂类土、黏性土。如果当地分布有砂、砾、卵石等透水性材料时，以换填透水性材料为更好，因为这种材料强度较黏性土高，且不会因水的浸泡而沉降，还可少占地。换土从根本上改善了地基，不留任何后患，效果最好，是最彻底的一种处理软土的措施。由于软土地区的地下水位较高且开挖困难，故换土的深度一般不宜超过2m，现以一典型剖面为例，如图4-1所示。

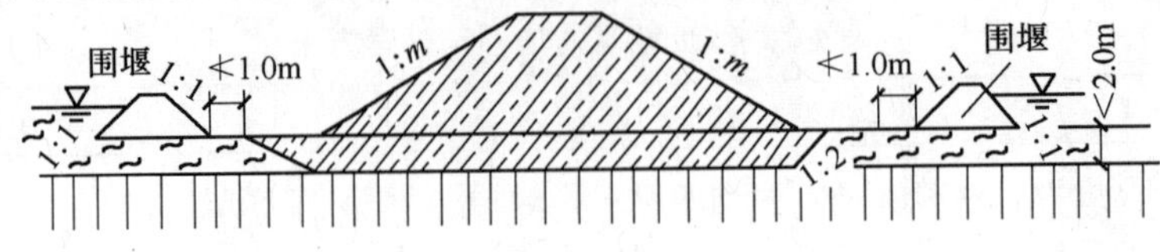

图4-1　路堤换土剖面图示

（2）抛石挤淤　它是强迫换土的一种形式。在路基底部抛投一定数量的片石，将淤泥挤出基底范围，如图4-2所示。抛投片石的大小视软土含水率而定，但一般不宜小于0.3m（直径）。抛投时，应自路堤中部开始，渐次向两侧扩展，以使淤泥向两旁挤出。当软土或泥沼底面有较大横坡时，抛石应从高的一侧向低的一侧扩展，并在低的一侧多抛填一些。在片石抛出水面后，宜用重型夯滚或载重汽车反复碾压，以使填石密实，然后在其上面铺设反滤层，再行填土。

这种方法有一定的局限性，仅适用于湖塘或河湾、常年的洼地，水量不易抽干，泥炭呈流动状态，表层无硬壳，土层较薄，片石能沉至底部的地段，否则，效果不佳。此法一般用于软土厚度3～4m的土层。

（3）反压护道　它是在路堤两侧填筑一定宽度低于路堤的护道，如图4-3所示。护道在路堤两侧起荷重作用，使路堤下的软土有被隆起之势得到平衡，从而保证路堤的稳定性。这种方法不需要特殊的施工机具，也不需控制填土速率，施工简易，但土方量、占地面积、后期沉降均较大，养护工作量大，因此，只适用于非耕作区和取土不困难的地区。

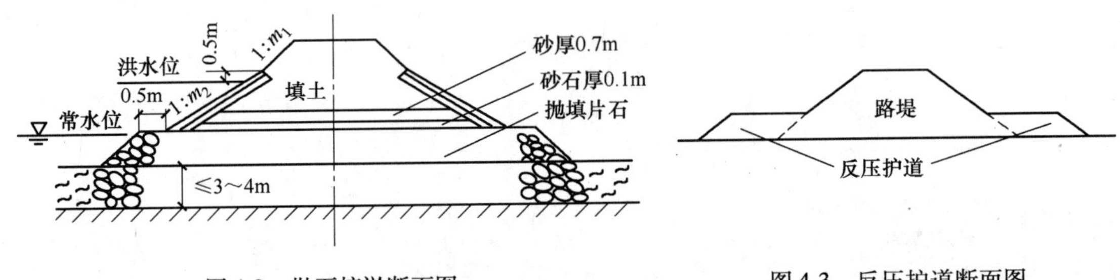

图4-2　抛石挤淤断面图

图4-3　反压护道断面图

反压护道一般采用单级形式，因多级形式所增加的力矩甚小，作用不大，而且还要考虑护道本身的稳定问题。反压护道的极限高度，一般取路堤高度的1/3～1/2较为合适；反压护道的宽度，一般采用圆弧稳定分析法，通过整体稳定性验算决定。两侧反压护道应与路堤同时填筑。

（4）砂井　应用钻孔机具在地基中钻取一定直径的孔眼，灌以粗、中砂，即为砂井。在网格状砂桩的顶部铺设一层砂垫层（或砂沟）连结砂井，构成地基的排水系统，如图4-4、图4-5所示。软土地基按一定规格打入砂井后，改变了地基的排水条件，缩短了排水路径。在填土路堤的荷重作用下，加速了地基的排水固结，提高了强度，从而增加了地基的承载力，以保证路堤的稳定。根据实践，用砂井加固地基后，地基承载能力可提高2～3倍。

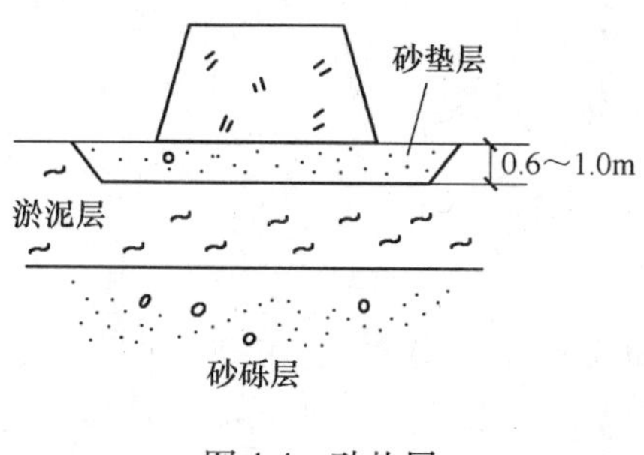

图4-4　砂垫层

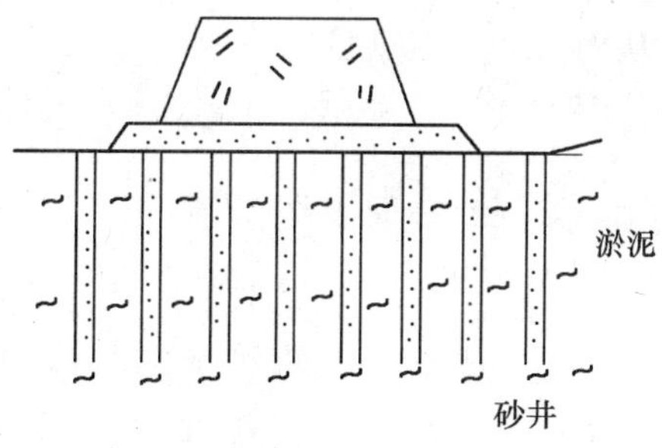

图4-5　排水砂井

砂井加固软土地基适用于软土层较厚、路堤较高、采用其他简易方法不能满足要求的情况。其适用范围大致有：①软土层厚度>5m。②路堤高度大于极限高度的1~2倍；或者小于这一数字，但因地处农田和填料来源困难的情况。

（三）软土地基处理方案的选择应考虑的因素

在选择地基处理方法时需要考虑的因素主要有：

（1）土的类别　不同的土类应采用不同的地基处理方法。如无黏性土地基，它的工程性质的好坏主要取决于它的密实度，所以对这种土主要是增加其密实度。增加土的密实度的方法有好多种，如强夯、振冲、挤密等，然后考虑其他因素。黏性土工程性质的好坏主要取决于它的含水率，所以首先应从排水处理方面来选择处理方法。

（2）处理后的加固深度　不同的地基处理方法的加固深度不同。若要加固深层地基，则需选用深层地基处理方法。如强夯法的加固深度可达10m以上，还有深层搅拌法、振冲法、挤密法等。

（3）上部结构的要求　不同的上部结构对地基的要求也不相同。如对地基的强度和变形要求严格，则应选用可靠的地基处理方法。如基坑支护是临时性的加固，与永久性加固应有所区别。

（4）可提供的材料　同一材料由于地区不同、时间不同，材料的质量和成本也不同，应考虑供应能力问题，且有些材料有毒性，可能污染环境。

（5）具有的机械设备　如注浆设备、强夯设备、振冲设备的来源，工程费用等。

（6）周围环境的要求　随着城市建设的发展，对环境的要求越来越严格。在地基处理施工时，应考虑对现场周围环境的影响。某些对环境有污染的地基处理方法就不能采用。如强夯法施工时的振动可能对邻近的建筑物有影响；注浆法可能对地下水造成污染，流出物对现场环境有污染等。在选择地基处理方法时应予以考虑。

（7）工期要求　要求在短期内达到加固效果的，就不宜采用耗费时间长的地基处理方法。

在确定地基处理方法时，力求做到技术先进、经济合理、因地制宜、安全适用、确保质量。可根据工程的具体情况对几种地基处理方法进行技术、经济、工期等多方面的比较，最后选择其中一种较合理的地基处理方案或两种以上地基处理方法结合的综合处理方案。

地基处理大多是隐蔽工程，在施工前现场人员必须了解所采用的地基处理方法的原理、技术标准、质量要求、如何施工等。施工过程中经常进行施工质量和处理效果的检验，同时也应做好监测工作。施工结束后应尽量采用可能的手段来检验处理的效果并继续做好监测工作，从而保证施工质量。

【案例分析】 塑料排水板与砂垫层联合处理公路软土地基

一、工程地质概况

某高速公路沿线土层主要属珠江三角洲海相沉积土层，全路段港汊河道发育，鱼塘密布，有软土地基12km。软土地基一般表层为1～2m厚的亚砂土（硬壳层）；第二层为淤泥土，深度为6～15m，个别路段深达20余米；再下为淤泥质黏土。本段淤泥的物理性能特点如下：

（1）含水率高　天然含水率高达73%～113%。

（2）天然孔隙比大　孔隙比为1.6～3.05。

（3）压缩性大　压缩系数为0.0229～0.0436cm^2/N。

（4）黏聚力小　抗剪强度低且具有流动性，直剪强度指标$C=6\sim17kN/m^2$。土质砂性粉性重，透水条件好，固结系数较大，一般为$(3\sim6)\times10^{-4}cm^2/s$，排水固结快。

二、软土路基处理方法

软土地段路堤高度大于3m的路段采用塑料排水板与砂垫层联合作用的排水固结法。排水板长度及间距、路堤的预压高度、填土速率，均由软土的深度、性质及路堤高度决定。排水板原则上要求穿透淤泥层，长度为4～16m，间距0.3～1.5m，井位按等边三角形布置，地表铺设50cm砂垫层。

路堤高度小于3m的路段，以及虽非软土但为水田、地表水丰富的地段，均采用砂垫层处理。

桥头路基施工后沉降控制在10cm以内，一般路段为30cm。填筑路基的工期为330～360d。桥台后设置桥台搭板。路堤填筑预留沉降量39～79cm。

三、施工

（1）试验路段　为了指导全线软土路基施工，摸索一些控制堤身极限填筑高度的经验及沉降过程的规律，选择了K31+860～K32+060路段作为试验路段。试验路段长200m，最高填土高度6.5m，淤泥深度15m，为全线十多处软土地基中处理较困难的一段。试验路段土质情况为：第一层为厚2m的亚砂土；第二层为厚4m的松细砂；第三层为7m厚的淤泥；第四层为2m厚的淤泥质黏土。淤泥的天然含水率为79%～95%，孔隙比为1.9～2.6，压缩系数为0.0229～0.0436cm^2/N，固结系数为$(3\sim6)\times10^{-4}cm^2/s$，直剪强度指标$c=6\sim17kN/m^2$，$\varphi=5°\sim5.5°$。

试验段采用袋装砂井固结排水法。袋装砂井直径为7cm，间距为1.0m，长度为15m，采用三角形布井。为提高地基抗滑能力，在不增加砂井数量的原则下，将两侧滑动带区域适当加密砂井，间距为0.8m；堤中间相应间距拉大，间距为1.2m。

路堤填土用吹填砂方法填筑。在吹填砂填筑路基过程中，采用跟踪法监测。本试验段采用轻便型静力触探仪和十字板剪切仪，原位测定淤泥的天然强度；并在试验段内设置5个断面，布置了监测地基土体应力应变的仪器。监测工作从2012年5月初开始，至2012年12

月初结束。在监测过程中，随时进行稳定状态分析，在跟踪采样过程中根据孔隙水压力的变化，指导加载；在接近临界填土高度时，随时控制加载速率，以达到安全完成填土工程，确保安全施工。

从地基孔隙水压力观测资料可见，当一级荷载加完后，经25～30d左右，可以消散孔隙水压力增量的65%～70%。这样的消散状况证明地基土固结良好，排水条件畅通。*A*断面V_7测点，当加载5m全部结束后15d时，孔隙水压力增长21.4kPa，约占荷重的32.7%；其余测点的孔隙水压力均小于30%。显然，本工程地基土质虽软，但固结状况比较理想。只要适当控制加载速率，防止加载过猛而产生失稳，一旦达到设计标高后，地基将会较迅速固结而增加稳定程度，不会发生滑动等失稳事故。本段地基变形观测测得*A*断面接近地基点的最终侧向位移量为5.398cm，影响深度约20m，可见地基土的侧向挤出量不大，最大侧向位移速率为5.1mm/d。

从地面沉降板的观测资料看，路堤中间地面下沉量较大，比两侧大很多；*A*断面的中心点沉降量为两侧的3.07倍，再次证明地基侧向挤出量很少，地基沉降量主要由垂直压缩产生。本次测得*A*断面最大日沉降量为17mm，并以此值作为控制填土速率的标准。另外，从各处下沉量随加载而变化的过程看，在填土4m以前，土的压缩变形较慢；超过4m以后，土的压缩变形速度显著增大。这说明软土地基加荷到一定程度时，应放慢加荷速率，让地基有充分时间排水固结。

（2）施工质量控制

1）严格执行施工规范和设计要求，做好路床处理及鱼塘清淤回填工作。

2）控制塑料排水板的施工质量。抽查的方法为将已打好的塑料板拔出来，检查长度，每10m路段抽查3～5根。

3）进行地基变形观测，严格控制填土速率，确保路堤安全稳定。

加载速率控制：垂直沉降不大于10mm/d，侧向位移不大于6mm/d；每天加载压实高度不超过30cm。若加载后垂直沉降及侧向位移速率超过上述控制标准，应立即停止填土。整个填土工期为330～360d。

四、讨论

试验段的监测资料证明：

1）塑料排水板或袋装砂井处理软土地基，当软土地基较厚时，施工工期较长。此工程的填土速率为：在填土达到临界高度后，停止120d，等待地基固结增长；继续填土1～2m后再停止100d。路堤填筑工期为330～360d。路堤沉降时间长，此工程从2012年7月份开始填土，至2014年8月已逾两年，但沉降量仍很大。从路基交验到施工完路面底基层，仅两个月时间，软土路段普遍下沉了10～20mm，最多达51mm。

2）软土较深，工期紧张时，仅采用排水固结法是不够的，应辅以反压护道，采用轻质填料等多种处理方法。

3）应尽早施工，使软土地基具有足够的沉降时间。

4）对于国道主干线、高速公路等路面平整度要求较高的路段，应采用做临时路面过渡，待沉降基本稳定后再做永久路面。

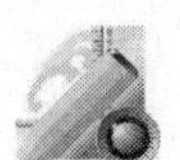

课后训练

(1) 什么是软土？软土有哪些特性？

(2) 软土对工程建设有何危害性？在软土路基上的路堤常采用哪些工程措施？

(3) 软土地基的处理方法有哪些？

任务二　湿陷性黄土地基处理

黄土是第四纪以来，大陆上干旱和半干旱气候条件下沉积而成的，呈褐黄色或灰黄色，具有针状孔隙及垂直节理的一种特殊土。

黄土在世界大陆上分布极广，约占整个陆地面积的9%。在我国，黄土分布的面积约有64万km^2，主要分布在秦岭以北的黄河中游地区，如甘肃、陕西的大部分和晋南、豫西等地。这些地区的黄土厚度大，地层全而连续，发育较典型，在我国大的地貌分区图上，称之为黄土高原。

一、黄土的特征及分类

各地黄土的性质并不完全相同，故有黄土和黄土质土之分，一般认为黄土有如下特征：

①颜色为灰黄、褐黄、棕黄等色。

②具多孔性，其孔隙肉眼可见，孔隙度一般为40%~50%。

③含大量碳酸钙(10%~30%)或钙质结核(俗称“砂姜石”)。

④质地均一，成分以粉粒为主，约占60%~70%，几乎不含>0.25mm的颗粒。

⑤无层理，一般厚度约在40~300m之间。

⑥具有显著的垂直柱状节理而具直立性构造，在天然情况下能保持垂直边坡。

⑦天然含水率很小，干燥时很坚固，遇水易剥落和遭受侵蚀。

⑧遇水有显著的湿陷性。

由于黄土的成因和形成条件不同，往往不能完全符合典型黄土的特征，因而通常把具备上述大部分或部分主要特征的土称为黄土质土或黄土类土。黄土和黄土质土的一般特征，见表4-2。

表4-2　黄土和黄土质土的一般特征

名称特征		黄　土	黄土质土
外部特征	颜色	淡黄色为主，还有灰黄、褐黄色	黄色、浅棕黄色或暗灰褐黄色
	结构构造	无层理，有肉眼可见大孔隙及由生物根茎遗迹形成的管状孔隙，常被钙质或泥填充，质地均一，松散易碎	有层理构造、粗粒(砂粒或细砾)形成的夹层透镜体，黏土组成微薄层理，可见大孔隙较少，质地不均一
	产状	垂直节理发育，常呈现大于70°的边坡	有垂直节理但延伸较小，垂直陡壁不稳定，常呈缓坡

（续）

名称特征		黄　土	黄土质土
物质成分	粒度成分	粉土粒为主（0.005～0.0075mm），含量一般大于60%；大于0.25mm的颗粒几乎没有。粉粒中0.075～0.01mm的粗粉粒占50%以上，颗粒较粗	粉土粒含量一般大于60%，但其中粗粉粒小于50%；含少量大于0.25mm或小于0.005mm的颗粒，有时可达20%以上；颗粒较细
	矿物成分	粗粒矿物以石英、长石、云母为主，含量大于60%；黏土矿物有蒙脱石、伊利石、高岭石等；矿物成分复杂	粗粒矿物以石英、长石、云母为主，含量小于50%；黏土矿物含量较高，以蒙脱石、伊利石、高岭石为主
	化学成分	以 SiO_2 为主，其次为 Al_2O_3、Fe_2O_3，富含 $CaCO_3$，并有少量 $MgCO_3$ 及少量易溶盐类如 NaCl 等，常见钙质结核	SiO_2 为主，Al_2O_3、Fe_2O_3 次之，含 $CaCO_3$、$MgCO_3$ 及少量易溶盐如 NaCl 等，时代老的含碳酸盐多，时代新的含碳酸盐少
物理性质	孔隙度	高，一般大于50%	较低，一般不大于40%
	干密度	较低，一般为1.4g/cm^3 或更低	较高，一般为1.4g/cm^3 以上，可达1.8g/cm^3
	渗透系数	一般为0.6～0.8m/d，有时可达1m/d	透水性小，有时可视为不透水层
	塑性指数	10～12	一般大于12
	湿陷性	显著	不显著，或无湿陷性
	含水率	较小，一般小于25%	较大，一般大于25%
成岩作用程度		一般固结较差，时代老的黄土较坚固，称为石质黄土	松散沉积物或有局部固结
成因		多为风成，少量为水成	多为水成

根据黄土形成的地质年代和成因的不同，可以将黄土分成表4-3所示的类型。

表4-3　黄土类型

年代分类	地层时代		成因分类	描　述
砂黄土	全新世	Q_4	风积黄土	分布在黄土高原平坦的顶部和山坡上，厚度大，质地均匀，无层理
新黄土	晚更新期	Q_3	坡积黄土	多分布在山坡坡脚及斜坡上，厚度不均，基岩出露区常夹有基岩碎屑
老黄土	中更新期	Q_2	残积黄土	多分布在基岩山地上部，由表层黄土及基岩风化而成
			洪积黄土	主要分布在山前沟口地带，一般有不规则的层理，厚度不大
红色黄土	早更新期	Q_1	冲积黄土	主要分布在大河的阶地上，如黄河及其支流的阶地上。阶地越高，黄土厚度越大，有明显层理，常夹有粉砂、黏土、砂卵石等，大河阶地下部常有厚数米及数十米的砂卵石层

二、黄土的工程性质

（1）黄土的压缩性　压缩性反映地基在外荷载作用下产生压缩变形的大小。对湿陷性地基来说，压缩变形是指地基在天然含水率条件下受外荷载作用所产生的变形，不包括地基受水浸湿后的湿陷变形。一般黄土多为中压缩性土，近代黄土为高压缩性土，老黄土压缩性较低。

（2）黄土的抗剪强度　黄土的抗剪强度除与土的颗粒组成、矿物成分、黏粒和可溶盐含量等有关外，主要取决于土的含水率和密实程度。含水率越低，密实度越高，则抗剪强度越大。一般黄土的内摩擦角 $\varphi=15° \sim 25°$，黏聚力 $c=30 \sim 40\text{kPa}$，抗剪强度中等。

（3）黄土的湿陷性和黄土陷穴　天然黄土在一定的压力作用下，受水浸湿后结构迅速破坏而发生显著附加下沉的现象，称为湿陷。具有这种特性的黄土称为湿陷性黄土。湿陷性黄土往往在地面上形成碟形洼地或陷穴，常引起建筑物基础的变形而开裂，甚至造成倒塌。这个一定的压力称为湿陷起始压力。在饱和自重压力作用下的湿陷称为自重湿陷；在自重压力和附加压力共同作用下的湿陷，称为非自重湿陷。在公路工程中，对自重湿陷性黄土更应加以注意。

黄土地区常常有天然或人工洞穴，由于这些洞穴的存在和不断发展扩大，往往引起上覆建筑物突然塌陷，称为陷穴。黄土陷穴的发展主要是由于黄土湿陷和地下水的潜蚀作用造成的。为了及时整治黄土洞穴，必须查清黄土洞穴的位置、形状及大小，然后针对性地采取有效整治措施。

三、黄土地区的防治处理

由于黄土结构疏松，具大孔隙、抗水性能差、易崩解、潜蚀、冲刷和湿陷性等特征，致使在黄土地区的工程出现多种病害，如路堑边坡的剥落、冲刷、崩塌、滑坡；路堤和房屋建筑不均匀沉陷、变形开裂等。因此，在工程中必须采取相应的措施，以保证安全。

（1）防水措施　水的渗入是黄土地质病害的根本原因，只要能做到严格防水，各种事故均可以避免或减少。防水措施包括：场地平整，以保证地面排水畅通；做好室内地面防水措施、室外散水、排水沟，特别是施工开挖基坑时要注意防止水的渗入；切实做到上下水道和暖气管道等用水设施不漏水。

（2）边坡防护

1）捶面护坡：在西北黄土地区，为防治坡面剥落和冲刷，可用石灰炉渣灰浆、石灰炉渣三合土、四合土等复合材料在黄土路堑边坡上捶面防护。这种方法适用于年降雨量稍大的地区和坡率不陡于1:0.5的边坡。防护厚度为10～15cm，一般采用等厚截面；只有当边坡较高时，才采用上薄下厚的截面，基础设有浆砌片石墙脚。

2）浆砌片石或干砌片石防护：因黄土路堑边坡普遍在坡脚1～3m高范围内发生严重冲刷和应力集中现象，因此这种防护常用于边坡下部。这种防护的效果较好，常被广泛采用，可用于路堑的任何较陡的边坡。因黄土地区缺乏片石，故采用此法有一定的困难。此外，在黄土地区公路边坡还可以采用植物防护、喷浆防护等边坡防护方式。

（3）地基处理　地基处理是对基础或建筑物下一定范围内的湿陷性黄土层进行加固处理或换填非湿陷性土，达到消除湿陷性、减小压缩性和提高承载力的目的。在湿陷性黄土地区，国内外常采用的地基处理方法有重锤表层夯实、强夯、换填土垫层、土桩挤密、化学加固等方法，详见表4-4。

表4-4　湿陷性黄土地基处理方法

方　法	施工要点	适用范围
重锤表层夯实	一般采用2.5～3.0t的重锤，落距4.0～4.5m	适用于厚度2m以内的黄土地基

（续）

方　法	施工要点	适用范围
强夯	一般采用8~40t的重锤(最重达200t)，从10~20m的高度自由下落，击实土层	适用于厚度大于2m的黄土地基
换填土垫层	先将处理范围内的黄土挖出，然后用素土或灰土在最佳含水率下回填夯实	适用于地表下1~3m的黄土层
土桩挤密	先在土内成孔，然后在孔中分层填入素土或灰土并夯实。在成孔和填土夯实过程中，桩周的土被挤压密实，从而消除湿陷性	适用于5~15m厚的黄土地基
化学灌浆加固	通过注浆管，将化学浆液注入土层中，使溶液本身起化学反应，或溶液与土体起化学反应，生成凝胶物质或结晶物质，将土胶结成整体，从而消除湿陷性	适用于较厚但范围较小的黄土地基

【案例分析】　垫层法处理湿陷性黄土地基

太原—石家庄高速公路K2~K39段分布有不同程度的湿陷性黄土，其中K2+000~K9+800段，湿陷性黄土的厚度一般为1.0~7.3m，总湿陷量为3.0~27.5cm，为Ⅰ级非自重湿陷性黄土；K9+800~K26+500段，湿陷性黄土厚达16m，为原生风成黄土；自重湿陷量为14.8~24.8cm，总湿陷量为31.0~78.1cm，为Ⅱ~Ⅲ级自重湿陷性黄土；K26+500~K39+000段，湿陷黄土厚约1.0~5.0m，总湿陷量10.4~43.6cm，为Ⅰ~Ⅱ级非自重湿陷性黄土。

1992年进行该高速公路位于湿陷性黄土段的涵洞设计，采用垫层法进行地基处理。垫层材料选用三七灰土。垫层厚度：对于Ⅰ级非自重湿陷性黄土地基，垫层厚度采用30~50cm；对于Ⅱ级非自重湿陷性黄土地基，垫层厚度采用50~100cm；对于Ⅱ级自重湿陷性黄土地基，垫层厚度采用2.0m；对于Ⅲ级自重湿陷性黄土地基，垫层厚度采用3.0m。垫层宽度：垫层采用满铺法，每边超出基础底面的宽度(襟边)等于垫层的厚度，并不小于50cm。垫层的容许承载力确定：当垫层厚度为30~50cm时，在原天然地基容许承载力的基础上提高30%，并不超过250kPa。当垫层厚度大于100cm时，则按下卧层顶面的承载力控制设计。

在地基处理的同时，还采用了结构措施和防水措施。涵洞结构尽可能选择能适应变形的钢筋混凝土结构。对于Ⅱ~Ⅲ级湿陷性黄土地基上的涵洞，基础一般采用C15片石混凝土整体式基础，以达到减少基底应力和防水的作用。另外要求涵洞进出口排水应通畅，不得有积水现象。

处理效果：本段高速公路自1996年通车18年来，位于湿陷性黄土地段的涵洞采用垫层法处理地基后，效果良好，没有出现地基湿陷和沉陷病害。

课后训练

(1) 什么叫黄土的湿陷性？湿陷性黄土可分为哪两类？

(2) 黄土地区常见的工程病害有哪些？通常采用哪些技术措施加以防治？

任务三　膨胀土的防治

膨胀土是一种富含亲水性黏土矿物，并随着含水率增减，体积发生显著胀缩变形的高塑性黏土。在自然条件下，膨胀土多呈硬塑或坚硬状态，颜色为黄、红、灰白色，裂隙发育，常见光滑面和擦痕。其吸水膨胀、失水收缩并且反复变性的性质，以及在土体中杂乱分布的裂隙，对路基、轻型建筑、机场、岸坡及堤坝等都有严重的破坏。

一、膨胀土的工程性质

膨胀土因其组成含有大量的强亲水性黏土矿物，故具有吸水量大、高塑性、快速崩解性、很强的胀缩性、多裂隙性和强度衰减性。同时又因膨胀土沉积时代较早，历史上承受过较现在更大的上覆压力，因此，其压缩性不大，并多具有超固结性。这些性质构成了膨胀土区别于其他土类的独有的工程性质。

1）膨胀土多为灰白、棕黄、棕红、褐及黑色等，颗粒成分以黏粒为主，含量在35%～50%以上，粉粒次之，砂粒很少。黏粒的矿物成分多为蒙脱石和伊利石，这些黏土颗粒比表面积大，有较强的表面能，在水溶液中吸引极性水分子和水中离子，呈现强亲水性。

2）天然状态下，膨胀土结构紧密、孔隙比小，干密度达1.6～1.8g/cm^3，塑性指数为18～23，天然含水率接近塑限，一般为18%～26%，土体处于坚硬或硬塑状态，有时被误认为是良好地基。

3）裂隙发育：膨胀土中裂隙发育是不同于其他土的典型特征，膨胀土裂隙可分为原生裂隙和次生裂隙两类。原生裂隙多闭合，裂面光滑，常有蜡状光泽；次生裂隙以风化裂隙为主，在水的淋滤作用下，裂面附近蒙脱石含量增高，呈白色，构成膨胀土中的软弱面，膨胀土边坡失稳滑动常沿灰白色软弱面发生。

4）天然状态下膨胀土抗剪强度和弹性模量比较高，但遇水后强度显著降低，黏聚力一般小于0.05MPa，有的接近于零，φ值从几度到十几度。

5）超固结性：超固结性是指膨胀土在历史上曾受到过比现在的上覆自重压力更大的压力，因而孔隙比小、压缩性低，一旦被开挖外露，卸荷回弹，产生裂隙，遇水膨胀，强度降低，造成破坏。

6）强烈胀缩性：膨胀土对水极其敏感，表现为遇水急剧膨胀，失水明显收缩。在天然状态下，膨胀土吸水膨胀量为23%以上；在干燥状态下，吸水膨胀量为40%以上。失水收缩率达50%以上。

二、膨胀土对公路工程的危害

（一）膨胀土用作路基填料

由于膨胀土具有很高的黏聚性，当含水率较高时，一经施工机械搅动，将黏结成塑性很高的巨大团块，很难晾干。随着水分的逐渐散失，土块的可塑性降低。由于黏聚性继续作用，土块的力学强度逐步增大，从而使土块坚硬，难于击碎、压实。如果含水率高的膨胀土直接被用作路基填料，将会增加施工难度，延长工期，并且质量难以保证。

膨胀土路基遇雨水浸泡后，土体膨胀，轻者表面出现厚10cm左右的蓬松层，重则在50

~80cm 深度范围内形成“橡皮泥”。在干燥季节，随着水分的散失，土体将严重干缩龟裂，其裂缝宽度约 1 ~2cm，缝深可达 30 ~50cm。雨水可通过裂缝直接灌入土体深处，使土体深度膨胀湿软，从而丧失承载能力。由于膨胀土具有极强的亲水性，土体越干燥密实，其亲水性越强，膨胀量越大。当膨胀受到约束时，土体中会产生膨胀力。当这种膨胀力超过上部荷载或临界荷载时，路基出现严重的崩解，从而造成路基局部坍塌、隆起或裂缝。

（二）膨胀土用作各种稳定土材料

膨胀土用作稳定土基层材料时，随着时间的推移，稳定土将会严重干缩、龟裂成 20 ~25cm 左右的碎块。经过车辆荷载的重复作用，这些龟裂碎块逐渐松动，并进一步将基层裂缝反射到面层，使面层产生相应的龟裂。若遇阴雨或积雪，路面积水通过这些裂缝灌入土基，土基表面将迅速膨胀、崩解，形成松软层，丧失承载能力，再经过行车碾压，路面就会出现翻浆沉陷，最终导致路面崩溃。

还有一种情况是，由于膨胀土的高黏聚性决定膨胀土在通常情况下以坚硬的块状存在，现有的稳定土搅拌设备几乎无法将其彻底粉碎。在稳定土基层施工过程中，人为掺入的石灰等改性材料，如果不采取有效措施，就无法进入土块内部发生充分反应，达不到改性效果。碾压成形后，这些膨胀土小碎块，遇水后会迅速膨胀崩解，从而使基层表面出现大量的泥浆小坑窝，经过车轮荷载的反复作用，路面将出现车辙、网裂或龟裂，最终导致路面破坏。

三、膨胀土病害的防治措施

膨胀土病害的防治，应根据土质的特征，采取相应的措施。如对挖方边坡应尽早把坡面封闭，出现病害时不要单纯清方，因清方再次暴露新鲜面，会重新出现病害。病害开始发生时，如能及时采取措施，是容易治理的，往往早修些小型防护和排水工程，就可以防止大病害的产生。在实践中，对裂隙黏土病害的防治措施总结出三宜三不宜：“宜早不宜迟，宜挡不宜清，宜排不宜堵。”

（一）路堑和房建方面

1. 做好排水

路堑边坡或切坡修建房屋时，应及早封闭，做好排水工程，做到排水畅通。施工时，注意工程用水和雨水的排泄，减小对基坑浸泡的时间。

2. 支挡防护

对不高的边坡，采用轻型防护，如方格骨架护坡、草皮护坡等效果较好；对较高边坡，宜挡护结合或分级挡护，以减少坡面的暴露风化和雨水冲刷。

3. 改良土壤

用重塑土反压路堑坡脚，整治流坍和浅层滑坡，效果良好，但土方量较大，其断面设计见图 4-6。有的用 10% ~30% 的砂、碎石屑与裂隙黏土拌和，回填在边坡上，夯填密实，厚约 0.5m。这样可以使表层土不致风化干裂，并保持下部土层的天然湿度，效果也较好。

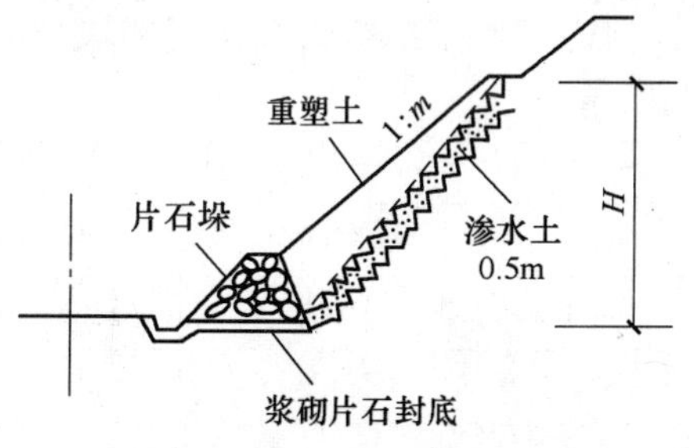

图 4-6　重塑土反压与坡脚支挡示意

4. 增大基础埋置深度

以膨胀土作地基修建房屋时，基础应适当埋深，其作用是：相应地减小裂隙黏土的厚度；增大基础底面以上土的自重；加大基础侧面与土的摩擦力；增大至基底的渗透距离和改变蒸发条件；致使地温和湿度的变化较为稳定。此外，在室外墙脚处加宽水泥散水坡，也是一种常用的措施。这样可以在基底附近一定范围内减少土体湿度的变化。

（二）路堤方面

1）做好路堤排水：因膨胀土透水性差，为保持路堤的干燥，一般采用支撑渗沟排水，间距以 8 ~ 10m 为宜，以防止堤身滑动。

2）坡面防护：采用土质改良（膨胀土中拌和一定量的砂、砾石填铺在坡面上）或种植灌木、草籽，以植物根系作用加固坡面，防止坡面冲刷。

3）设置坡脚支挡建筑物：如在下部做反压护道，以增加稳定性。

4）加宽路基、预留沉降量：以膨胀土作填料的路堤，都要产生不同程度的下沉，有的还很严重，所以应加宽路基，预留沉降量，以保证路堤宽度。

5）膨胀土地区的路桥工程，填料问题应引起足够重视，一般应注意下列事项。

①经过耕种或经过流水搬运的膨胀土，较原地的土要好；地表经过风化的土比较深部未经风化的土好，以利碾碎压密。

②膨胀性低的土较膨胀性高的土好，若用高膨胀性土作填料，可能引起挤出或滑坡等病害，应避免使用。

③桥头和涵洞顶填土，应选用河床粗颗粒土或经流水搬运的土填筑，以避免下沉等病害。

（三）土基（基床、基层）方面

1）路堤土基范围内，必须选用不小于 1.2m 厚的非膨胀土或 0.6m 左右的渗水材料填筑，以防止翻浆冒泥。

2）路堑土基一般采取换填措施，换填材料最好是采用渗水材料，换填厚度 0.6m 左右。在换填渗水土时，将开挖面做成向线路一侧或两侧坡度为 2% ~4% 的排水坡并相应加深侧沟以利排水。

不论路堤或路堑，如经试验有效，也可采用沥青、水泥、石灰及工业废渣等材料加固基床。

【案例分析】 河南安阳某二级公路膨胀土路基处理

一、膨胀土的物理特性

河南安阳某二级公路所经路段部分为膨胀土地基。其不同路段的土样物理特性指标如表 4-5 所示。

表 4-5 膨胀土样的物理特性

土样	塑限（%）	液限（%）	塑性指数	自由膨胀率（%）	CBR 线膨胀率（%）
土样 1	36.1	67.3	31	107	4.94
土样 2	29.2	58.1	28.9	43	5.22
土样 3	26.2	44.1	17.9	51.1	4.22
土样 4	49.5	101.1	52.1	132	5.38

从上表中的自由膨胀率看，土样 1、土样 4 为强膨胀土，土样 2、土样 3 为弱膨胀土；但从 CBR 试验的线膨胀率来看，土样 2 却有着和强膨胀土同样的线膨胀率；从液、塑限指标看，土样 1、土样 4 均为高液限粉土，土样 2 为高液限黏土，土样 3 为低液限黏土；从塑性指数看，土样 1、土样 2、土样 4 的 I_P 值均大于 18，为高塑性土，具有较差的水稳定性，土样 3 塑性指数相对较低。从现场土样的宏观结构看，土样 1 与土样 4 均具有光滑的蜡面，极易风化成鳞片状，黏土细腻，滑感强；土样 2 为红色黏土，失水后异常坚硬；土样 3 为黄褐色，黏土中有较多粉砂，易风化成碎粒状。

由以上的分析知：土样 1、土样 4 在各个指标上均表现出强膨胀土的特性，故可判断为强膨胀土，其中土样 4 含盐量达 1.5% ~2.0%，故可称之为盐化膨胀土；土样 2 虽然自由膨胀率较小，但其具有高液限、高塑性、线膨胀率较高的特点，可定为中膨胀土；土样 3 为弱膨胀土。

二、膨胀土路基的设计与施工

在该二级道路设计中，针对膨胀土路段的土的物理力学特性，采用了综合处理的思想，并进行了有针对性的研究，采取少挖膨胀土的保护原则，填方路基换填砂土或非膨胀土，以及设置砂土间隔层，并采用外掺料改良膨胀土，全断面封闭路基顶层，挖方和填方边坡及边沟均采用浆砌块石封闭处理，保证路基整体稳定。对地基和路堤填土进行了砂垫层、石灰稳定及 NCS 固化材料改良膨胀土的处理，具体做法如下。

1）对填高不足 1.0m 的路堤，必须换填非膨胀土或采用厚 0.5 ~1.0m 的砂砾垫层，换填层应按规定分层压实。这样可以有效消除膨胀土的胀缩作用，提高路堤的承载力。

2）使用膨胀土作填料时，为增加其稳定性，采用石灰处治。要求掺灰处理后的膨胀土，其胀缩总率接近零为佳。在掺石灰处理过程中，分两步进行：第一步，掺 6% 的石灰，拌和机充分拌和，整形初压后，适量洒水，使表面膨胀碎块进一步崩解；第二步，再在表面掺和 2% 的石灰，并用灰土拌和机将表面打起 6 ~8cm，重新拌和，最后充分碾压，从而增加表面强度和水稳定性。

3）路堤两边边坡部分及路堤顶面要用非膨胀土作封层，必要时需铺一层土工布，从而形成包心填方；或在底基层顶面喷洒沥青膜封层（$2kg/m^2$），保证膨胀土路基不受雨水侵害。

4）路堑边坡不一次挖到设计线，沿边坡预留厚 30 ~50cm 的土层，待路堑挖完后，再削去预留部分，并立即以浆砌花格网护坡封闭。

5）路堤与路堑分界处，即填挖交界处，两者土内的含水率不一定相同，原有的密实度也不尽相同，压实时应使其压实均匀、紧密，避免发生不均匀沉陷。因此，填挖交界处 2m 范围内的挖方地基表面上的土应挖成台阶，翻松，并检查其含水率是否与填土含水率相近，同时采用适宜的压实机具，将其压实到规定的压实度。

6）施工时避开雨期作业，加强现场排水。路基开挖后各道工序要紧密衔接，连续施工，时间不宜间隔太久。路堤、路堑边坡按设计修整后，应立即浆砌护墙、护坡，防止雨水直接侵蚀。

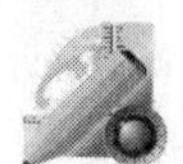

课后训练

（1）什么是膨胀土？膨胀土具有哪些主要特征？

(2) 简述膨胀土对公路工程的影响和危害。

任务四 冻土的防治

冻土是指温度等于或低于零摄氏度，并含有冰的各类土。冻土可分为多年冻土和季节性冻土。多年冻土是冻结状态持续三年以上的土，季节性冻土是随季节变化周期性冻结融化的土。

我国季节性冻土主要分布在华北、西北和东北地区。随着纬度和海拔的增加，冬季气温越来越低，季节性冻土厚度增加。

我国多年冻土可分为高原冻土和高纬度冻土。高原冻土主要分布在青藏高原及天山、阿尔泰山、祁连山等地区；高纬度冻土主要分布在大、小兴安岭，满洲里—牙克石—黑河以北地区。多年冻土埋藏在地表面以下一定深度。从地表到多年冻土，中间常有季节性冻土分布。高纬度冻土由北向南厚度逐渐变薄。从连续的多年冻土区到岛状多年冻土区，最后尖灭于非多年冻土区，其分布剖面如图 4-7 所示。

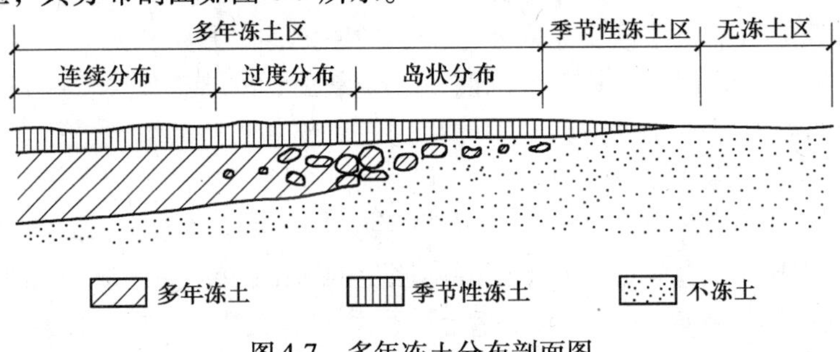

图 4-7 多年冻土分布剖面图

一、冻土现象

在冻土地区，随着土中水的冻结和融化，会发生一些独特的现象，称为冻土现象。冻土现象是冻土地区特有的不良地质现象，是由冻结和融化两种作用所引起。某些细粒土层在冻结时，往往会发生土层体积膨胀，使地面隆起成丘，即所谓冻胀现象。土层发生冻胀的原因，不仅是由于水分冻结成冰时其体积要增大 9% 的缘故，而主要是由于土层冻结时，周围未冻结区土中的水分会向表层冻结区迁移集聚，使冻结区土层中水分增加，冻结后的冰晶体不断增大，土体积也随之发生膨胀隆起。冻土的冻胀会使路基隆起，使柔性路面鼓包、开裂，使刚性路面错缝或折断；冻胀还使修建在其上的建筑物抬起，引起建筑物开裂、倾斜，甚至倒塌。

对工程危害更大的是在季节性冻土地区，一到春暖土层解冻融化后，由于土层上部积聚的冰晶体融化，使土中含水率大大增加，加之细粒土排水能力差，土层处于饱和状态，土层软化，强度大大降低。路基土冻融后，在车辆反复碾压下，轻者路面变得松软，限制行车速度；重者路面开裂、冒泥，即翻浆现象，使路面完全破坏。冻融也会使房屋、桥梁、涵管发生大量下沉或不均匀下沉，引起建筑物开裂破坏。因此，冻土的冻胀及冻融都会对工程带来危害，必须引起注意，采取必要的防治措施。

土的冻胀现象是在一定条件下形成的，影响冻胀的因素有下列三个方面。

1. 土的因素

冻胀现象通常发生在细粒土中，特别是粉土、粉质亚黏土和粉质亚砂土等，冻结时水分迁移积聚最为强烈，冻胀现象严重。这是因为这类土具有较显著的毛细现象，毛细上升高度大，上升速度快，具有较通畅的水源补给通道。同时，这类土的颗粒较细，表面能大，土粒矿物成分亲水性强，能持有较多结合水，从而能使大量结合水迁移和积聚。相反，黏土虽有较厚的结合水膜，但毛细孔隙很小，对水分迁移的阻力很大，没有通畅的水源补给通道，所以其冻胀性较上述粉质土为小。

砂砾等粗颗粒土，没有或具有很少量的结合水，孔隙中自由水冻结后，不会发生水分的迁移积聚，同时由于砂砾的毛细现象不显著，因而不会发生冻胀。所以在工程实践中常在地基或路基中换填砂土，以防治冻胀。

2. 水的因素

土层发生冻胀的原因是水分的迁移和积聚。因此，当冻结区附近地下水位较高，毛细水上升高度能够达到或接近冻结线，使冻结区能得到外部水源的补给时，将发生比较强烈的冻胀现象。这样，可以区分为两种类型的冻胀：一种是冻结过程中有外来水源补给的，叫作开敞型冻胀；另一种是冻结过程中没有外来水源补给的，叫做封闭型冻胀。开敞型冻胀往往在土层中形成很厚的冰夹层，产生强烈冻胀；而封闭型冻胀，土中冰夹层薄，冻胀量也小。

3. 温度的因素

如气温骤降且冷却强度很大时，土的冻结面迅速向下推移，即冻结速度很快。这时，土中弱结合水及毛细水来不及向冻结区迁移就在原地冻结成冰，毛细通道也被冰晶体所堵塞。这样，水分的迁移和积聚不会发生，在土层中看不到冰夹层，只有散布于土孔隙中的冰晶体，这时形成的冻土一般无明显的冻胀。

如气温缓慢下降，冷却强度小，但负温持续的时间较长，就能促使未冻结区水分不断地向冻结区迁移和积聚，在土中形成冰夹层，出现明显的冻胀现象。

上述因素是土层发生冻胀的三个必要条件。因此，在持续负温作用下，地下水位较高处的粉砂、粉土、亚黏土、轻亚黏土等土层常具有较大的冻胀危害。但是，也可以根据影响冻胀的三个因素，采取相应的防治冻胀的工程措施。

二、冻土地区公路主要病害

1. 融沉

融沉是岛状多年冻土地区路基的主要病害之一。一般多发生在含冰量大的黏性土地段，当路基基底的多年冻土上部或路堑边坡上分布有较厚的地下冰层时，由于地下冰层较浅，在施工及运营过程中各种人为因素的影响下，使多年冻土局部融化，上覆土层在土体自重和外力作用下产生沉陷，造成路基的严重变形。这种变形表现为路基下沉，路堤向阳侧路肩及边坡开裂、下滑，路堑边坡溜坍等。融沉一般有以下特点。

（1）融沉在空间上表现为不连续性　由于岛状多年冻土地区，多年冻土已在部分区域消失，多年冻土的分布具有不连续性，冻土的厚度具有不均匀性，这直接导致了该地区道路融沉的不均匀性。有的路段在以较慢的速度连续下沉一段时间后，有时突发大量的沉陷，并使两侧部分地基土隆起。这是由于路基基底含冰量大的黏性土融化后处于饱和状态，其承载力几乎为零，加之路堤两侧融化深度不一使得基底形成一倾斜的冻结滑动面。在车辆荷载的作用下，过饱和黏性土顺着冻结面挤出，路堤瞬间产生大幅度沉陷，称为突陷。有的路段路堤在每年融化季节逐渐下沉，而在零星岛状多年冻土带内，部分路基全部下沉。

（2）融沉病害多发生在低路堤地段　岛状多年冻土地区道路的稳定与多种因素有关，它既取决于纬度地带性的影响，又与路堤高度、坡向、填料类别、保温设施及施工季节和施工后形成的地表特征、水文特征和冻土介质特征等因素的综合影响有关。上述诸多因素可归结为土层的散热和吸热。当基底土层的散热超过吸热时，则地温下降，人为上限就上升，路堤保持稳定。如吸热超过散热则地温上升，多年冻土融化，人为上限下降，路堤就会产生融沉病害。路堤越低，意味着在从上界流向地中的传热过程中，热阻减小、路基自身的储热能力变小，因而不利于热稳定。路面的铺筑，特别是黑色路面的铺筑，由于路面的吸热和封水作用，冻土原有的水热交换平衡遭到破坏，其下的人为上限值较大，从而导致道路发生融沉的可能性增大。

2. 冻胀

冻胀的发生需要两个必要条件：一是有充足的水分补给源，二是有水分补给的通道。冻胀本身不仅引起道路破坏，还可引起桥梁、涵洞基础的冻害。这种病害在冻土地区早期修建的桥梁、涵洞工程中尤为突出。主要表现为基础上抬、倾斜造成桥梁拱起，涵洞断裂，甚至失效等破坏。

3. 翻浆

春融时，多年冻土地区的解冻缓慢，解冻时间长，而且在解冻期内气温冷暖异常，导致在某一解冻深度停滞的时间可达几天，加之积雪量大，融化后大量雪水下渗，这样就可能在解冻层和未解冻层之间形成类似于冻结层的自由水。土基与地表土含水率会迅速增大而接近甚至超过液限含水率，使其失去承载能力，从而导致路基发生严重的翻浆。

4. 冰丘

冰丘的形成是由于冬季土壤冻结时，使地下水受到超压及阻碍，随着冻结厚度的增加，当压力超过上覆冻土层的强度时，地下水就会突破地表、或以固态冰的状态隆起、或以地下水的状态挤出地面漫流，经冻结后形成的积冰现象。也有可能在开挖路堑时由于人为的因素，造成地下水露头，涌水后形成。

5. 路面损坏

在寒冷地区，路面损坏是高级路面常见的道路破坏形式之一。它可以分四类：裂缝类、变形类、松散类、其他损坏类型（包括泛油、磨光和各类修补等）。路面的损坏可以直接导致其他道路病害的发生，而其他道路病害的发生加剧了路面的损坏。

6. 冰锥

冰锥的形成机理与冰丘基本相同，它们的形成和发展往往具有突发性的隆起和回落，具有危害时间长、范围大、不易处理的特点。

三、冻土病害的防治措施

1. 排水

水是影响冻胀融沉的重要因素，必须严格控制土中的水分。在地面修建一系列排水沟、排水管，用以拦截地表周围流来的水，汇集、排除建筑物地区和建筑物内部的水，防止这些地表水渗入地下。在地下修建盲沟、渗沟等拦截周围流来的地下水，降低地下水位，防止地下水向地基土集聚。

2. 保温

应用各种保温隔热材料，防止地基土温度受人为因素和建筑物的影响，最大限度地防止冻胀融沉。如在基坑、路堑的底部、边坡上或在填土路堤底面上铺设一定厚度的草皮、泥炭、苔藓、炉渣或黏土，以及在地基土中铺设保温层、采用通风管排热都有保温隔热作用，使多年冻土上限保持稳定。

3. 改善土的性质

(1) 换填土　用粗砂、砾石、卵石等水稳定性好、强度高的不冻胀土代替天然地基的细颗粒冻胀土，是最常采用的防治冻害的措施。当路基标高限制，不允许提高路基，且附近有粗粒土可用时；或原有路基土质不良，需铺设高级路面时，考虑采用换土措施。换土厚度可根据地区情况、公路等级、行车要求以及换填材料等因素确定。

(2) 物理化学法　在土中加某种化学物质，使土粒、水和化学物质相互作用，降低土中水的冰点，使水分转移受到影响，从而削弱和防止土的冻胀。

总的来讲，冻土病害的防治措施要根据具体情况采用不同的方法，一般是几种方法同时采用，综合处理效果更好。

【案例分析】　青藏公路多年冻土地基处理及路基病害防治措施

一、路堤路基病害防治

1. 路基高度要满足保护冻土的基本要求

这是决定冻土路基成败的关键前提，据青藏公路的经验，凡是路堤高度保证其冻土天然上限不变或略有升高的路基，就基本稳定；相反，当路基高度保证不了原来天然上限，使其下移，路基则普遍存在严重病害。

2. 设置护坡、护道

实践表明，护坡、护道是保证冻土路基稳定很有效的辅助措施，它对提高路基人为上限、减缓路基变形速度有很大的作用。高含冰量冻土路段的路堑边坡，在放缓边坡的同时，可采取边坡换填、设保温层，有条件时用草皮铺砌和边坡堆砌草带(或编织带)支挡等措施，如图4-8a所示；当路基两侧严重积水或常年积水时，宜采用不透水填料填筑护道，对于不积水或临时性积水路段，宜采用透水填料填筑护道，对主要用于保护多年冻土的护道，宜采用碎石或片、块石料填料填筑护道。根据设计的护道宽度和高度可设置多级护道如图4-8b或单级护道如图4-8c所示。

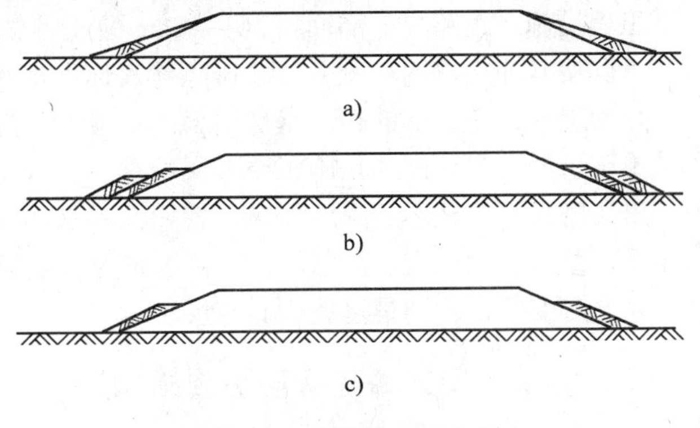

图4-8　护道的主要形式

护道、护坡的功能是：对路基的保温作用和防止阻挡地表水对路基侵蚀作用。根据青藏公路的经验，设护坡、护道均有较好的工程效果，特别是沼泽湿地、厚层地下冰地段，以及斜坡积水、平缓积水地段。护道主要有三种形式(见图4-8)。

3. 防排水措施

冻土地区防排水措施主要任务是防止地表水对路基的直接作用，减少或防止地下水(特别是冻结层上水)对路基的渗流作用。而采用防排水措施也应以不破坏或减少破坏冻土为原则，具体采用挡、疏、排相结合的方法。对斜坡地段，用挡水埝与浅排水沟相结合的方法防止路基上方积水，防止或减少地下水渗过路基。对于较平坦、汇水区不明显的地段，尽量利用加设路基自然散水坡，以防止与疏导路基积水，在这些地段设排水沟及涵洞多数是达不到预期目的。

路基纵向坡度明显，一般应大于5%。一般应远离路基8.10m设置排水沟，排水沟以宽浅为好。在富冰地段的排水沟，沟坡用草皮衬砌，以保护其稳定性。在不设护坡、护道的路段尽量设置与排水沟相结合的自然散水坡。

对于深层水出露、冰锥冰丘发育地段，设排水纵横向盲沟。渗水路基(挖填)应留有足够的过水、渗水断面，以利地下水的畅通，防止路基冻胀。

4. 选择适宜的路基填料

冻土路堤填料既要满足承载能力与强度的要求，又要满足防止路基聚冰冻胀作用，同时还要考虑其保温性能。青藏公路沿线冻土区路堤填料大量采用了原地混合砂砾(砂类土)，实践证明这种混合砂砾是一种较好的填料，取土较易，也利于压密。一般在施工后，可较容易达到最佳密实度，其干容重大于1.85g/cm^3，通常稳定含水率在6%～8%，钻探表明，未发现聚冰现象。砾卵石是防止路基聚冰冻胀的一种良好填料，在青藏公路冻土区，若干路段(如可可西里山路段)均采用这种填料。由于此类填料最佳密度一般均大于1.9g/cm^3；填料稳定含水率较小，为4%～6%；多数情况下需要远距离运输；因此，与砂类土相比，工程造价较高。用就地取材的黏性土作为填料，对保温性能、减少路堤填方是有利的。但实践表明采用黏性土这类填料，若工程措施跟不上将会带来严重病害。突出表现在：当路基原基底(天然季节融化层)属黏性土，又因防排水不良、路基积水，往往在原基底层与路堤处产生严重的聚冰冻胀翻浆。尽管没有使冻土上限下移，但路基下没有明显形成冻土核，黏土填料路堤每年均会发生较大冻融波动变形，波动振幅可大于5cm。因此，用黏性土作填料要采取如下工程措施：在路堤下部回填30～40cm的粗颗粒隔离层；路堤基底铺设防渗土工布；路堤填方要使其冻土核明显上升，并排除地表地下水对路基的作用。

作为组成路堤上部的路基基层填料，更应严格选择。实践证明，石灰土在高原冻土区使用是不理想的。主要问题是施工季节属雨季，石灰土常常不能控制最佳含水比例，难以达到最佳密实度，因此达不到强度要求。若路面封水不好，更是潜伏着较大的冻胀隐患。在冻融作用下，路面产生龟裂、波状变形，甚至使路面脱落。选用粗颗粒土作为高原冻土区基层填料是完全必要的，特别是水泥砂砾基层。

二、零填、挖方路基病害防治措施

青藏公路冻土区零填、挖方路基几乎没有一处是成功的，这再次证明，冻土地区应避免零填与挖方。但在实践中零填与挖方却往往是难免的，青藏公路为解决零填、挖方路基的稳定性也曾采取了一些特殊工程措施：如超前挖方预先自然融化压密；改变路面颜色——涂刷油漆、无硅聚苯烯路面等，但其工程效果均不够理想，这是待研究解决的重要课题。结合青藏公路的具体条件，采用了如下措施。

（1）基础大开挖，用非冻胀性粗颗粒砂砾换填　按青藏公路具体条件，换填厚度一般要大于4m。更重要的是在运营使用过程中，要控制换填砂砾的含水率以及冻胀性的粉黏土粒的侵入污染，否则仍将发生较大冻融变形。这可以采用土工织物隔离与适当加大纵向排水沟坡度相配合的方法。这个方法最大缺点是破坏冻土，而且冻土开挖土方量较大，对施工工艺有较高要求，特别是快速施工段。

（2）超深挖方，适当换填　堑中设堤这种方法有利于排水，可以减轻基底换填层冻融强度。

（3）换填加保温　目前路基保温材料较好的是聚苯乙烯板。根据计算，青藏公路沥青路面用10~15cm厚的聚苯乙烯板，可以使路基下的人为上限保持与天然上限相同。为了保证聚苯乙烯板的保温性能，在埋入土中之前要求做相应的防水措施，埋设位置最好在换填层与路基基层之间。

（4）基层换填与浅色路面相结合　观测表明，浅色路面的人为上限一般与砂砾路面的人为上限相当。因此采用浅色路面可以大大减小基底的换填厚度，但应指出的是浅色路面容易被两端的黑色路面所污染，使用多年会失去浅色路面的功能。为解决此问题，应适当延长浅色路面长度，另外还需要人工定期清刷浅色路面污染层。

（5）适当加大纵向排水坡度，解决好排水沟的保温　零填与挖方路基段，除了上述的专门措施外，解决好排水也是保证路基稳定的一个重要措施。纵向排水坡度应大于5%，排水沟一定设保温防护，防止局部融化，危害路基。

课后训练

（1）什么叫冻土？季节性冻土和多年性冻土有何区别？哪一种对工程的影响更大？为什么？

（2）土发生冻胀的原因是什么？有哪些影响因素？

（3）收集土建施工中的某一种地基处理工程案例，并进行分析（详见实训任务六）。

项目五　天然地基上刚性浅基础

项目概述

本项目阐明了天然地基刚性浅基础的构造与基础类型，在土工计算原理基础上学习桥梁浅基础的设计验算，并介绍了浅基础的施工过程和施工中土的渗透问题。地基基础的验算是土工计算原理应用在基础设计中的良好体现。通过浅基础施工的学习训练，了解浅基础施工环节，掌握基坑围堰、坑壁加固、基坑开挖、坑底检验的方法。

学习目标

（1）熟悉浅基础的构造与类型；选择基础的埋置深度；确定基础底面尺寸。

（2）通过实训任务中天然地基刚性浅基础的设计，掌握基础工程设计原则、要求，能够对刚性浅基础进行各项设计验算。

（3）陈述浅基础施工要点和施工方法，会分析基础施工中出现的土工问题。

桥梁上部承受的各种荷载，通过桥台或桥墩传至基础，再由基础传至地基。桥梁基础按施工方法可分为扩大基础、桩及管柱基础、沉井基础、地下连续墙基础和锁口钢管桩基础等。基础是桥梁下部结构的重要组成部分，因此，基础工程在桥梁结构物的设计与施工中，占有极为重要的地位，它对结构物的安全使用和工程造价有很大的影响。天然地基上刚性浅基础是扩大基础中最简单的一种类型，埋置深度较浅，用料较省，无复杂的施工设备，在开挖基坑、必要的基坑支护和排水疏干后对地基不加处理就可修建，工期短、造价低，广泛地应用于大中桥桥墩、桥台及涵洞的基础工程中。

任务一　基础埋置深度的选择与基础构造

一、浅基础的类型与设计要求

任何结构物都建造在一定的地层上，结构物的全部荷载都由下面的地层来承担。受结构物影响的那一部分地层称为地基，结构物与地基接触的部分称为基础。地基可分为天然地基和人工地基。直接修筑基础的天然地层称之为天然地基；如天然地层土质过于软弱或有不良的工程地质问题，则需要经过人工加固或处理后才能修筑基础，这种地基称之为人工地基。一般情况下，应尽量采用天然地基。从地基的层次和位置看，它有持力层和下卧层之分。如图 5-1 所示，持力层即直接承受基础作用的地层，持力层以下的地层称之为下卧层。基础根据埋深分为浅基础和深基础。当浅层地基承载力较大时，可采用埋深较小的浅基础(5m 以内)。浅基础施工方便，通常采用明挖法从地面开挖基坑后，直接在基坑底面修筑，是桥梁基础首选方案；如果浅层土质不良，需要基础埋置于较深的良好土层上，这种基础称之为深基础。深基础设计和施工较复杂，但具有良好的适应性和抗震性，因此在桥梁工程中普遍使用。常见的形式有桩基础、管柱和沉井。

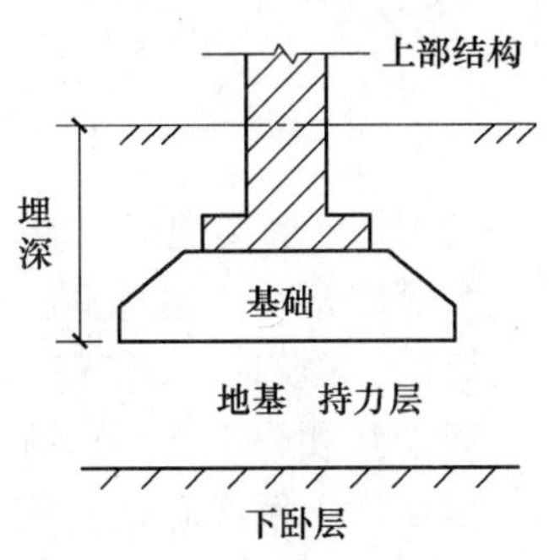

图 5-1　地基、基础与上部结构关系

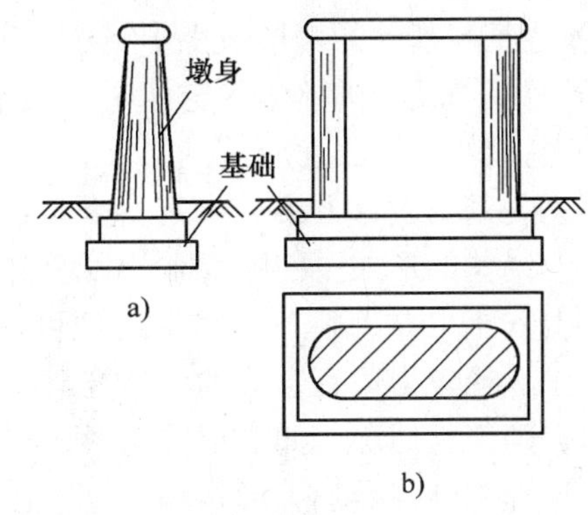

图 5-2　桥梁刚性扩大浅基础

天然地基浅基础，根据受力条件及构造可分为刚性基础和柔性基础两大类。基础受力后，不发生挠曲变形的基础称之为刚性基础（图 5-2），一般可用抗弯拉强度较差的圬工材料（如浆砌块石、片石，混凝土等）建造。这种基础不需要钢材，造价较低，但圬工体积较大，且支承面积受一定限制。容许发生较大挠曲变形的基础称之为柔性基础，通常采用钢筋混凝土材料。由于钢筋可以承受较大的弯拉应力和剪应力，所以当地基承载力较小时，采用这种基础可以有较大的支承面积。在桥梁工程中，一般情况下，多数采用刚性基础，包括刚性扩大基础、单独和联合基础、条形基础，如图 5-3 ~ 图 5-5 所示。

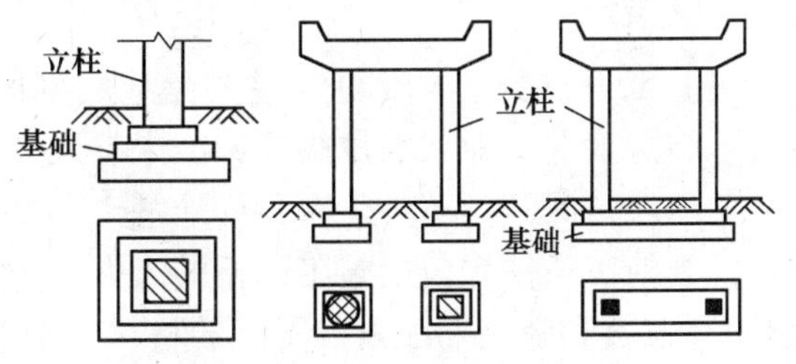

图 5-3　单独和联合基础

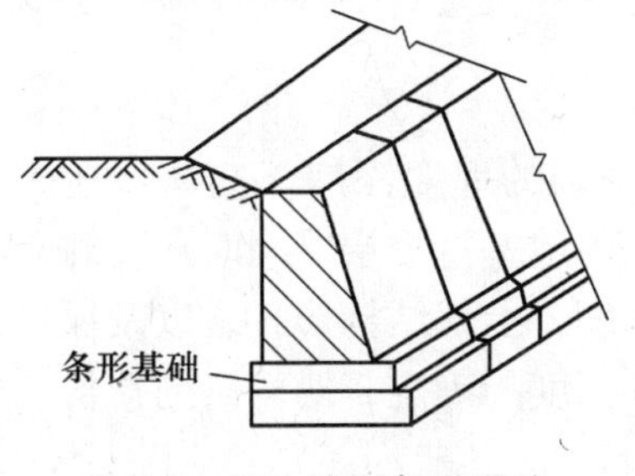

图 5-4　挡土墙下条形基础

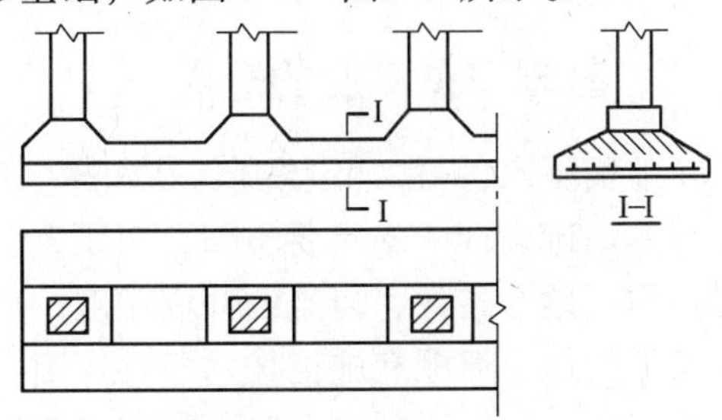

图 5-5　柱下条形基础

地基、基础、墩台和上部结构是共同工作且相互影响的，因此，基础工程设计应紧密结合上部结构、墩台特性和要求；上部结构的设计也应充分考虑地基的特点，把整个结构物作为一个整体，考虑其整体作用和各个组成部分的共同作用。全面分析结构物整体和各组成部分的设计可行性、安全性和经济性；把强度、变形和稳定性紧密地与现场条件、施工条件结合起来，全面分析，综合考虑。

基础工程设计计算的目的是设计出安全、经济和可行的地基与基础，以保证结构物的安全和正常使用。因此，基础工程的设计计算的基本原则如下。

1）基础底面的压应力小于结构物的容许承载力。

2）地基与基础的变形值小于结构物容许的沉降值。

3）地基与基础的整体稳定性应得以保证。

4）基础本身的强度应满足要求。

地基与基础设计方案的确定主要取决于地基土层的工程性质与水文地质条件、荷载特性、上部结构的形式及使用要求，以及材料的供应和施工技术等因素。方案选择的原则是力求使用上安全可靠、施工技术上简便可行和经济上合理。因此，必要时应做不同方案的比较，从中选择较为适宜合理的设计方案和施工方案。基础工程设计和施工需要以下资料。

（1）建筑物情况　如上部结构形式和结构设计图、建筑物用途、桥梁和墩台的构造和尺寸等。选择基础的类型、形状和尺寸，必要时收集这方面资料。

（2）荷载作用情况　包括可能作用于建筑物上的各种荷载的大小、方向、作用位置、荷载性质等。

（3）水文资料　如桥梁所在江河水流上的高水位、低水位和常水位，水流流速及冲刷深度等。

（4）工程地质土质资料　主要是地质剖面图或柱状图，图上有各土层的分布状况，厚度、冻结深度等、地下水位高度，土中有无大而硬的孤石或其他物质，岩面标高、倾斜度或其他的地质情况等，还必须有各种地基土必要的物理、力学性质指标。

（5）施工条件　包括施工队伍的人力、物力（主要是机具设备等）和技术水平（包括施工经验），投资和施工期限以及附近的材料，水电供应和交通等情况。

桥梁地基与基础在设计之前，应掌握有关全桥的资料，包括上部结构形式、跨径、作用、墩台结构等以及国家颁布的有关桥梁设计和施工技术规范，还应注意地质、水文资料的搜集和分析，重视土质和建筑材料的调查和试验，其中各项资料的内容范围，可根据桥梁工程的规模、重要性及建桥地点工程地质、水文条件的具体情况和设计阶段确定。

二、基础埋置深度的选择

从地面标高（一般冲刷线）到基础底面的距离称为基础的埋置深度。选择基础的埋置深度是地基基础设计中的重要步骤，实质上就是选择合适的地基持力层。同时还要综合考虑地基的地质、地形条件，河流的冲刷程度，当地的冻结深度，上部结构形式，以及保证持力层稳定所需的最小埋深和施工技术条件等因素。基础埋置深度的确定，对桥梁的造价、施工工期、施工技术及桥梁的安全和正常使用等影响很大。

（一）地基的地质条件

根据各土层界面情况及土的不同性质，可以大致估计出它们的容许承载力，同时结合桥梁荷载的大小，就可以大体上判断哪一层作为持力层，从而可初步确定埋置深度。有时可作为持力层的土层不只一个，且各有利弊，因此可以选择不同的基础类型。基础应尽量浅埋，这样可以使施工简单，造价降低。

对于覆盖层较薄的岩石地基，一般应清除覆盖土和风化层，将基础直接修建在新鲜的岩层上。如风化层较厚，清除有困难，在保证安全的条件下，基础可设在风化层内，但埋深要根据风化程度及相应的承载力予以确定。当岩层倾斜时，要切忌将基础一部分置于岩层上，而另一部分则置于土层上，以免发生不均匀沉降、倾斜甚至断裂。

（二）河流的冲刷影响

桥梁墩台的修建，往往使流水面积缩小，流速增加，引起水流冲刷河床，特别是山区和丘陵地区的河流，更应注意考虑季节性洪水的冲刷作用。

对于涵洞基础，在无冲刷处（岩石地基除外），应设在地面或河床底以下埋深不小于 1m 处；如有冲刷，基底埋深应在局部冲刷线以下不小于 1m；如河床上有铺砌层，基础底面宜设置在铺砌层顶面以下不小于 1m。

非岩石河床桥梁墩台基底埋深安全值可按表 5-1 确定。

表 5-1　基底埋深安全值　（单位：m）

总冲刷深度 / 桥梁类别	0	5	10	15	20
大桥、中桥、小桥（不铺砌）	1.5	2.0	2.5	3.0	3.5
特大桥	2.0	2.5	3.0	3.5	4.0

注：1. 总冲刷深度为：自河床面算起的河床自然演变冲刷、一般冲刷与局部冲刷深度之和。

2. 表列数值为墩台基础埋入总冲刷深度以下的最小值；若对设计流量、水位和原始断面资料无把握或不能获得河床演变准确资料时，其值宜适当加大。

3. 若桥位上下游有已建桥梁，应调查已建桥梁的特大洪水冲刷情况，新建桥梁墩台基础埋置深度不宜小于已建桥梁的冲刷深度且酌加必要的安全值。

4. 如河床上有铺砌层时，基础底面宜设置在铺砌层顶面以下不小于 1m。

位于河槽的桥台，当其最大冲刷深度小于桥墩总冲刷深度时，桥台基底的埋深应与桥墩基底相同。当桥台位于河滩时，对河槽摆动不稳定河流，桥台基底高程应与桥墩基底高程相同；在稳定河流上，桥台基底高程可按照桥台冲刷结果确定。

（三）冻结深度的影响

在寒冷地区，应考虑由于季节性的冰冻和融化对地基土引起的冻胀影响。产生冻胀的原因是：由于冬季气温下降，当地面以下一定深度内土的温度达到冰冻温度时，土的孔隙中水分开始冻结，体积产生一定的膨胀。对于冻胀性土，如温度在较长时间内保持在冻结温度下，水分能从未冻结土层不断地向冻结区迁移，引起地基的冻胀和隆起，这些都可能使基础遭受损害。因此冻结深度对基础的影响应符合下列规定。

1）当墩台基底设置在不冻胀土层中时，基底埋深可不受冻深的限制。

2）上部为外超静定结构的桥涵基础，其地基为冻胀土层时，应将基底埋入冻结线以下不小于 0.25m。

3）当墩台基础设置在季节性冻胀土层中时，基底的最小埋置深度可按下式计算：

$$d_{\min} = z_{\mathrm{d}} - h_{\max} \tag{5-1}$$

$$z_{\mathrm{d}} = \psi_{\mathrm{zs}}\psi_{\mathrm{zw}}\psi_{\mathrm{ze}}\psi_{\mathrm{zg}}\psi_{\mathrm{zf}}z_0 \tag{5-2}$$

式中　$d_{\min}$——基底最小埋置深度（m）；

z_{d}——设计冻深（m）；

z_0——标准冻深（m），无实测资料时，可按规范采用；

ψ_{zs}——土的类别对冻深的影响系数，按表 5-2 采用；

ψ_{zw}——土的冻胀性对冻深的影响系数，按表 5-3 采用；

ψ_{ze}——环境对冻深的影响系数，按表5-4采用；

ψ_{zg}——地形坡向对冻深的影响系数，按表5-5采用；

ψ_{zf}——基础对冻深的影响系数，取$\psi_{zf}=1.1$；

h_{max}——基础底面下容许最大冻层厚度(m)，按表5-6查取。

表5-2　土的类别对冻深的影响系数ψ_{zs}

土的类别	黏性土	细砂、粉砂、粉土	中砂、粗砂、砾砂	碎石土
ψ_{zs}	1.00	1.20	1.30	1.40

表5-3　土的冻胀性对冻深的影响系数ψ_{zw}

冻胀性	不冻胀	弱冻胀	冻胀	强冻胀	特强冻胀	极强冻胀
ψ_{zw}	1.00	0.95	0.90	0.85	0.80	0.75

表5-4　环境对冻深的影响系数ψ_{ze}

周围环境	村、镇、旷野	城市近郊	城市市区
ψ_{ze}	1.00	0.95	0.90

注：当城市市区人口为20～50万时，按城市近郊取值；当城市市区人口大于50万、小于或等于100万时，按城市市区取值；当城市市区人口超过100万时，按城市市区取值，5km以内的郊区应按城市近郊取值。

表5-5　地形坡向对冻深的影响系数ψ_{zg}

地形坡向	平坦	阳坡	阴坡
ψ_{zg}	1.0	0.9	1.1

表5-6　不同冻胀土类别在基础底面下容许最大冻层厚度h_{max}

冻胀土类别	弱冻胀	冻胀	强冻胀	特强冻胀	极强冻胀
h_{max}	$0.38z_0$	$0.28z_0$	$0.15z_0$	$0.08z_0$	0

注：z_0——标准冻深(m)。

4）涵洞基础设置在季节性冻土地基上，出入口和自两端洞口向内各2～6m范围内(或可采用不小于2m的一段涵节长度)，涵身基底的埋置深度可按式(5-1)计算确定。涵洞中间部分的基础埋深，可根据地区经验确定。严寒地区，当涵洞中间部分基础的埋深与洞口埋深相差较大时，其连接处应设置过渡段。冻结较深地区，也可将基底至冻结线处的地基土换填为粗颗粒土(包括碎石土、砾砂、粗砂、中砂，但其中粉黏粒含量不应大于15%；或粒径小于0.1mm的颗粒不应大于25%)的措施。

(四) 最小埋置深度的影响

地表土直接和大气接触，因气候的变化而经受剧烈的风化作用和雨水经常性的直接冲蚀，有时还会受动物的扰动。所以为了保证基础的稳定，一般不宜将基础直接放置在地面上。《公路桥涵地基基础设计规范》规定：涵洞基础，在无冲刷处(岩石地基除外)，应设在地面或河床以下埋置不小于1m；若有冲刷，基底埋深应在局部冲刷线以下不小于1m；如河床上有铺砌层时，基础底面宜设置在铺砌层顶面以下不小于1m。

(五) 施工条件

施工条件如机具设备、施工期限等，会影响基础类型的选择，而基础类型与基础的埋置深度有密切关系，故应考虑此项因素的影响。

三、刚性浅基础尺寸的拟定

基础尺寸的拟定是基础设计中的重要内容之一，拟定尺寸恰当，可以减少重复的计算工作。刚性浅基础尺寸的拟定包括基础的高度、基础的平面尺寸和基础的立面尺寸。

（一）基础高度的拟定

根据墩、台身结构形式，所受作用力大小，选用的基础材料等因素来确定基础的高度。基底高程应符合基础埋置深度的要求。水中基础顶面一般不高于最低水位，在季节性河流或旱地上的桥梁墩、台基础，则不宜高出地面，以防碰损。这样基础高度可按上述要求所确定的基础底面和顶面标高求得。在一般情况下，大型桥梁的墩、台混凝土基础厚度不小于1m，中小桥也不应小于0.5m。如果采用台阶的基础形式，则各层台阶宜采用相同厚度。

（二）基础平面尺寸的拟定

基础平面形式一般应考虑墩、台身底面的形状，基础平面形状通常采用矩形。基础底面长度尺寸与高度有以下的关系（如图5-6）。

长度（横桥向）　$$a = l + 2H\tan\alpha \tag{5-3}$$

宽度（顺桥向）　$$b = d + 2H\tan\alpha \tag{5-4}$$

式中　l——墩、台身底截面横桥向长度（m）；

d——墩、台身底截面宽度（m）；

H——基础高度（m）；

α——墩、台身底截面边缘至基础底面边缘与垂线间的夹角。

（三）基础立面尺寸的拟定

刚性扩大基础的立面形式一般为矩形或台阶形，如图5-6所示。自墩、台身底面边缘至基础顶面边缘距离 c_1 称为襟边，其功能一方面是扩大基底面积、增加基础承载力，同时也便于调整基础施工时在平面尺寸上可能发生的误差，也为了支立墩、台身模板的需要。其值应视基底面积的要求、基础厚度及施工方法而定。桥梁墩台基础襟边最小值为20~50cm。

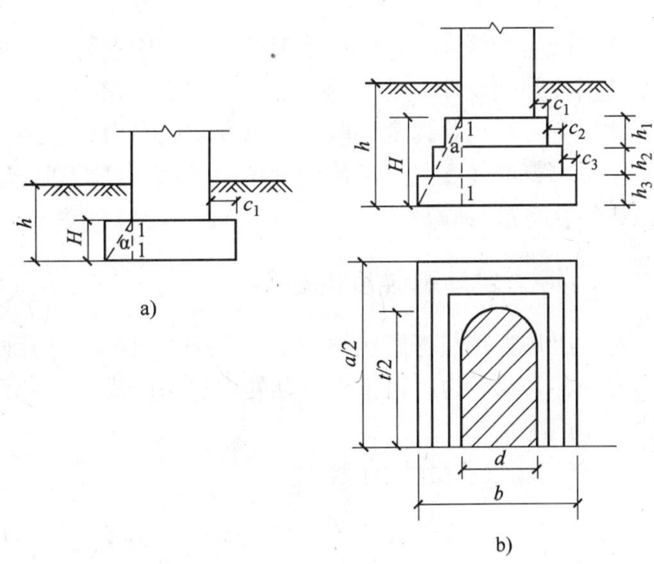

图5-6　刚性扩大基础剖面、平面图

基础较厚（超过1m以上）时，可将基础的立面浇砌成台阶形，如图5-6所示。基础悬出部分（包括襟边与台阶宽度之和），应在基底反力作用下，在1—1截面（图5-6）所产生的弯曲拉力和剪应力不超过基础圬工的强度限值。所以满足上述要求时，就可得到自墩台身边缘处的垂线与基底边缘的连线间的最大夹角 α_{max}，称为刚性角。在设计时，应使每个台阶宽度 c_i 与高度 t_i 保持在一定比例内，使其夹角 $\alpha_i \leqslant \alpha_{max}$，这时可认为属刚性基础，不必对基础进行弯曲拉应力和剪应力的强度验算，在基础中也可不设置受力钢筋。刚性角 α_{max} 的数值是与基础所用的圬工材料强度有关。根据试验，常用的基础材料的 α_{max} 值可按下面提供的数值取用：

片石、块石、粗料石砌体，当用 M5 的砂浆砌筑时，$\alpha_{max} \leqslant 30°$。

片石、块石、粗料石砌体，当用 M5 以上的砂浆砌筑时，$\alpha_{max} \leqslant 35°$。

混凝土浇筑时，$\alpha_{max} \leqslant 40°$。

基础每层台阶高度 t_i，通常为 50 ~ 100cm。

所拟定的基础尺寸，应是在可能的最不利作用组合的条件下，能保证基础本身有足够的结构强度，并能使地基与基础的承载力和稳定性均能满足规定要求。

课后训练

（1）地基与基础的概念。

（2）什么是持力层，什么是下卧层？

（3）什么是襟边，它有什么作用？

（4）什么是刚性基础，什么是柔性基础，在使用材料上有何区别？

（5）什么是刚性角？如何确定？

（6）基础的埋深受哪些因素影响？

（7）基础的尺寸如何确定？

任务二　地基基础的验算

在基础埋置深度和构造尺寸确定以后，应进行各项必要的验算，以保证结构物的安全和正常使用，并使设计经济合理。一般包括地基承载力的验算，分为：持力层地基强度的验算、软弱下卧层地基强度的验算，以及基础合力偏心距、地基与基础稳定性、基础沉降的验算。基础本身的强度只要满足刚性角的要求即可得到保证，而其他的验算项目则应在不同作用效应组合下进行验算。

一、持力层地基强度的验算

持力层是直接与基底接触的土层。持力层承载力验算要求在基底产生的地基应力不超过持力层的容许承载力。由于浅基础的埋置深度浅，在计算中可不计基础四周的摩阻力和弹性抗力的作用。

1）当基底只承受轴心荷载时：

$$P = \frac{N}{A} \leqslant \gamma_R [f_a] \tag{5-5}$$

式中　P——基底平均压应力(kPa)；

N——作用短期效应组合在基底产生的竖向力(kN)；

A——基础底面面积(m^2)；

$[f_a]$——修正后的地基承载力容许值(kPa)；

γ_R——抗力系数，其规定见项目三中地基承载力容许值提高的说明。

2）当基底单向偏心受压，承受竖向力 N 和弯矩 M 共同作用时，当基底合力偏心距 e_0 =

$\frac{M}{N} \leqslant \rho$ 时，应符合下列条件：

$$P_{max} = \frac{N}{A} + \frac{M}{W} \leqslant \gamma_R [f_a] \tag{5-6}$$

式中　P_{max}——基底最大压应力(kPa)；

M——作用短期效应组合产生于墩台的水平力和竖向力对基底重心轴的弯矩(kN·m)，$M = \sum T_i h_i + \sum P_i e_i = Ne_0$，其中：$T_i$ 为水平力，h_i 为水平力作用点至基底的距离，P_i 为竖向力，e_i 为竖向力 P_i 作用点至基底形心的偏心距，e_0为合力偏心距；

W——基础底面偏心方向面积抵抗矩，如为矩形基底，$W = 1/6ab^2 = \rho A$，ρ 为基底核心半径；

γ_R——抗力系数，其规定见项目三中地基承载力容许值提高的说明。

对设置在基岩上的墩台基础，当基底合力偏心距超出核心半径（$e_0 > \rho$）时，仅按受压区计算基底最大压应力，不考虑基底承受拉力。

$$P_{max} = \frac{2N}{3da} = \frac{2N}{3\left(\frac{b}{2} - e_0\right)a} \tag{5-7}$$

3）当基底双向偏心受压，承受竖向力 N 和绕 x 轴弯矩 M_x 与绕 y 轴弯矩 M_y 共同作用时，应符合下列条件

$$P_{max} = \frac{N}{A} + \frac{M_x}{W_x} + \frac{M_y}{W_y} \leqslant \gamma_R [f_a] \tag{5-8}$$

式中　M_x、M_y——作用于基底的水平力和竖向力绕 x 轴和 y 轴的对基底的弯矩；

W_x、W_y——基础底面偏心方向边缘绕 x 轴和 y 轴的面积抵抗矩。

《公路桥涵地基基础设计规范》规定，地基进行竖向承载力验算时，传至基底或承台底面的作用效应，应按正常使用极限状态的短期效应组合采用；同时尚应考虑作用效应的偶然组合(不包括地震作用)。作用效应组合值应小于或等于相应的抗力——地基承载力容许值或单桩承载力容许值。

当采用作用短期效应组合时，其中可变作用的频遇值系数均取1.0，且汽车荷载应计入冲击系数。

二、软弱下卧层强度验算

当受压层范围内地基为多层土组成，如图5-7所示，且持力层以下有软弱下卧层(容许承载力小于持力层容许承载力的土层)时，还应验算软弱下卧层的承载力。

$$P_z = \gamma_1 (h + z) + \alpha (P - \gamma_2 h) \leqslant \gamma_R [f_a]_{h+z} \tag{5-9}$$

式中　P_z——软弱地基或软土层的压应力；

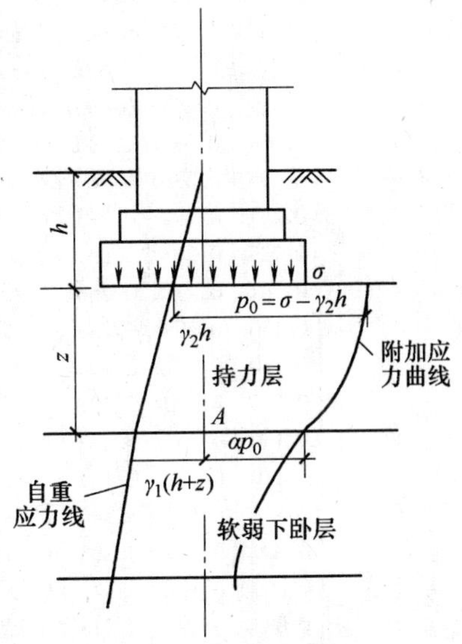

图5-7　软弱下卧层压应力分布图

h——基底的埋置深度(m)；当基础受水流冲刷时，由一般冲刷线算起；当不受水流冲刷时，由天然地面算起；如位于挖方内，则由开挖后地面算起；

z——从基底到软弱地基或软土层地基顶面的距离(m)；

γ_1——深度$(h+z)$范围内各土层的换算重度(kN/m^3)；

γ_2——地基以上土层加权平均重度(kN/m^3)；

α——土中附加压应力系数，参见表5-7；

P——基底压应力(kPa)；当$z/b>1$时，P采用基底平均压应力；当$z/b\leqslant1$时，P按基底压应力图形采用距最大压应力点$b/3\sim b/4$处的压应力(对于梯形图形前后端压应力差值较大时，可采用上述$b/4$点处的压应力值；反之，则采用上述$b/3$处压应力值)，以上b为距形基底宽度；

$[f_a]_{h+z}$——软弱地基或软土层地基顶面土的承载力容许值。参照地基承载力容许值规范方法计算。

$$[f_a]_{h+z}=[f_{a0}]_{h+z}+k_1\gamma_1(b-2)+k_2\gamma_2(h+z-3) \tag{5-10}$$

$[f_{a0}]_{h+z}$——软弱下卧层地基承载力基本容许值，参考项目三内容根据软弱下卧层地基参数查规范确定。

表5-7 桥涵基底中点下卧层附加压力系数α

z/b \ l/b	1.0	1.2	1.4	1.6	1.8	2.0	2.4	2.8	3.2	3.6	4.0	5.0	≥10(条形)
0.0	1.000	1.000	1.000	1.000	1.000	1.000	1.000	1.000	1.000	1.000	1.000	1.000	1.000
0.1	0.980	0.984	0.986	0.987	0.987	0.988	0.988	0.989	0.989	0.989	0.989	0.989	0.989
0.2	0.960	0.968	0.972	0.974	0.975	0.976	0.976	0.977	0.977	0.977	0.977	0.977	0.977
0.3	0.880	0.899	0.910	0.917	0.920	0.923	0.925	0.928	0.928	0.929	0.929	0.929	0.929
0.4	0.800	0.830	0.848	0.859	0.866	0.870	0.875	0.878	0.879	0.880	0.880	0.881	0.881
0.5	0.703	0.741	0.765	0.781	0.791	0.799	0.810	0.812	0.814	0.816	0.817	0.818	0.818
0.6	0.606	0.651	0.682	0.703	0.717	0.727	0.737	0.746	0.749	0.751	0.753	0.754	0.755
0.7	0.527	0.574	0.607	0.630	0.648	0.660	0.674	0.685	0.690	0.692	0.694	0.697	0.698
0.8	0.449	0.496	0.532	0.558	0.578	0.593	0.612	0.623	0.630	0.633	0.636	0.639	0.642
0.9	0.392	0.437	0.473	0.499	0.520	0.536	0.559	0.572	0.579	0.584	0.588	0.592	0.596
1.0	0.334	0.378	0.414	0.441	0.463	0.482	0.505	0.520	0.529	0.536	0.540	0.545	0.550
1.1	0.295	0.336	0.369	0.396	0.418	0.436	0.462	0.479	0.489	0.496	0.501	0.508	0.513
1.2	0.257	0.294	0.325	0.352	0.374	0.392	0.419	0.437	0.449	0.457	0.462	0.470	0.477
1.3	0.229	0.263	0.292	0.318	0.339	0.357	0.384	0.403	0.416	0.424	0.431	0.440	0.448
1.4	0.201	0.232	0.260	0.284	0.304	0.321	0.350	0.369	0.383	0.393	0.400	0.410	0.420
1.5	0.180	0.209	0.235	0.258	0.277	0.294	0.322	0.341	0.356	0.366	0.374	0.385	0.397
1.6	0.160	0.187	0.210	0.232	0.251	0.267	0.294	0.314	0.329	0.340	0.348	0.360	0.374
1.7	0.145	0.170	0.191	0.212	0.230	0.245	0.272	0.292	0.307	0.317	0.326	0.340	0.355
1.8	0.130	0.153	0.173	0.192	0.209	0.224	0.250	0.270	0.285	0.296	0.305	0.320	0.337
1.9	0.119	0.140	0.159	0.177	0.192	0.207	0.233	0.251	0.263	0.278	0.288	0.303	0.320
2.0	0.108	0.127	0.145	0.161	0.176	0.189	0.214	0.233	0.241	0.260	0.270	0.285	0.304
2.1	0.099	0.116	0.133	0.148	0.163	0.176	0.199	0.220	0.230	0.244	0.255	0.270	0.292
2.2	0.090	0.107	0.122	0.137	0.150	0.163	0.185	0.208	0.218	0.230	0.239	0.256	0.280
2.3	0.083	0.099	0.113	0.127	0.139	0.151	0.173	0.193	0.205	0.216	0.226	0.243	0.269
2.4	0.077	0.092	0.105	0.118	0.130	0.141	0.161	0.178	0.192	0.204	0.213	0.230	0.258
2.5	0.072	0.085	0.097	0.109	0.121	0.131	0.151	0.167	0.181	0.192	0.202	0.219	0.249
2.6	0.066	0.079	0.091	0.102	0.112	0.123	0.141	0.157	0.170	0.184	0.191	0.208	0.239

（续）

z/b \ l/b	1.0	1.2	1.4	1.6	1.8	2.0	2.4	2.8	3.2	3.6	4.0	5.0	≥10（条形）
2.7	0.062	0.073	0.084	0.095	0.105	0.115	0.132	0.148	0.161	0.174	0.182	0.199	0.234
2.8	0.058	0.069	0.079	0.089	0.099	0.108	0.124	0.139	0.152	0.163	0.172	0.189	0.228
2.9	0.054	0.064	0.074	0.083	0.093	0.101	0.177	0.132	0.144	0.155	0.163	0.180	0.218
3.0	0.051	0.060	0.070	0.078	0.087	0.095	0.110	0.124	0.136	0.146	0.155	0.172	0.208
3.2	0.045	0.053	0.062	0.070	0.077	0.085	0.098	0.111	0.122	0.133	0.141	0.158	0.190
3.4	0.040	0.048	0.055	0.062	0.069	0.076	0.088	0.100	0.110	0.120	0.128	0.144	0.184
3.6	0.036	0.042	0.049	0.056	0.062	0.068	0.080	0.090	0.100	0.109	0.117	0.133	0.175
3.8	0.032	0.038	0.044	0.050	0.056	0.062	0.072	0.082	0.091	0.100	0.107	0.123	0.166
4.0	0.029	0.035	0.040	0.046	0.051	0.056	0.066	0.075	0.084	0.090	0.095	0.113	0.158
4.2	0.026	0.031	0.037	0.042	0.048	0.051	0.060	0.069	0.077	0.084	0.091	0.105	0.150
4.4	0.024	0.029	0.034	0.038	0.042	0.047	0.055	0.063	0.070	0.077	0.084	0.098	0.144
4.6	0.022	0.026	0.031	0.035	0.039	0.043	0.051	0.058	0.065	0.072	0.078	0.091	0.137
4.8	0.020	0.024	0.028	0.032	0.036	0.040	0.047	0.054	0.060	0.067	0.072	0.085	0.132
5.0	0.019	0.022	0.026	0.030	0.033	0.037	0.044	0.050	0.056	0.062	0.067	0.079	0.126

注：l、b——矩形基础边缘的长边和短边（m）；z——基底至下卧层土面的距离（m）。

三、基底合力偏心距验算

墩台基础的设计计算，必须控制基底合力偏心距，其目的是尽可能使基底应力分布比较均匀。以避免基底两侧应力相差过大，使基础产生较大的不均匀沉降，墩台发生倾斜，影响正常使用。故在计算中应对基底合力偏心距 e_0 加以控制，并满足《公路桥涵地基与基础设计规范》（JTG D63—2007）的规定，见表 5-8。

表 5-8　墩台基底的合力偏心距容许值$[e_0]$

作用情况	地基条件	合力偏心距	备　注
墩台仅承受永久作用标准值效应组合	非岩石地基	桥墩$[e_0]\leqslant 0.1\rho$	拱桥、刚构桥墩台，其合力作用点应尽量保持在基底重心附近
		桥台$[e_0]\leqslant 0.75\rho$	
墩台承受作用标准值效应组合或偶然作用（地震作用除外）标准值效应组合	非岩石地基	$[e_0]\leqslant\rho$	拱桥单向推力墩不受限制，但应符合《公路桥涵地基与基础设计规范》表 4.4.3 规定的抗倾覆稳定系数
	较破碎～极破碎岩石地基	$[e_0]\leqslant 1.2\rho$	
	完整、较完整岩石地基	$[e_0]\leqslant 1.5\rho$	

基底以上外力作用点对基底重心轴的偏心距 e_0 按下式计算：

$$e_0=\frac{M}{N}\leqslant[e_0] \tag{5-11}$$

式中　M、N——作用于基底的竖向力和所有外力（竖向力、水平力）对基底截面重心的弯矩。

基底承受单向或双向偏心受压的 ρ 值可按下式计算：

$$\rho=\frac{e_0}{\left(1-\frac{P_{\min}A}{N}\right)} \tag{5-12}$$

式中　P_{min}——基底最小压应力，当为负值时表示拉应力；

e_0——N 作用点距截面重心的距离。

四、基础稳定性验算

基础稳定性验算包括基础的抗倾覆稳定性验算和基础抗滑动稳定性验算，具体图式如图 5-8 所示。

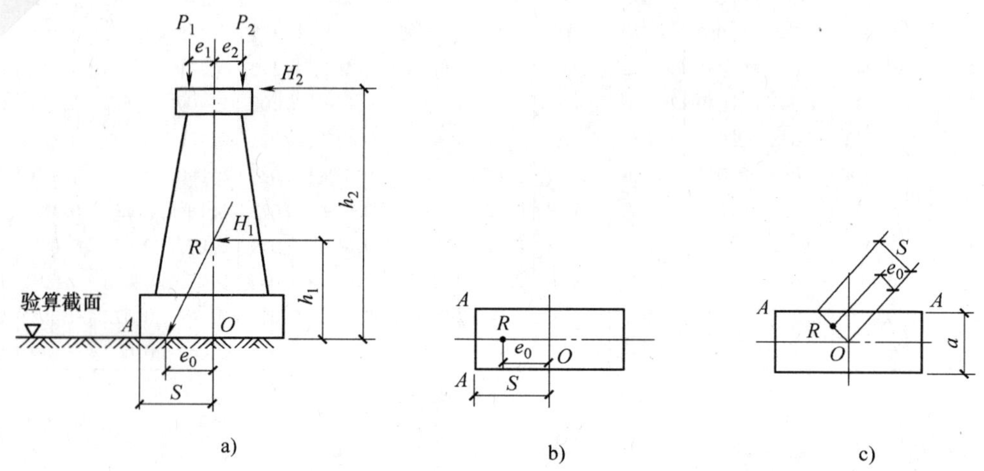

图 5-8　礅台基础的稳定验算示意图

a）立面　b）平面（单向偏心）　c）平面（双向偏心）

O—截面重心　R—合力作用点　A-A—验算倾覆轴

注：1. 弯矩应视其绕验算截面重心轴的不同方向取正负号。

2. 对于矩形凹缺的多边形基础，其倾覆轴应取基底截面的外包线。

1）桥梁墩台基础的抗倾覆稳定系数 k_0 按下式计算：

$$k_0 = \frac{S}{e_0} \tag{5-13}$$

$$e_0 = \frac{\Sigma P_i e_i + \Sigma H_i h_i}{\Sigma P_i} \tag{5-14}$$

式中　k_0——礅台基础抗倾覆稳定性系数；

S——在截面重心至合力作用点的延长线上，自截面重心至验算倾覆轴的距离(m)；

e_0——所有外力的合力 R 在验算截面的作用点对基底重心轴的偏心距(m)；

P_i——不考虑其分项系数和组合系数的作用标准值组合或偶然作用(地震除外)标准值组合引起的竖向力(kN)；

e_i——竖向力 P_i 对验算截面重心的力臂(m)；

H_i——不考虑其分项系数和组合系数的作用标准值组合或偶然作用(地震除外)标准值组合引起的水平力(kN)；

h_i——水平力对验算截面的力臂(m)。

2)桥涵墩台基础的抗滑稳定性系数 k_c 按下式计算：

$$k_c = \frac{\mu \sum P_i + \sum H_{ip}}{\sum H_{ia}} \tag{5-15}$$

式中　k_c——桥涵墩台基础的抗滑动稳定性系数；

$\sum P_i$——竖向力总和；

$\sum H_{ip}$——抗滑稳定水平力总和；

$\sum H_{ia}$——滑动水平力总和；

μ——基础底面与地基土之间的摩擦系数，通过试验确定；当缺少实际资料时，可参照表5-9采用。

$\sum H_{ip}$和$\sum H_{ia}$分别为两个相对方向的各自水平力总和，绝对值较大者为滑动水平力$\sum H_{ia}$，另一为抗滑稳定力$\sum H_{ip}$；$\mu \sum P_i$为抗滑动稳定力。

表5-9　基底摩擦系数

地基土分类	μ	地基土分类	μ
黏土(流塑～坚硬)、粉土	0.25	软岩(极软岩～较软岩)	0.40～0.60
砂土(粉砂～砾砂)	0.30～0.40	硬岩(较硬岩～坚硬岩)	0.60、0.70
碎石土(松散～密实)	0.40～0.50		

验算墩台抗倾覆和抗滑动的稳定性时，稳定性系数不应小于表5-10的规定。

表5-10　抗倾覆和抗滑动的稳定性系数

<table>
<tr><th colspan="2">作用组合</th><th>验算项目</th><th>稳定性系数</th></tr>
<tr><td rowspan="2">使用阶段</td><td>永久作用(不计混凝土收缩及徐变、浮力)和汽车、人群的标准值效应组合</td><td>抗倾覆
抗滑动</td><td>1.5
1.3</td></tr>
<tr><td>各种作用(不包括地震作用)的标准值效应组合</td><td>抗倾覆
抗滑动</td><td>1.3
1.2</td></tr>
<tr><td colspan="2">施工阶段作用的标准值效应组合</td><td>抗倾覆
抗滑动</td><td>1.2</td></tr>
</table>

五、基础沉降验算

基础的沉降验算包括沉降量、相邻基础沉降差、基础由于不均匀沉降而发生的倾斜等。基础的沉降主要由竖向荷载作用下土层的压缩变形引起。沉降量过大将影响结构物的正常使用和安全，应加以限制。在确定一般土质的地基容许承载力时，已考虑了这一变形的因素，所以修建在一般土质条件下的中、小型桥梁基础，只要满足地基强度要求，地基(基础)的沉降也就满足要求。但对于下列情况，则必须验算基础的沉降。

1）修建在地质情况复杂、地层分布不均或强度较小的软黏土地基及湿陷性黄土的基础。

2）修建在非岩石地基上的拱桥、连续梁桥等超静定结构的基础。

3）当相邻基础下地基土强度有显著不同或相邻跨度相差悬殊而必须考虑其沉降时。

4）对于跨线桥、跨线渡槽要保证桥(槽)下净空高度时。

对于公路桥梁，基础上结构重力和土重作用对沉降影响是主要的，汽车等活载作用时间短暂，对沉降影响小，所以在沉降计算中不予考虑。

【例 5-1】 某桥墩为混凝土实体墩，刚性扩大基础。作用短期效应组合产生作用力：支座反力为 840kN 及 930kN；桥墩及基础自重为 5480kN；设计水位以下墩身及基础浮力 1200kN；制动力 84kN；墩帽与墩身风力为 2.1kN 和 16.8kN。结构尺寸及地质、水文资料见图 5-9，基础宽 3.1m，长 9.9m。

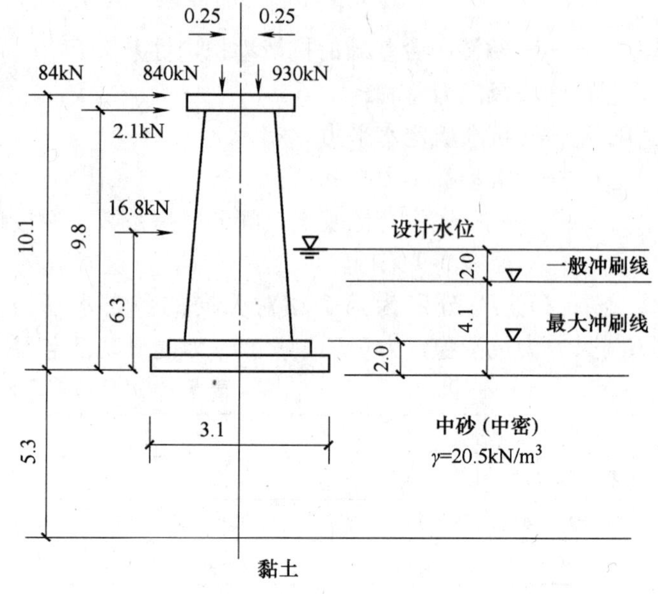

图 5-9　例 5-1 图(尺寸单位：m)

要求验算：①地基承载力；

②基底合力偏心距；

③基础稳定性。

解：1. 地基强度验算

(1) 持力层强度验算

持力层为中砂 $[f_{a0}]=370\text{kPa}$，宽度、深度修正系数 $k_1=2.0$，$k_2=4.0$

则修正后的地基承载力容许值 $[f_a]$ 为：

$$
\begin{aligned}
[f_a] &= [f_{a0}] + k_1\gamma_1(b-2) + k_2\gamma_2(h-3) \\
&= 370 + 2.0 \times (20.5-10) \times (3.1-2) + 4.0 \times (20.5-10) \times (4.1-3) \\
&= 439.3\text{kPa}
\end{aligned}
$$

根据公路桥规规定，基础底面位于透水性地基上的桥梁墩台，当验算稳定时，应考虑设计水位的浮力；当验算地基应力时，可仅考虑低水位的浮力，或不考虑水的浮力。

基底竖向力 $N=840+930+5480=7250\text{kN}$

水平力 $T=84+2.1+16.8=102.9\text{kN}$

基底重心轴弯矩 $M=84\times10.1+2.1\times9.8+16.8\times6.3+930\times0.25-840\times0.25=997.32\text{kN}\cdot\text{m}$

基底最大压应力：

$$
\begin{aligned}
P_{max} &= N/A + M/W = 7250/(3.1\times9.9) + 997.32/(9.9\times3.1\times3.1\div6) \\
&= 299.11\text{kPa}
\end{aligned}
$$

$299.11 \leqslant 1.25\times439.3$，则 $P_{max} \leqslant \gamma_R[f_a]$，满足要求。

(2) 软弱下卧层强度验算

下卧层为黏土，$I_L=1.0$，$e_0=0.8$，查前表 $[f_{a0}]=150\text{kPa}$，小于持力层 $[f_{a0}]=370\text{kPa}$，故为软弱下卧层。

$I_L=1.0>0.5$ 宽度、深度修正系数 $k_1=0$，$k_2=1.5$

则修正后的软弱下卧层的承载力为：

$$[f_a]_{h+z}=[f_{a0}]_{h+z}+k_1\gamma_1(b-2)+k_2\gamma_2(h+z-3)$$
$$=150+1.5\times(20.5-10)\times(4.1+5.3-3)=250.8$$

下卧层顶面应力为：$Pz=\gamma_1(h+z)+\alpha(p-\gamma_2 h)$

其中：γ_1为$(h+z)$范围内的容重，且为浮容重，故$\gamma_1=10.5\text{kN/m}^3$，$\gamma_2$为$h$范围内的容重，则$\gamma_2=10.5\text{kN/m}^3$。

因$z/b=5.3/3.1=1.71>1$，则p为基底平均压应力236.23kPa

$a/b=9.9/3.1=3.194$，查表5-7，内插得$\alpha=0.305$

$Pz=10.5\times(4.1+5.3)+0.305\times(236.23-10.5\times4.1)=157.62\text{kPa}$

$Pz\leqslant1.25[f_a]$ 因此软弱下卧层满足要求。

2. 基底合力偏心距验算

基底合力偏心距$e_0=M/N$

其中N为考虑了墩身和基础浮力作用影响，$N=(7250-1200)=6050\text{kN}$

$$e_0=997.32/6050=0.16$$
$$\rho=1/6\times b=3.1/6=0.52$$

$e_0=M/N\leqslant[e_0]=\rho$，满足要求。

3. 基础稳定性验算

(1) 抗倾覆稳定性验算

$$k_0=\frac{S}{e_0}$$

$$e_0=\frac{\sum P_i e_i+\sum H_i h_i}{\sum P_i}$$

其中：$S=b/2=3.1/2=1.55$，$e_0=997.32/6.50=0.16$，

查表5-10得抗倾覆稳定性系数为1.3，

$k_0=1.55/0.16=9.69>1.3$，符合要求。

(2) 抗滑动稳定性验算

$$k_c=\frac{\mu\sum P_i+\sum H_{ip}}{\sum H_{ia}}$$

其中：$\sum P_i=6050\text{kN}$，$\sum H_{ip}=0$，$\sum H_{ia}=102.9\text{kN}$

查表5-9得$\mu=0.4$，查表5-10得抗滑动稳定性系数为1.2，

$k_c=0.4\times6050/102.9=23.52>1.2$，符合要求。

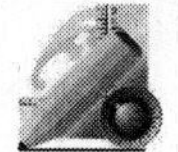

课后训练

(1) 地基基础的验算包括哪几项?

(2) 对一桥梁中墩刚性浅基础进行设计，确定基础的埋置深度和尺寸，并进行验算。设计资料：有一桥墩墩底截面为矩形2m×8m，刚性扩大基础顶面设在河床下1m，短期荷载效应组合的作用力为：轴心力$N=5200\text{kN}$，弯矩$M=840\text{kN}\cdot\text{m}$，水平力$H=96\text{kN}$。地基土为一般黏性土，第一层厚2m(自河床算起)，$\gamma=19.0\text{kN/m}^3$，$e=0.9$，$I_L=0.8$，第二层厚5m，$\gamma=19.5\text{kN/m}^3$，$e=0.45$，$I_L=0.35$，低水位在河床以上1m(第二层下为泥质页岩)，

要求确定桥墩基础埋置深度及尺寸，并进行验算(详见实训任务七)。

任务三　天然地基刚性浅基础的施工

基础作为桥梁结构物的一个重要组成部分，它起着支承桥跨结构，保持体系稳定，把上部结构、墩台自重及车辆荷载传递给地基的重要作用。基础的施工质量直接决定着桥梁的强度、刚度、稳定性、耐久性和安全度。况且基础属于隐蔽工程，若出现质量问题不易发现和进行修补处理，因此，必须高度重视桥梁基础施工，严格按照规范办事，确保工程质量。基础施工前应做好以下几点准备工作。

1）首先要认真阅读施工图纸，领会设计意图，与现场情况进行核对，必要时进行补充调查，对基底标高、基础尺寸、桩位坐标、工程数量进行复核计算。

2）根据地层、地质、水文情况、结构形式及现场环境状况，制订施工方案，编制施工组织计划。

3）认真进行施工放样测量，控制基础桩位中心、平面位置和高程，同时放出相邻几个墩台基础，对其相对位置和坐标进行复核，确保准确无误。

4）准备好基础施工所需的设备、材料、相应配套设施，例如，便道要畅通，砂石、水泥、钢材等要运至现场，电力供应等。

天然地基刚性浅基础的施工，根据地质情况，旱地土质采用明挖法，既可以采用人工开挖也可以机械开挖，若为岩石地基，还需进行适当的爆破施工。水中明挖基础必须设置围堰或采取临时改河措施。旱地上浅基础的施工顺序和主要工作包括：基础定位放样、基坑的开挖、坑壁支撑、基坑排水、基坑检验和基底土的处理，基础砌筑及基坑的回填。施工中坑壁的稳定性是必须特别注意的问题。

一、基础的定位放样

在基坑开挖前，先进行基础的定位放样工作，以便正确的将设计图上的基础位置准确地设置到桥址上。放样工作系根据桥梁中心线与墩台的纵横轴线，推出基础边线的定位点，再放线画出基坑的开挖范围。如图 5-10 所示，一般首先定出桥梁的主轴线 Ⅰ—Ⅰ，然后定出墩台轴线 1—1、2—2、3—3、4—4，最后详细定位，确定基础各部分尺寸。同时注意钉立定位桩的护桩。基坑各定位点的标高及开挖过程中标高检查，一般用水准测量的方法进行。

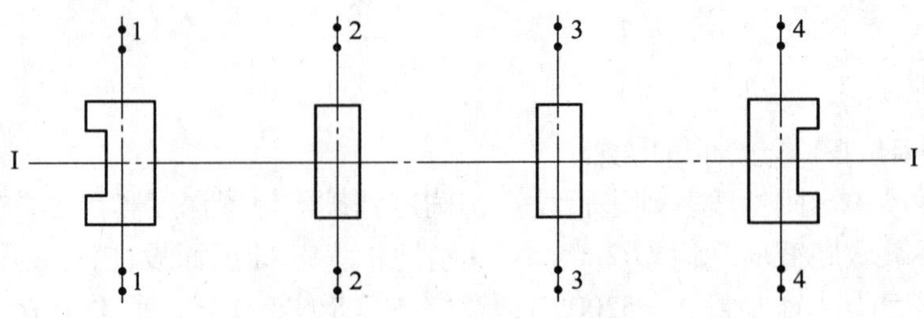

图 5-10　桥梁墩台基础定位

二、基坑的开挖

基坑大小应满足基础施工的要求，对有渗水土质的基坑坑底开挖尺寸，需按基坑排水设计(包括排水沟、集水井、排水管网等)和基础模板设计而定，一般基底应比设计平面尺寸各边增加50~100cm，以便在基底外设置排水沟、集水坑和基础模板。基坑采用机械挖土，挖至距设计标高约0.3m时，应采用人工布控修整，以保证地基土结构不被扰动破坏。

(一)基坑开挖支护

基坑深度在5m以内，施工期较短，坑底在地下水位以上，土的湿度正常，土层构造均匀时，坑壁坡度可参考表5-11确定。

表5-11　基坑坑壁坡度表

坑壁土类别	坑壁坡度		
	基坑顶缘无荷载	基坑顶缘有静载	基坑顶缘有动载
砂类土	1:1	1:1.25	1:1.5
碎卵石类土	1:0.75	1:1	1:1.25
亚砂土	1:0.67	1:0.75	1:1
亚黏土、黏土	1:0.33	1:0.5	1:0.75
板软岩	1:0.25	1:0.33	1:0.67
软质岩	1:0	1:0.1	1:0.25
硬质岩	1:0	1:0	1:0

注：挖基坑经过不同土层时，边坡可分层决定，并酌情设置平台。

为了保证坑壁边坡稳定，当基坑深度较大时，应在边坡中段加设宽为0.5~1.0m的平台。如图5-11所示。坑顶周围必要时应设排水沟，以免地面水流入。当基坑顶缘有动载时，顶缘与动载之间至少应留1m宽的护道。

当坑壁土质松软，边坡不稳定，或放坡开挖受到现场的限制、或放坡开挖造成土方量过大时，宜采用加设围护结构的竖直坑壁基坑，如图5-12所示的挡板支撑、图5-13和图5-14所示的板桩支撑，还有适用于圆形基坑维护的混凝土护壁。

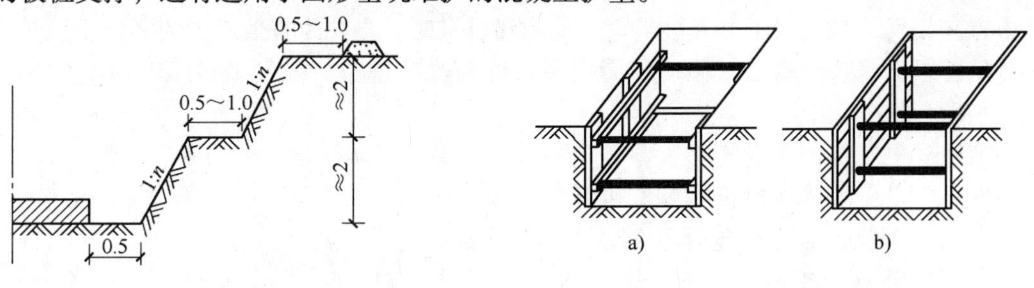

图5-11　基坑放坡开挖　　图5-12　挡板支撑

(二)基坑开挖中土的渗透变形

地下水对基础施工具有重要的影响，尤其是对基坑边坡的稳定性有不利作用。地下水在土中渗流时，受到土颗粒的阻力作用，同时水流也必然有一个相等的力作用在土颗粒上，则渗透水作用在单位土体内土颗粒上的作用力称为动水力G_D，也称为渗透力。渗透力等于水力坡降与水的重度之乘积，其单位为 kN/m^3。在工程实践中如深基坑支护结构设计、基坑排水或降水等，都要考虑渗透力的影响。

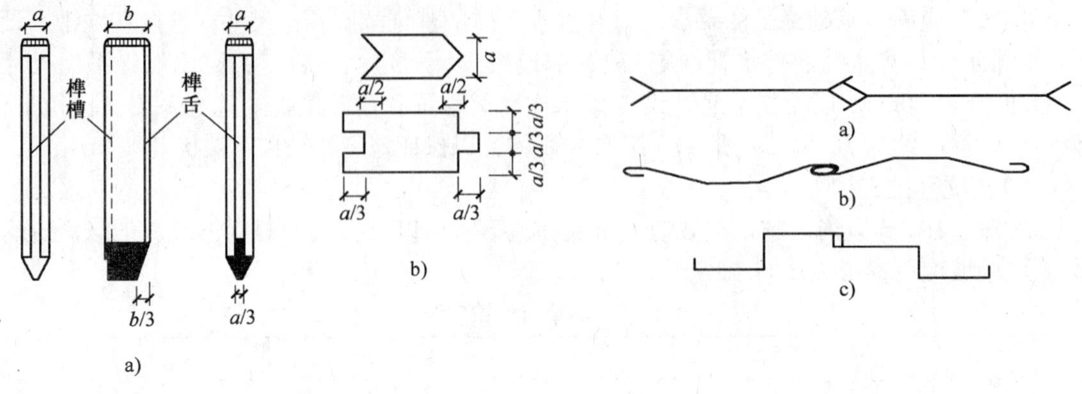

图 5-13　木板桩支撑

图 5-14　钢板柱支撑

a）一字形　b）槽形　c）Z 字形

由于动水力的作用，在与渗流方向垂直的断面上，将增加或减少土的粒间有效压力，这种渗流的影响结果，在工程上往往会造成流砂、管涌等渗透变形现象，导致坑底隆起、坑壁位移、周边建筑物下沉、开裂等，并危及基坑内的施工安全，如图 5-15 所示。

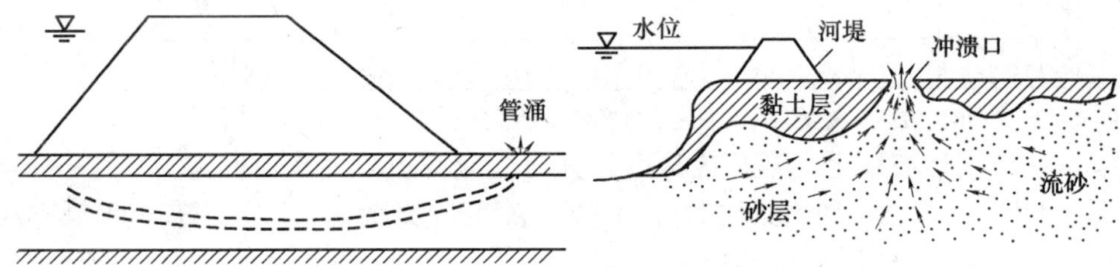

图 5-15　渗透变形示意图

1. 流砂

基坑开挖后，当土质为粉细砂或粉土时，若地下水流由下向上流动时，由于动水压力与重力方向相反，当动水压力大于或等于土的浮容重时，土粒间有效应力为零，土粒失重，颗粒群悬浮，随着水的流动而移动翻涌的现象称为流砂现象。多发生在颗粒级配均匀的饱和砂、粉砂和粉土层中。

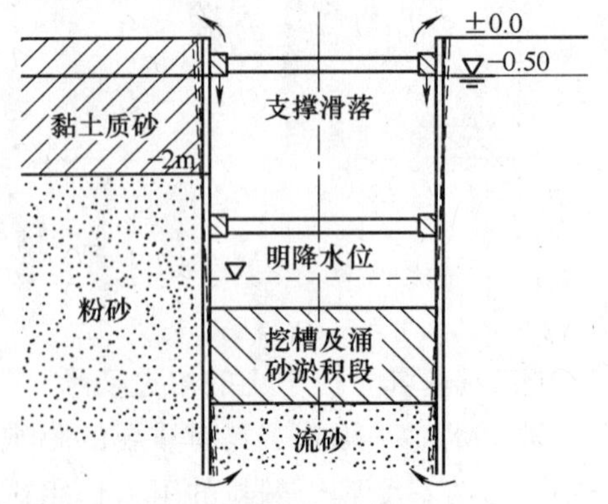

图 5-16　桥墩基坑因流砂破坏

流砂现象对工程的危害很大，若是在建筑物周围的地基中发生流砂，建筑物就有可能陷入土中或产生大幅的沉降；若是开挖基坑时发生流砂现象，则坑底土将随着开挖而不停地上涌，边坡将塌滑，临近建筑物将会发生倾斜。因此在工程设计和施工中，必须注意采取积极有效的措施加以控制，以避免可能造成的重大事故（如图 5-16 所示）。

在可能发生流砂的地区，若上覆有一定厚度的土层，应尽量利用上覆土层做天然地基，或者用桩基穿过易发生流砂的地层。应尽可能避免开挖，如果必须开挖，可以从以下几方面处理流砂。

1）减小水头差，如基坑外降水。

2）延长渗流路径，如打板桩。

3）在渗流逸出处加盖压重或设反滤层。

4）土层加固处理，如，注浆法、冻结法。

2. 管涌

在渗透水流作用下，土的细颗粒在粗颗粒间形成的孔隙中移动以至流失，随着土的孔隙不断扩大，渗透速度不断增加，较粗的颗粒也相继被水带走，最终导致土体中形成贯通的渗流管道，造成土体塌陷，这种现象称为管涌。管涌多发生在砂砾土中，其特征是颗粒大小差别较大，往往缺失某种粒径，孔隙粒径大且相互连通。

对管涌的处理可以采用：堵截地表水流入土层、阻止地下水在土层中流动、设置反滤层、改变土的性质、减小地下水流速和降低水力坡度等措施。

三、基坑排水

当基坑坑底位于地下水位以下时，基坑开挖时坑内边有积水，为了方便基础施工，并保证施工质量，必须在基坑内进行排水。排水的方法一般有表面排水法和井点降水法两种。

1. 表面排水法

它是施工中应用最普遍的排水方法。在基坑开挖时，坑底四周挖好边沟，并挖1～2个集水井，使坑内积水由边沟流至集水井，然后由集水井用水泵向外排水。

2. 井点降水法

此法主要利用“下降漏斗”降低地下水位，基坑开挖前在基坑四周打入若干根井管，井管下端1.5m左右为滤管，上面钻有若干直径约2mm的滤水孔，各个井管用集水管连接，并不断抽水。由于抽水使井管两侧一定范围内的水位逐渐下降，形成了向井管附近弯曲的下降曲线，即“下降漏斗”。地下水位逐渐降低到坑底设计标高以下，使施工能在干燥无水的情况下进行，如图5-17所示。

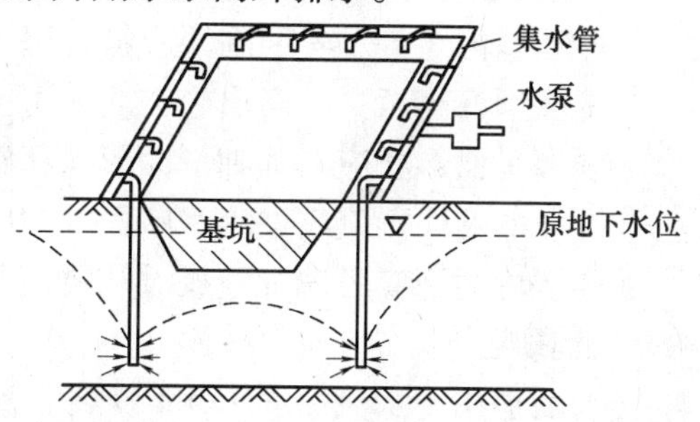

图5-17　井点降水

四、基坑的检验

基坑挖好后，在基础浇筑前应进行验坑，检验基坑施工是否符合设计要求，在基础浇筑前应按规定进行检验。其目的在于：确定地基的容许承载力的大小、基坑位置与标高是否与设计文件相符，以确保基础的强度和稳定性，不致发生滑移等病害。基底检验的主要内容包括：检查基底平面位置、尺寸大小，基底标高；检查基底土质均匀性，地基稳定性及承载力等；检查基底处理和排水情况；检查施工日志及有关试验资料等等。

天然地基上的基础是直接靠基底土壤来承担荷载的，故基底土壤状态的好坏，对基础及墩台、上部结构的影响极大，不能仅检查土壤名称与容许承载力大小，还应为土壤更有效地承担荷载创造条件，即要进行基底处理工作。

五、基础的浇筑

基础施工分为无水浇筑、排水浇筑和水下浇筑三种情况。

排水施工的要点是：确保在无水状态下砌筑圬工；禁止带水作业及用混凝土将水赶出模板外的灌注方法；基础边缘部分应严密隔水；水下部分圬工必须待水泥砂浆或混凝土终凝后才允许浸水。

水下浇筑混凝土只有在排水困难时采用。基础圬工的水下灌注分为水下封底和水下直接灌筑基础两种。前者封底后仍要排水再砌筑基础，封底只是起封闭渗水的作用，其混凝土只作为地基而不作为基础本身，适用于板桩围堰开挖的基坑。

浇筑基础时，应做好与台身、墩身的接缝连接，一般要求如下。

1）混凝土基础与混凝土墩台身的接缝，周边应预埋直径不小于16mm的钢筋或其他铁件，埋入与露出的长度不应小于钢筋直径的20倍。

2）混凝土或浆砌片石墩台身的接缝，应预埋片石，片石厚度不应小于15cm，片石的强度要求不低于基础或墩台身混凝土或砌体的强度。

六、水中基础围堰施工

桥梁墩台基础经常位于地表水位以下，有时流速较大，施工时希望在无水或静水条件下进行。因此需要围堰。围堰的作用主要是防水和围水，有时还起着支撑施工平台和基坑坑壁的作用。围堰的种类很多，包括：土围堰、草（麻）袋围堰、钢板桩围堰、双壁钢板桩围堰及地下连续墙围堰等。各种围堰应符合以下要求：

①围堰顶标高至少应高出施工期间可能出现的最高水位0.5m以上。

②围堰平面形状应与基础平面形状相符，迎水面应为流线型，减少水流压力。

③围堰的断面不应超过流水断面的30%。

④围堰内面积应考虑坑壁放坡和浇筑基础时的要求。

1. 土围堰

土围堰适用于水流深度1.5m以内，流速0.5m/s以内，河床渗水性较小的情况。土围堰宜用黏土填筑，顶宽一般1～2m，每填土20～30cm，铺一层草；分层铺筑，但要均匀分散，防止集中成团，造成泄漏。缺少黏土时，也可用砂土填筑，但须加宽堰身以加大渗流长度，砂土颗粒越大，堰身越要加厚。围堰断面应根据使用的土质、渗水程度及围堰本身在水压力作用下的稳定性而定（图5-18）。

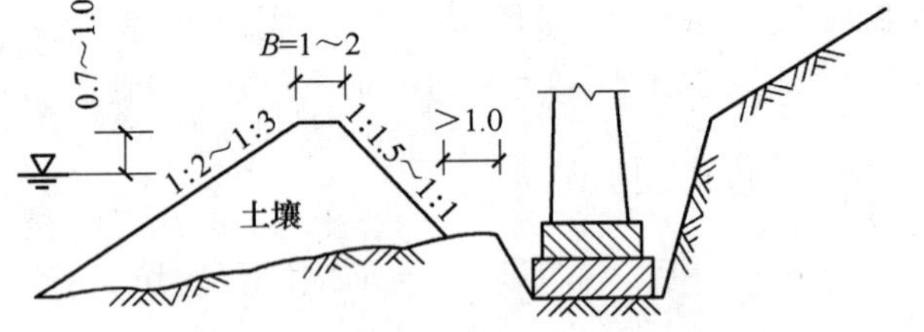

图5-18　土围堰（单位：m）

2. 草（麻）袋围堰

水深3.0m以内，流速1.5m/s以内，河床上土质渗水较小，可筑草（麻）袋围堰。堰顶宽度为1～2m，有黏土心墙时为2～2.5m，堰外边坡为1:0.5～1:1，堰内边坡为1:0.2～1:0.5。土袋装土量为袋容量的1/2～2/3，袋口缝合。堆码在水中的土袋，其上下层和内外层应相互错缝，尽量堆码密实整齐，如图5-19所示。

以上两种围堰均利用自重维持稳定，故又称为重力式围堰，它主要是挡地面水。如河床土质为粉砂或细砂，则在排水开挖基坑时，可能会引起流砂现象，所以就不宜用这类围堰。

3. 钢板桩围堰

钢板桩围堰适用于砂类土、碎卵石类土、硬黏性土和风化岩等地层，它具有材料强度高，防水性能好，穿透土层能力强，堵水面积小，可重复使用的优点。因此，当水深超过5m或土质较硬时，可选用这种围堰。

当钢板桩围堰较高且水深较大时，常用围囹（即以钢或钢木构成的框架）作为板桩定位和支撑。先在岸上或驳船上拼装好围囹，托运至基础位置定位后，在围囹中插打定位桩（图5-20）使围囹挂在定位桩上，即可在围囹四周的导桩间插打钢板桩。在插打时应先从上游分两头插向下游合龙。插打前在锁口内涂上黄油、锯末等混合物，组拼桩时用油灰和棉花捻缝，以防渗水。插打前应在两岸设置观测点控制插打定位。在插打过程中，应随时检查其平面是否正确，桩身是否垂直，发现倾斜应立即纠正或拔起重插。

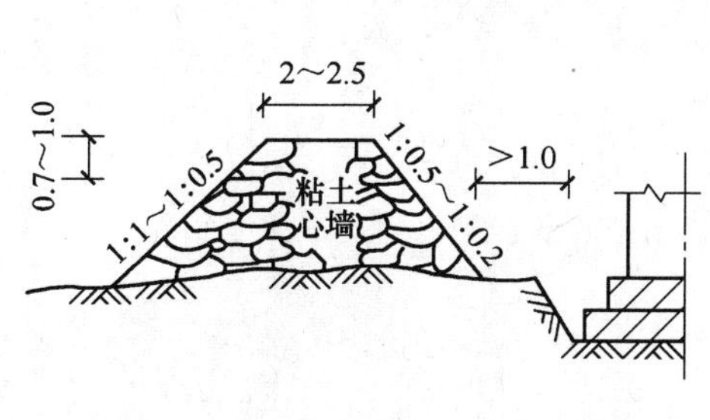

图5-19　草（麻）袋围堰（单位：m）

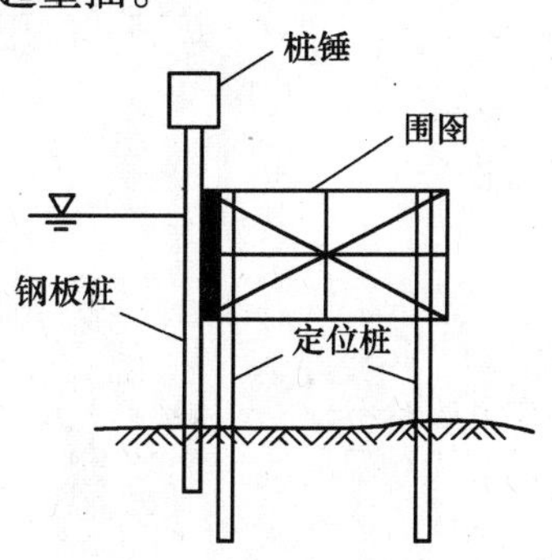

图5-20　围囹围堰

在深水处修筑围堰，为确保围堰不渗水，或基坑范围大，不便设置支撑，可采用双层钢板桩围堰，如图5-21所示。

4. 套箱围堰

套箱围堰（图5-22）适用于无覆盖层或覆盖层较薄的水中基础。套箱为无底的围套，内部设木或钢支撑，组成支架，木板套箱在支架外面钉装两层企口木板，用油灰捻缝以防渗水；钢套箱则设焊接或铆合而成的钢板外壁。

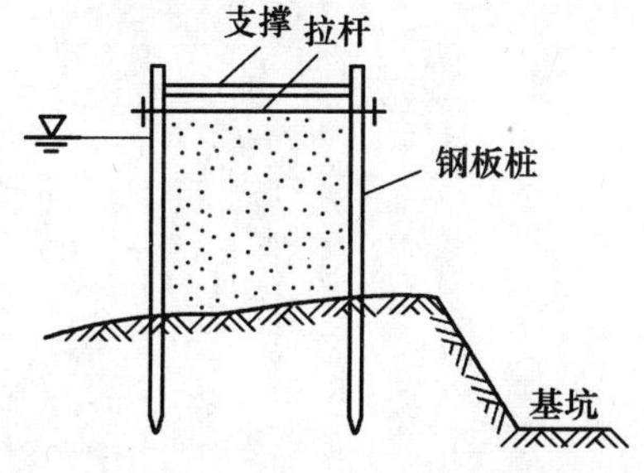

图5-21　双层钢板桩围堰

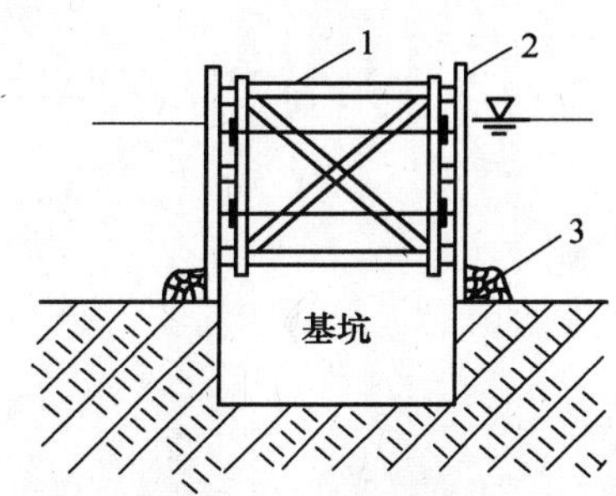

图5-22　套箱围堰
1—套箱支架　2—套箱外壁
3—土袋护脚

木套箱采用浮运就位，然后加重下沉；钢套箱利用船运起吊就位下沉。在下沉套箱之前，应清除河岸覆盖层并整平岩层。套箱沉至河底后，宜在箱脚外侧填黏土或用草(麻)袋护脚。

课后训练

(1) 天然地基刚性浅基础施工的顺序和主要工作内容有哪些?

(2) 流砂现象产生的原因是什么? 如何防止流砂现象的发生?

项目六　桩　基　础

项目概述

桩基础是一种承载性能好、适用范围广的深基础，在道桥建设中有着广泛的运用。本项目主要依据《公路桥涵地基基础设计规范》（JTG D63—2007）的内容，介绍桩基础的类型、适用条件、构造要求，单桩承载力如何确定以及桩基础的施工。

学习目标

（1）了解桩基础的组成与作用原理、桩基础的类型及适用条件、桩及承台的构造、桩基参数的确定（桩长、桩径、平面布置等）。

（2）掌握竖向单桩承载力的确定方法，会描述桩基负摩阻力产生原因、群桩效应的概念。

（3）能够根据场地岩土工程勘察报告、结构，科学选用桩基础的类型与施工工艺。

桩基础是最古老的基础形式之一，早在古代的建筑活动中，就已有采用木桩来解决软土地基上的基础工程问题了。在工程实践中当地基浅层土质不良，采用天然地基浅基础无法满足建筑对地基承载力、变形和稳定性方面的要求时，可以利用下部坚硬土层或岩层作为地基的持力层而设计成桩基础。桩基础是一种最常用的深基础形式。

任务一　桩基础基本知识

一、桩基础的组成与特点

桩基础是一种常用的深基础类型，由埋于土中的若干根桩及将所有桩连成整体的承台（或盖梁）两部分组成，如图 6-1 所示。桩基中的桩通常称基桩，桩身可以全部或部分埋入地基土中，当桩身外露在地面上较高时，在桩之间还应加横系梁，以加强各桩之间的横向联系。桩可以先预制好，再将其运至现场沉入土中；也可以就地钻孔（或人工挖孔），然后在孔中浇筑混凝土或放入钢筋骨架后再浇灌混凝土而成桩。

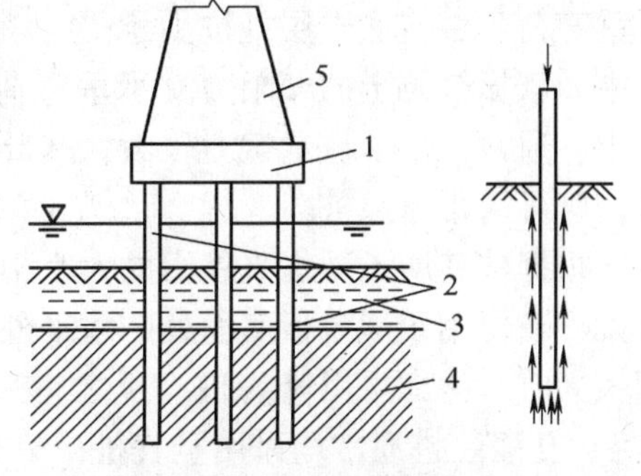

图 6-1　桩基础

1—承台　2—基桩　3—松软土层

4—持力层　5—墩身

桩基础的作用是将承台以上结构物传递的外力通过承台，由桩传至较深的地基中去，承台将桩连成整体，共同承受荷载。

桩基础具有承载力高、稳定性好、沉降量小、造价低、施工简便，在深水河道中可避免水下施工的特点。

桩基础适宜用于下列条件。

1）荷载较大，地基上部土层软弱，适宜的地基持力层位置较深，采用浅基础或人工地基在技术上、经济上不合理时。

2）河床冲刷较大，河道不稳定或冲刷深度不易计算确定，如采用浅基础施工困难或不能保证基础安全时。

3）地基计算沉降过大或结构物对不均匀沉降敏感时，采用桩基础穿过松软（高压缩性）土层，将荷载传到较坚实（低压缩性）土层，减少结构物沉降并使沉降较均匀。另外桩基础还能增强结构物的抗震能力。

4）施工水位或地下水位较高时。当上层软弱土层很厚使得基桩很长，或当覆盖层很薄时，这时桩的基础稳定性较差，沉降量比较大，桩基础就不一定是最佳的基础形式，这种情况下，应经过多方面的技术经济比较和研究，确定合理可行的方案。

二、桩和桩基础的类型

1. 根据桩基承台底面位置分类

根据桩基承台底面位置的不同，可将桩基础分为高桩承台基础和低桩承台基础。高桩承台的承台底面位于地面（或局部冲刷线）以上，基桩部分桩身沉入土中，可避免或减少水下作业，减少墩台的圬工数量，施工较为方便。低桩承台的承台底面位于地面（或局部冲刷线）以下，基桩全部沉入土中，其受力性能好，能承受较大的水平外力，如图6-2。一般对旱桥和季节性河流，或冲刷深度较小的河床大多采用低桩承台；常年有水且水位较高，施工时不宜排水或河床冲刷较深时，则多采用高桩承台。

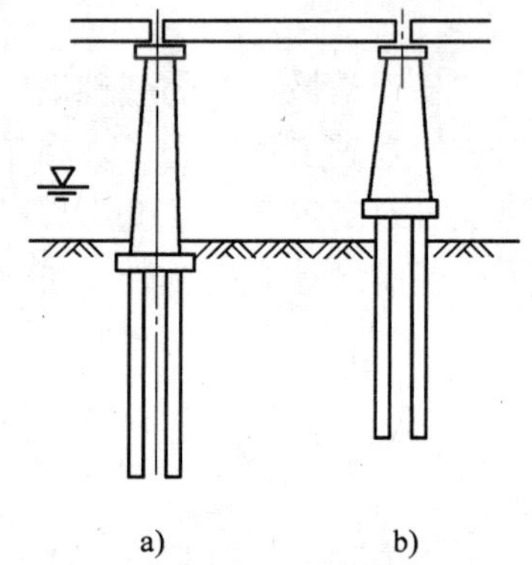

图6-2　高桩承台和低桩承台
a）低桩承台　b）高桩承台

2. 根据桩的受力条件分类

根据桩的受力条件可分为端承桩（或柱桩）与摩擦桩。端承桩主要依靠桩底土层抵抗力支承垂直荷载，如图6-3a所示。桩穿过较软弱土层，桩底支承在岩层或硬土层（如密实的大块卵石层）等实际非压缩性土层上，沉降量甚微，大部分垂直荷载由桩底岩层抵抗力承受，考虑桩侧摩阻力。摩擦桩主要依靠桩侧土的摩阻力支承垂直荷载，如图6-3b所示。桩穿过并支承在各种压缩性土层中。通常，端承桩承载力较大，基础沉降小，较安全可靠。但若岩层埋置很深，沉桩困难时，则可采用摩擦桩。

根据桩基所承受水平外力的大小不同，还可设置成竖直桩和斜桩，如图6-4所示。一般来说，当作用于承台板底面处的水平外力和外力力矩不大，或桩的自由长度不长，或桩身截面较大时，考虑采用竖直桩，反之宜采用带有斜桩的桩基础。目前，广泛采用的大直径钻（挖）孔灌注桩通常均采用竖直桩，只有预制桩才可采用斜桩。预制桩桩基础中可以有单向斜桩，也可以有双向斜桩，斜桩的斜度（桩轴线与铅直线所夹角的正切值）不宜太大，否则会给施工带来困难。

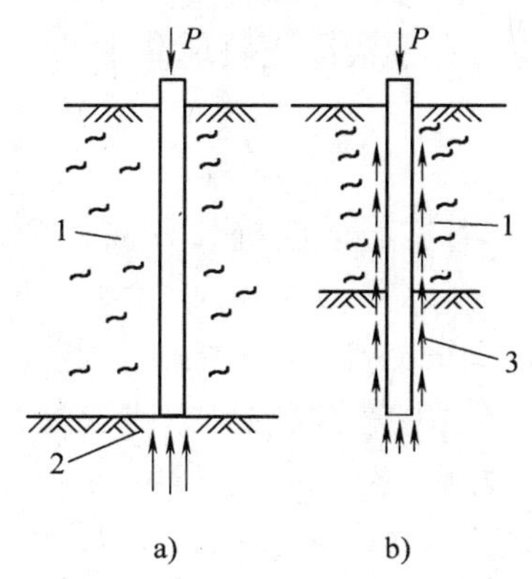

图 6-3 柱桩和摩擦桩
1—软弱土层 2—岩层或硬土层
3—中等土层

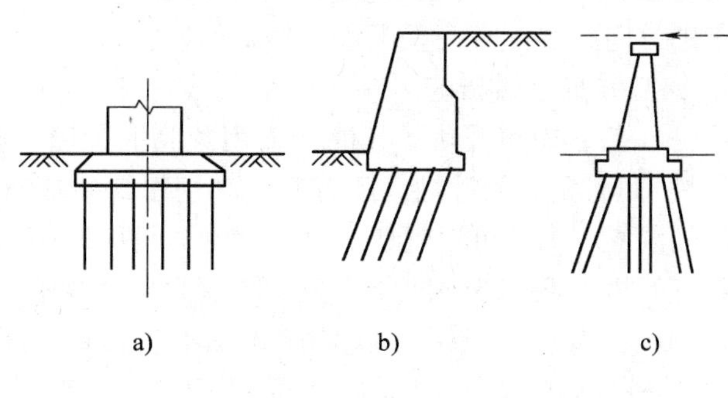

图 6-4 竖直桩和斜桩
a）竖直桩 b）单向斜桩 c）多向斜桩

3. 根据桩的施工方法分类

根据桩的施工方法通常可分为打入桩、振入桩、压入桩及灌注桩。打入桩、振入桩、压入桩是对预制桩而言的，即是将各种预制好的桩以不同的沉桩方式沉入地基内达到所需要的深度。预制桩桩体质量高，可工厂化大量生产，施工速度快，适用于一般土地基。但预制桩含筋量大，成本高，较难沉入坚实地层，接桩、截桩困难，并有明显的挤土作用，应考虑对邻近结构的影响。灌注桩是在现场地基中采用钻、挖孔机械或人工成孔，然后浇注混凝土而成的桩。灌注桩桩径大、承载力高、用钢量小、成本低、在施工过程中可避免挤土及噪声等对周围环境的影响，但在成孔成桩过程应采取相应的措施，以保证孔壁的稳定和提高桩体的质量。目前，灌注桩桩身直径已达 4m、扩底直径达 9m，桩端支承于硬黏土层的灌注桩设计承载力已高达 40000kN，支承于基岩的灌注桩设计承载力已高达 70000kN。

三、桩身和承台构造

（一）桩身的构造

1. 就地灌注钢筋混凝土桩的构造

钻（挖）孔桩是采用就地灌注的钢筋混凝土桩，桩身常为实心断面，混凝土强度等级不低于 C25。钻孔桩设计直径一般为 0. 80 ~ 3. 20m，挖孔桩的直径或最小边宽度不宜小于 1. 2m。桩内钢筋应按照内力和抗裂性的要求布设，长摩擦桩应根据桩身弯矩分布情况分段配筋，短摩擦桩和柱桩也可按桩身最大弯矩通长均匀配筋，当按内力计算桩身不需要配筋时，应在桩顶 3 ~ 5m 内设置构造钢筋。为了保证钢筋骨架有一定的刚性，便于吊装及保证主筋受力后的纵向稳定，主筋不宜过细过少（直径不宜小于 16mm），每根桩不宜少于 8 根，主筋净距不宜小于 80mm 且不大于 350mm，配筋较多时，可成束布置。保护层厚度不宜小于 60mm。主筋若需焊接，焊接长度应符合规定：双面缝大于 $5d$（d 为钢筋直径），单面缝大于 $10d$。箍筋应适当加强，箍筋直径一般不小于 8mm 且不小于主筋直径的 1/4，中距为 20 ~ 40cm。对于直径较大的桩或较长的钢筋骨架，可在钢筋骨架上每隔 2. 0 ~ 2. 5m 设置一道加劲箍筋，直径为 16 ~ 22mm，如图 6-5 所示。钻（挖）孔桩的柱桩根据桩底受力情况如需要嵌入岩层时，嵌入深度应计算确定，并不得小于 0. 5m。

为了进一步发挥材料的潜力，节约水泥用量，大直径的空心钢筋混凝土就地灌注桩是今后发展的方向，目前有一些工程已经采用。

2. 钢筋混凝土预制桩

沉桩（打入桩和振动下沉桩）采用预制的钢筋混凝土桩，有实心的圆桩和方桩（少数为矩形桩），有空心的管桩，还有管柱（用于管柱基础）。

钢筋混凝土方桩可以就地预制。通常方桩横断面为20cm×20cm～50cm×50cm，桩身混凝土强度等级不低C25，桩身配筋应考虑制造、运输、施工和使用各阶段的受力要求配筋。主筋直径一般为12～25mm，主筋净距不小于5cm；箍筋直径为6～8mm，其间距一般不大于40cm，桩的两端和接桩区箍筋的间距须加密，其值可取40～50mm。为了便于吊运，应在桩顶预设吊耳，一般由直径为20～25mm的圆钢制成，如图6-6所示。

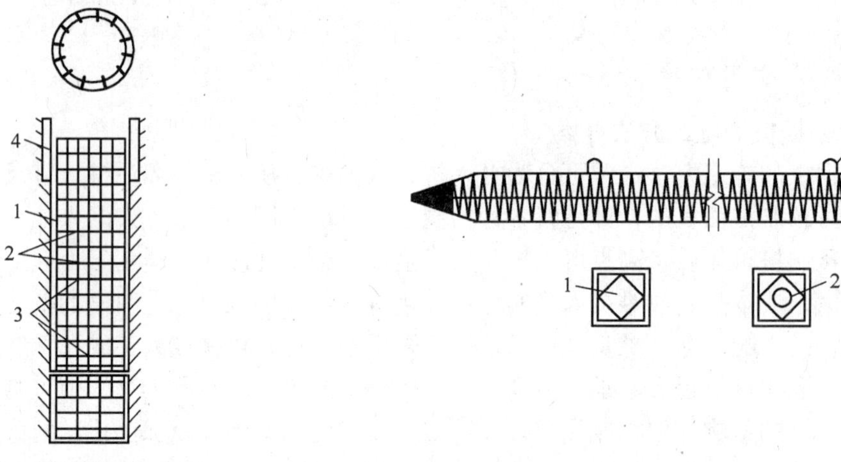

图6-5　就地灌注钢筋混凝土桩

1—主筋　2—箍筋　3—加劲箍　4—护筒

图6-6　预制钢筋混凝土方桩

1—实心方桩　2—空心方桩　3—吊耳

钢筋混凝土预制桩的分节长度应根据施工条件决定，并应尽量减少接头数量。单节桩的最大长度，根据打桩架的高度而定，一般在27m以内。当长桩受运输条件和桩架高度限制时，可以将桩预制成几段，在打桩过程中逐段接长。接头强度不应低于桩身强度，接头法兰盘不应突出于桩身之外，在沉桩时和使用过程中接头不应松动和开裂。

混凝土管桩为中空，一般在预制厂用离心法成型，常用桩径（外径）有：30cm、40cm、55cm。

（二）桩的布置和间距

桩基础内基桩的布置应根据受力大小和施工条件决定。采用大直径钻孔灌注桩的中小桥梁常用单排式，如图6-7a所示；在大型桥梁或水平力较大时，则采用行列式（图6-7b）或梅花式（图6-7c）。如果考虑施工方便，宜采用行列式布置。倘若承台板的平面面积不大，而需要排列的桩数较多，按行列式布置不下时，可考虑梅花式布置。但桥台桩基础中基桩的布置以行列式为好。

考虑桩与桩侧土的共同工作条件和施工的需要，锤击、静压沉桩，在桩端处的中心距不应小于桩径（或边长）的3倍，在软土地区还需适当增加。振动法沉入砂土内的桩，在桩尖处的中心距不小于桩径的4倍。桩在承台底面处的中心距不小于桩径的1.5倍。钻（挖）

孔桩的摩擦桩中心距不得小于2.5倍桩径，支撑或嵌固在岩层上的端承桩不应小于桩径的2倍。

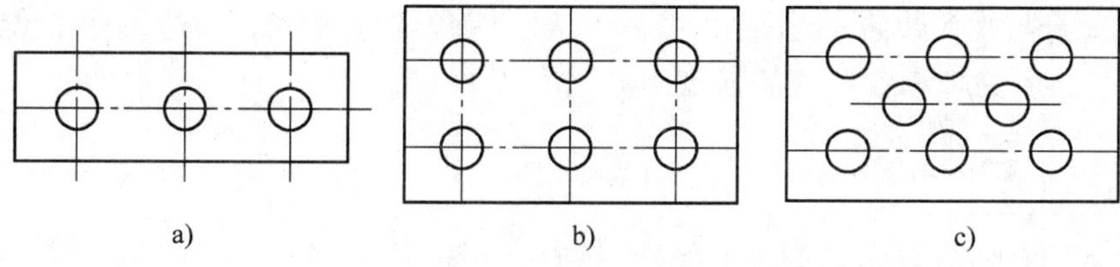

图6-7 桩的平面布置

为了避免承台边缘距桩身过近而发生破裂，边桩外侧到承台边缘的距离：对桩径小于或等于1m的桩，不应小于0.5倍桩径且不小于250mm；对于桩径大于1m的桩不应小于0.3倍桩径并不小于500mm。

（三）承台的构造、桩与承台的连接

承台的平面尺寸和形状应根据上部结构（墩台身）底部尺寸、形状以及基桩的平面布置而定，一般采用矩形和圆端形。

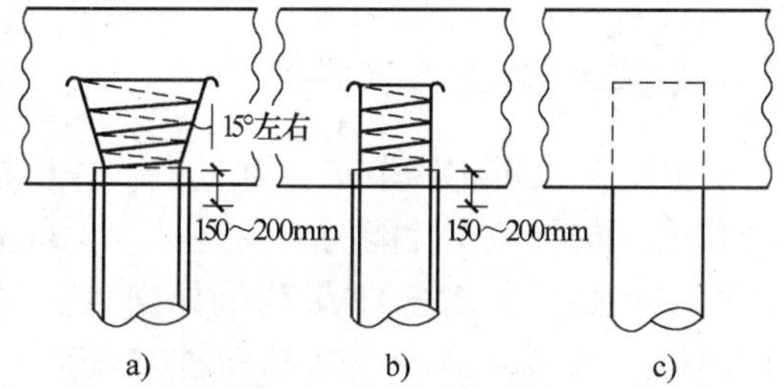

图6-8 桩和承台的连接

承台厚度应保证承台有足够的强度和刚度，公路桥梁墩台多采用钢筋混凝土或混凝土刚性承台，其厚度宜为桩径的1~2倍以上，且不宜小于1.5m。混凝土强度等级不宜低于C25。桩和承台的连接，钻（挖）孔灌注桩都采取将桩顶主筋伸入承台，桩身伸入承台的深度一般为150~200mm。伸入承台的桩顶主筋可做成喇叭形（图6-8a），约与竖直线成15°角若受构进限制，主筋也可以不做成喇叭形（图6-8b）；伸入承台内的主筋长度，光圆钢筋不应小于30倍钢筋直径（设弯钩），带肋钢筋不应小于35倍钢筋直径（不设弯钩）。对于不受轴受拉力的打入桩可不破桩头，将桩直接排入承台内（图6-8c）。

桩顶直接埋入承台的长度，对于普通钢筋混凝土桩及预应力混凝土桩，当桩径（或边长）小于0.6m时，不应小于2倍桩径（或边长）；当桩径（或边长）在0.6~1.2m时，不应小于1.2m；当桩径大于1.2m时，埋入长度不应小于桩径。

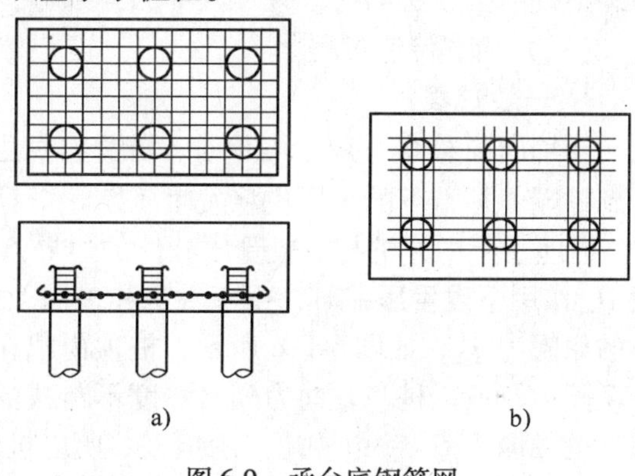

图6-9 承台底钢筋网

当桩顶直接伸入承台连接时，应在每根桩的顶面上设1~2层钢筋网。当桩顶主筋伸入承台时，承台在桩顶混凝土顶端平面内须设一层钢筋网如图6-9a所示，纵桥向和横桥向每1m宽度内钢筋截面积宜为1200~1500mm^2，钢筋直径可采用12~16mm，钢筋网在越过桩顶钢筋处不应截断，并应与桩顶主筋连接。钢筋网也可根据基桩和墩台的布置，按带状布设如图6-9b所示。低桩承台有时也可不设钢筋网。承台的顶面和侧面应设置表层钢筋网，每个面在两个方向的截面面积不宜小于 $400mm^2/m$，钢筋间距不应大于 400mm。

墩（台）身与承台边缘的襟边尺寸一般按刚性角要求确定。当边桩中心位于墩（台）身底面以外时，应验算承台襟边的强度。

课后训练

（1）桩基础有何特点，各类桩的优缺点和适用条件是什么？

（2）什么情况下采用桩基础？桩基础有哪些分类方法？

（3）高桩承台和低桩承台各有什么优缺点，它们各自适用于什么情况？

任务二　桩基础的承载特性

在设计桩基础时，首先应从分析单桩的受力入手，确定单桩承载力，然后结合桩基础的结构和构造形式进行桩基受力分析计算，从而确定桩基础的承载力。

一、单桩的工作特性

孤立的一根桩称为单桩，群桩中的一根桩称为基桩，群桩中考虑群桩效应的一根桩称为复合基桩。单桩工作性能的研究是桩基承载力和沉降分析的理论基础。在确定单桩竖向承载力之前，有必要了解竖向荷载是如何通过桩—土相互作用传递给地基的。浅基础和桩基础的作用都是将上部结构荷载传递给地基，但二者的构造尺寸和埋深条件截然不同，因而荷载传递的方式也不同，图 6-10 是浅基础和桩基础荷载传递方式对比示意图。浅基础是通过足够大的基础底面积将上部结构荷载传递给地基；而桩基是埋入土中的细长杆件，除了面积很小的端部，还有面积很大的侧表面都与土接触，上部结构荷载只有经过桩身才能到达桩端，所以就必将有一部分荷载经桩身传到周围土层中，而传递给桩端持力层的荷载只是其中的一部分，因而桩的荷载传递过程要比浅基础复杂得多。

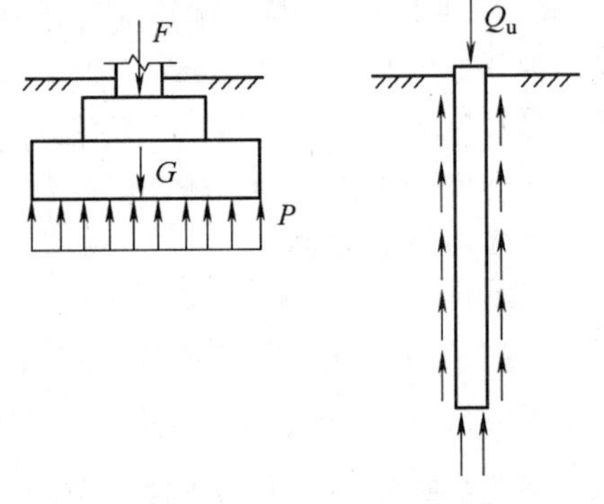

图 6-10　浅基础与桩基础荷载传递的区别

（一）荷载传递过程

1. 一般过程

当轴向荷载 Q 作用于桩顶时，桩身将发生弹性压缩 S_p，如图 6-11b 所示，荷载通过桩身传到桩端，桩端下的土层也将发生压缩 S_s。这两部分之和就是桩顶总下沉量 S，即 $S = S_p + S_s$。但埋于土中的桩与一般受压杆件的边界条件不同，它周围与土紧密接触，当桩在轴向荷载 Q_{uk} 作用下发生压缩时，由于桩身和桩周土的相互作用，在桩侧表面的土层产生了一种向上的摩阻力 q_{sk}，如图 6-11c 所示，桩顶荷载在沿着桩身向下传递的过程中必须不断地克服这种摩阻力，所以桩身轴向力随着深度不断减少，如图 6-11d 所示，最后传递到桩端，传递到桩端的轴向力 Q_{pk} 就由桩端土承担了。所以桩顶轴向荷载 Q_{uk} 等于桩侧总摩阻力 Q_{sk} 与桩端总阻力 Q_{pk} 之和，即 $Q_{uk} = Q_{sk} + Q_{pk}$。这就是轴向荷载沿桩身传递的大致过程。

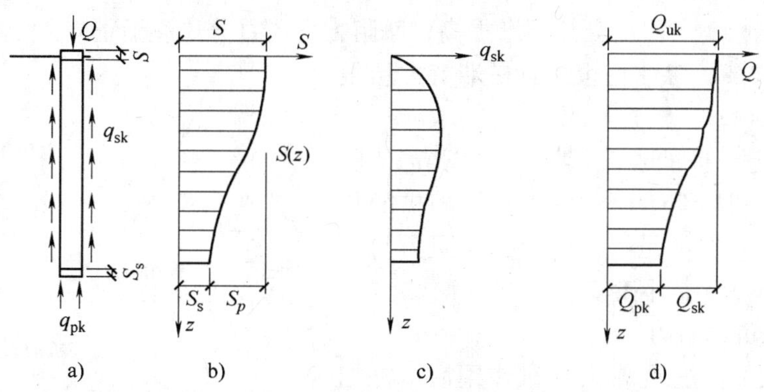

图 6-11　单桩轴向荷载传递示意图

a）轴向受压柱　b）桩身断面位移曲线　c）桩侧摩阻力沿深度分布规律

d）桩身轴向力沿深度的变化规律

2. 桩侧摩阻力的发生、变化与土层的关系

在受荷的初始阶段，桩身下沉与桩周土的向下位移是相协调的，此时，随着桩身位移的增大，侧摩阻力逐渐发挥出来，直到桩身位移量增大到一定数值，桩侧摩阻力达到极限值。这时若桩身进一步下沉，则在桩与周围土之间将产生相对滑动，侧摩阻力不再增大，甚至稍有降低，如图 6-11c。由于桩身压缩量的累积，桩身各断面的位移量是不相等的，在位移最大的顶部，摩阻力首先达到极限值，随着荷载的增加，下部桩身的侧摩阻力也逐渐增大到极限值，直到沿全部桩身的摩阻力都达到极限值。

3. 桩端阻力的发挥与侧摩阻力、持力层刚度的关系

桩端阻力的发生是在桩侧摩阻力发挥到一定程度时才开始的，此后，它随着荷载的增大而逐渐增大，当桩身侧摩阻力全部达到极限值以后，继续增加的荷载将全部由桩端阻力平衡，直到桩端持力层土体达到极限强度，桩就进入破坏阶段，这时作用于桩顶的荷载就是桩的极限荷载 Q_{uk}。

实测资料表明，桩侧摩阻力达到极限值所需的位移量仅与土质有关，与桩的尺寸无关。在黏性土中，这个极限值约为 5 ~ 7mm，在砂土中约为 10mm。由此可见，桩只要产生微小沉降，桩侧摩阻力就足以充分发挥了。但为充分发挥桩端阻力所需的桩端下沉量却大得多。在给定的土质条件下，这个极限下沉量是桩径 d 的函数。当持力层为一般黏性土时约为 $0.25d$，硬黏土约为 $0.1d$，中密以上的砂土约为 $(0.08 \sim 0.1)d$。一般桩径都在 300mm 以上，所以只有桩端下沉量达到 30mm 以上时，桩端阻力才能充分发挥。

对于密实砂土中的桩，由于桩土的相互作用，在地面以下一段（约为 10 ~ 20 倍桩径），摩阻力极限值随深度逐渐增加；深度更大时，桩侧摩阻力接近均匀分布，如图 6-11c。而在黏性土中的挤土桩，桩侧摩阻力沿深度呈抛物线形分布，桩身中段的侧摩阻力较大。

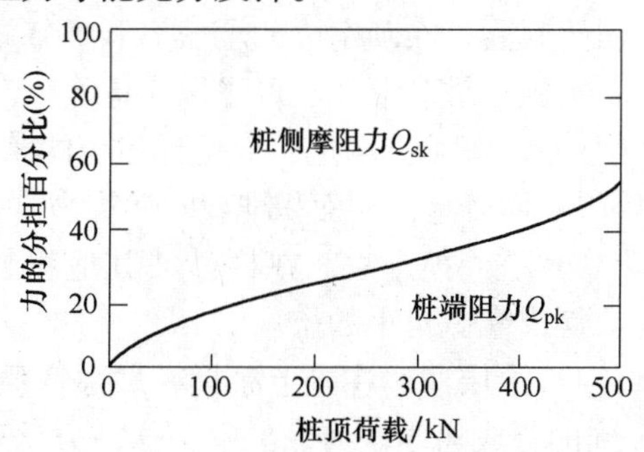

图 6-12　桩侧摩阻力与荷载的关系

（二）桩侧摩阻力与桩端阻力之间的分配

如图 6-12 所示，在较小荷载作用下时，桩端阻力很小，荷载主要靠桩侧摩阻力承担；随着荷载的增加，桩端阻力所占百分比逐渐提高，摩阻力所占百分比逐渐下降。但桩端阻力所占的比例很少超过 50%，除非桩很短且桩端持力层很坚硬。

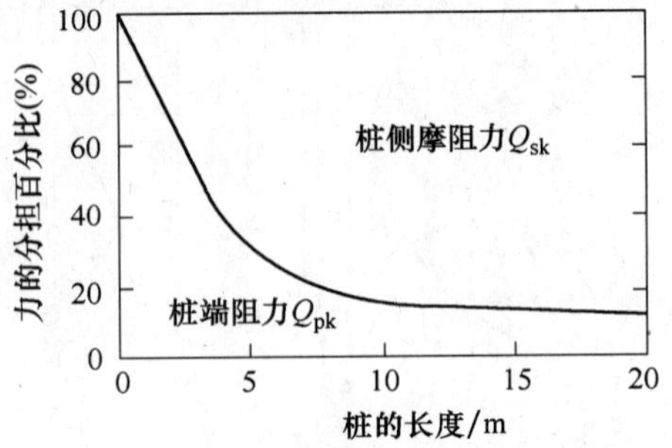

图 6-13　桩侧摩阻力与桩长的关系

荷载的分配与桩的长度有关，如图 6-13 所示。一般来说，桩端阻力所占的百分比随桩的长度的增加而减少。当桩足够长时，侧摩阻力与桩端阻力的比例基本保持不变。

（三）桩侧负摩阻力

在一般情况下，桩受轴向荷载作用后，桩相对于桩侧土体向下位移，使土对桩产生向上作用的摩阻力，称正摩阻力（如图 6-14a）。但是，当桩周土体因某种原因发生下沉，其沉降量大于桩身下沉量时，则桩侧土就相对于桩作向下位移，而使土对桩产生向下作用的摩阻力，即称其为负摩阻力（如图 6-14b）。

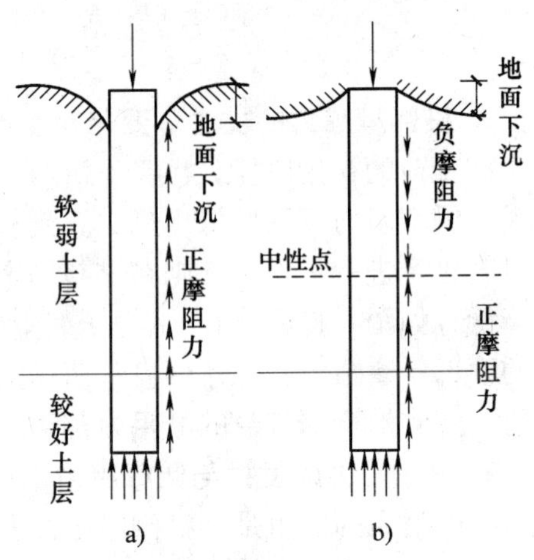

图 6-14　桩的正负摩阻力

负摩阻力的存在不但不能成为桩承载力的一部分，反而变成施加在桩上的外荷载，使桩基沉降加大，实际承载能力降低。这在桩基设计中应予以注意。桩的负摩阻力产生的原因有以下几种。

1）在桩基础附近地面有大面积堆载，引起地面沉降，对桩产生负摩阻力。对于桥头路堤高填土的桥台桩基础，地坪大面积堆放重物的车间、仓库建筑的桩基础，均要特别注意负摩阻力问题。

2）土层中抽取地下水或其他原因，地下水位下降，使土层产生自重固结下沉。

3）桩穿过欠固结土层（如填土）进入硬持力层，土层产生自重固结下沉。

4）桩数很多的密集群桩打桩时，使桩周土中产生很大的超孔隙水压力，打桩停止后桩周土的再固结作用引起下沉。

5）在黄土、冻土中的桩，因黄土湿陷、冻土融化产生地面下沉。

从上述可见，当桩穿过软弱高压缩性土层而支承在坚硬的持力层上时，最易发生桩的负摩阻力问题。在确定桩的承载力和桩基设计中应予以注意。如何降低和克服桩的负摩阻力，以下措施在桩基设计时可予以考虑。

1）对于填土场地，应保证填土的密实度，且要待填土地面沉降基本稳定后才成桩。

2）对于地面大面积堆载的建筑物，采取预压等处理措施，减少地面堆载引起的地面沉降。

3）桩周换土法，在松砂或其他粗粒土内设置桩基，可在打好桩后，挖去桩周的粗粒土，换成摩擦角小的土。

4）涂层法，在桩上涂具有黏弹性质的特殊沥青或聚氯乙烯作滑动层，也可涂抹 1.8～2mm 的合成树脂作为保护层，这种方法可以有效地降低负摩阻力，材料消耗和施工费用节约 20%。

二、单桩轴向容许承载力的确定

桩基之所以能承担一定的荷载，是桩与土共同作用的结果。因此，单桩承载力取决于桩身材料的强度与变形；取决于土的抵抗能力与变形。对于端承桩或长细比不大的桩，地基土的强度与变形常可以满足。所以桩的承载力取决于材料的强度，而摩擦桩则与其相反，其承载力常取决于土的强度与变形。单桩容许承载力是指单桩在荷载作用下，地基土和桩本身的强度和稳定性均能得到保证，变形也在容许范围之内，以保证结构物的正常使用所能承受的荷载。

单桩轴向容许承载力的确定方法有很多，下面仅介绍静载试验法和经验公式法（规范法）。

（一）静载试验法

静载试验法即在现场对一根沉入设计深度的桩在桩顶逐级施加轴向荷载，直至桩达到破坏状态为止，并在试验过程中测量每级荷载下的桩顶沉降，根据沉降与荷载及时间的关系，分析确定单桩轴向容许承载力。

静载试验可在现场做试桩或利用基础中已筑好的基桩进行试验。试桩数目应不少于基桩总数的2%，且不应少于2根；试桩的施工方法以及试桩材料、尺寸、入土深度均应与设计桩相同。

1. 试验装置

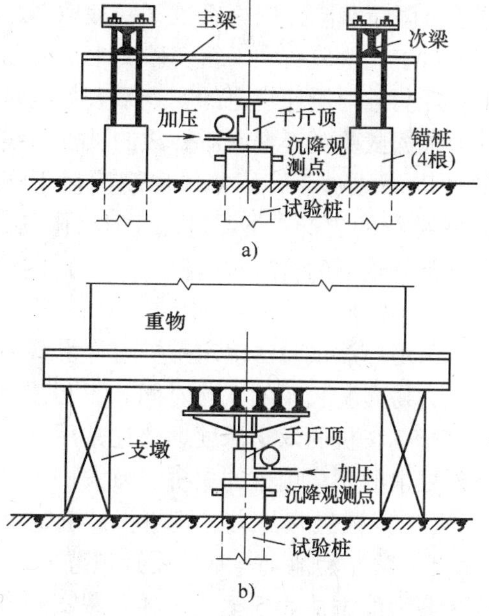

图6-15 单桩静载荷试验的加载装置

a）锚桩横梁反力装置 b）压重平台反力装置

锚桩法试验装置是常用的一种加荷装置，主要设备由锚梁、横梁和油压千斤顶组成，如图6-15所示。锚桩可根据需要布设4～6根，锚桩的入土深度等于或大于试桩的入土深度。锚桩与试桩的间距应大于试桩桩径的3倍，以减小对试桩的影响。桩顶沉降常用百分表或位移计测量。观测装置的固定点（如基准桩）应与试桩、锚桩保持适当的距离，见表6-1。

表6-1 观测装置的固定点与试桩、锚桩的最小距离 （单位：m）

锚桩数目	观测装置的固定点与试桩、锚桩的最小距离	
	与试桩	与锚桩
4	2.4	1.6
6	1.7	1.0

2. 测试方法

试桩加载应分级进行，每级荷载约为极限荷载预估值的1/10～1/15；有时也采用递变加载方式，开始阶段每级荷载取极限荷载预估值的1/2.5～1/5，终了阶段取1/10～1/15。

测读沉降时间，在每级加荷后的第一小时内，每隔15min测读一次，以后每隔30min测读一次，至沉降稳定为止。沉降稳定的标准，通常规定为：对砂性土为30min内不超过0.1mm；对黏性土为1h内不超过0.1mm。待沉降稳定后，方可施加下一级荷载。循此加载观测，直至桩达到破坏状态，终止试验。

当出现下列情况之一时，一般认为桩已达破坏状态，施加的相应荷载即为破坏荷载。

1）桩的沉降量突然增大，总沉降量大于 40mm，且本级荷载下的沉降量为前一级荷载下沉降量的 5 倍以上。

2）总位移量大于或等于 40mm，本级荷载加上后 24h 桩的沉降未趋稳定。

3. 极限荷载和轴向容许承载力的确定

破坏荷载求得以后，可将其前一级荷载作为极限荷载，单桩轴向受压容许承载力容许值等于极限荷载除以安全系数（一般取 2）。

对于大块碎石类、密实砂类土及硬黏性土，总沉降量值小于 40mm，但荷载已大于或等于设计荷载与设计规定的安全系数乘积时，可取终止加载时的总荷载为极限荷载。

根据试验测得资料所做成的试桩曲线来分析，确定试桩的破坏荷载。可以在静载试验绘制的 P—S 曲线上，以曲线出现明显下弯转折点所对应的作用荷载作为极限荷载，但有时 P—S 曲线的转折点不明显，此时极限荷载就难以确定，需借助其他方法辅助判定。例如绘制各级荷载下的沉降—时间（S—t）曲线或用对数坐标绘制 $\lg P$—$\lg S$ 曲线，可能使转折点显得明确些。

采用静载试验法确定单桩容许承载力比较符合实际情况，是较可靠的方法，但需要较多的人力物力和较长的试验时间，工程投资较大。因此《公路桥涵地基与基础设计规范》规定对于：①桩的入土深度远超过常用桩；②地质情况复杂，难以确定桩的承载力；③有其他特殊要求的桥梁用桩的大桥、特大桥。以上情况应通过静载试验确定单桩容许承载力。

（二）按经验公式（规范法）确定单桩轴向容许承载力

《公路桥涵地基与基础设计规范》（JTG D63—2007）规定了以经验公式计算单桩轴向容许承载力的方法。根据大量的静载试验资料，经过理论分析和统计整理，规范给出了不同类型的桩，按土的类别、状态、埋置深度等条件下有关土的阻力的经验系数和数据，列出了公式。这种方法具有一定理论根据和实践基础，可在一般桥梁基础设计中直接应用。

1. 摩擦桩

摩擦桩单桩轴向受压承载力容许值，等于桩侧总摩阻力容许值与桩端总承载力容许值之和。

由于沉桩与灌注桩的施工方法和埋在土中的条件不同，由试验所得的桩侧摩阻力和桩尖承载力的数据也不同，所以计算式也有所区别，分述如下：

（1）钻（挖）孔灌注桩

$$[R_a] = \frac{1}{2}u\sum_{i=1}^{n} q_{ik}l_i + A_p q_r \tag{6-1}$$

$$q_r = m_0\lambda\{[f_{a0}] + k_2\gamma_2(h-3)\} \tag{6-2}$$

式中　$[R_a]$——单桩轴向受压承载力容许值（kN），桩身自重与置换土重（当自重计入浮力时，置换土重也计入浮力）的差值作为荷载考虑；

u——桩身周长（m）；

A_p——桩端截面面积（m^2），对于扩底桩，取扩底截面面积；

n——桩所穿过的土层数；

l_i——对低桩承台，为承台底面以下桩所穿过的各层土的厚度（m）；对高桩承台，为局部冲刷线以下桩所穿过的各土层的厚度（m），扩孔部分不计；

q_{ik}——与 l_i 对应的各土层和桩侧的摩阻力标准值（kPa），宜采用单桩摩阻力试验确定，当无试验条件时按表 6-2 选用；

q_r——桩端处土的承载力容许值（kPa）。当持力层为砂土、碎石土时，若计算值超过下列值，宜按下列值采用：粉砂 1000kPa，细砂 1150kPa，中砂、粗砂、砾砂 1450kPa，碎石土 2750kPa；

$[f_{a0}]$——桩端处土的承载力基本容许值，可查地基承载力基本容许值表 3-12 表 3-7 确定（kPa）；

h——桩端的埋置深度（m）。对有冲刷的基桩，由一般冲刷线起算，对无冲刷的桩基，埋深由天然地面线或实际开挖后的地面线算起，h 的计算值不大于 40m，当大于 40m 时，按 $h=40$m 计算；

k_2——容许承载力随深度的修正系数，可按桩端尖处持力层土类查表 3-8 确定；

γ_2——桩端以上各层土的加权平均重度（kN/m^3），若持力层在水位面以下且不透水时，不论桩端以上土的透水性如何，一律用饱和重度，当持力层透水时，则水中部分土层取浮重度；

λ——修正系数，见表 6-3；

m_0——清底系数，按表 6-4 选用。

表 6-2　钻孔桩桩侧土的摩阻力标准值 q_{ik}

土类		q_{ik}/kPa	土类		q_{ik}/kPa
中密炉渣、粉煤灰		40～60	中砂	中密	45～60
黏性土	流塑 $I_L>1$	20～30		密实	60～80
	软塑 $0.75<I_L\leqslant1$	30～50	粗砂、砾砂	中密	60～90
	可塑、硬塑 $0<I_L\leqslant0.75$	50～80		密实	90～140
	坚硬 $I_L\leqslant0$	80～120	圆砾、角砾	中密	120～150
粉土	中密	30～55		密实	150～180
	密实	55～80	碎石、卵石	中密	160～220
粉砂、细砂	中密	35～55		密实	220～400
	密实	55～70	漂石、块石		400～600

注：挖孔桩的摩阻力标准值可参照本表采用。

表 6-3　修正系数 λ 值

桩端土情况 \ l/d	4～20	20～25	>25
透水性土	0.7	0.70～0.85	0.85
不透水性	0.65	0.65～0.72	0.72

表 6-4　清底系数 m_0 值

t/d	0.3～0.1
m_0	0.70～1.0

注：1. t、d 为桩端沉渣厚度和桩的直径。

2. $d<1.5$m 时，$t\leqslant300$mm；$d>1.5$m 时，$t\leqslant500$mm；且 $0.1<t/d<0.3$。

（2）沉桩的承载力容许值

$$[R_a] = \frac{1}{2}\left(u\sum_{i=1}^{n}\alpha_i l_i q_{ik} + \alpha_r A_P q_{rk}\right) \tag{6-3}$$

式中　$[R_a]$——单桩轴向受压承载力容许值（kN），桩身自重与置换土重（当自重计入浮力时，置换土重也计入浮力）的差值作为荷载考虑；

u——桩身周长（m）；

n——桩所穿过的土层数；

l_i——承台底面或局部冲刷线以下各层土的厚度；

q_{ik}——与 l_i 对应的各土层和桩侧的摩阻力标准值（kPa），宜采用单桩摩阻力试验确定，当无试验条件时按表 6-5 选用；

q_{rk}——桩端处土的承载力标准值，宜采用单桩试验确定或通过静力触探试验测定，当无试验条件时按表 6-6 选用；

α_i，α_r——分别为振动沉桩对各土层桩侧摩阻力和桩端承载力的影响系数，按表 6-7 采用，对于锤击静压沉桩其值均取为 1.0。

表 6-5　沉桩桩侧土的摩阻力标准值 q_{ik}

土类	状态	τ_i/kPa	土类	状态	τ_i/kPa
黏性土	$1 \leqslant I_L \leqslant 1.5$	15~30	粉细砂	稍密	20~35
	$0.75 \leqslant I_L < 1$	30~45		中密	35~65
	$0.5 \leqslant I_L < 0.75$	45~60		密实	65~80
	$0.25 \leqslant I_L < 0.5$	60~75	中砂	中密	55~75
	$0 \leqslant I_L < 0.25$	75~85		密实	75~90
	$I_L < 0$	85~95	粗砂	中密	70~90
粉土	稍密	20~35		密实	90~105
	中密	35~65			
	密实	65~80			

注：表中土的液性指数 I_L 系按 76g 平衡锥测定的数值算得。

表 6-6　沉桩桩端处土的承载力标准值 q_{rk}

土类	状态	桩端承载力标准值 q_{rk}/kPa		
黏性土	$1 \leqslant I_L$	1000		
	$0.65 \leqslant I_L < 1$	1600		
	$0.35 \leqslant I_L < 0.65$	2200		
	$I_L < 0.35$	3000		
土类	状态	桩尖进入持力层的相对深度		
		$1 > \frac{h_c}{d}$	$4 > \frac{h_c}{d} \geqslant 1$	$\frac{h_c}{d} \geqslant 4$
粉土	中密	1700	2000	2300
	密实	2500	3000	3500

（续）

土类	状态	桩尖进入持力层的相对深度		
		$1>\frac{h_c}{d}$	$4>\frac{h_c}{d}\geqslant 1$	$\frac{h_c}{d}\geqslant 4$
粉砂	中密	2500	3000	3500
	密实	5000	6000	7000
细砂	中密	3000	3500	4000
	密实	5500	6500	7500
中、粗砂	中密	3500	4000	4500
	密实	6000	7000	8000
圆砾石	中密	4000	4500	5000
	密实	7000	8000	9000

注：表中 h_c 为桩端进入持力层的深度（不包括桩靴），d 为桩的直径或边长。

表 6-7　系数 α_i，α_r 值　　（单位：m）

土类 / α_i　α_r / 桩径或边长 d	黏土	亚黏土	亚砂土	砂土
$d\leqslant 0.8$	0.6	0.7	0.9	1.1
$0.8<d\leqslant 2.0$	0.6	0.7	0.9	1.0
$d>2.0$	0.5	0.6	0.7	0.9

2. 柱桩（端承桩）

支承在基岩上或嵌入基岩内的钻（挖）孔桩、沉桩的单桩轴向受压承载力容许值 $[R_a]$，由嵌岩段总侧阻力、总端阻力和桩周土总侧阻力三部分组成，按下式计算：

$$[R_a] = c_1 A_P f_{rk} + u\sum_{i=1}^{m} c_{2i} h_i f_{rki} + \frac{1}{2}\zeta_s u \sum_{i=1}^{n} l_i q_{ik} \tag{6-4}$$

式中　$[R_a]$——单桩轴向受压承载力容许值（kN），桩身自重与置换土重（当自重计入浮力时，置换土重也计入浮力）的差值作为荷载考虑；

c_1——根据清孔情况、岩石破碎程度等因素而定的端阻发挥系数，按表 6-8 采用；

A_P——桩端截面面积（m^2），对于扩底桩，取扩底截面面面积；

f_{rk}——桩端岩石饱和单轴抗压强度标准值（kPa），黏土质岩取天然湿度单轴抗压强度标准值，当 f_{rk} 小于 2MPa 时按摩擦桩计算（f_{rki} 为第 i 层的 f_{rk} 值）；

c_{2i}——根据清孔情况、岩石破碎程度等因素而定的侧端阻发挥系数，按表 6-8 采用；

u——各土层或各岩层部分的桩身周长（m）；

h_i——桩嵌入各岩层部分的厚度（m），不包括强风化岩和全风化岩；

m——岩层的层数，不包括强风化岩和全风化岩；

ζ_s——覆盖层土的侧阻力发挥系数，根据桩端 f_{rk} 确定：当 $2\text{MPa}\leqslant f_{rk}<15\text{MPa}$ 时，$\zeta_s=0.8$，当 $15\text{MPa}\leqslant f_{rk}<30\text{MPa}$ 时，$\zeta_s=0.2$；

l_i——各土层的厚度；

q_{ik}——桩侧第 i 层土的侧阻力标准值（kPa），宜采用单桩摩阻力试验值，当无试验条件时，对于钻（挖）孔桩按表 6-2 选用，对于沉桩按表 6-5 采用；

n——土层的层数，强风化和全风化岩层按土层考虑。

表 6-8 系数 C_1、C_2 值

岩石层情况	C_1	C_2
完整、较完整	0.6	0.05
较破碎	0.5	0.04
破碎、极破碎	0.4	0.03

注：1. 当入岩深度小于或等于 0.5m 时，C_1 乘以 0.75 的折减系数，$C_2=0$。

2. 对于钻孔桩，系数 C_1、C_2 值应降低 20% 采用；桩端沉渣厚度 t 应满足以下要求：$d<1.5$m 时，$t\leqslant 50$mm；$d>1.5$m 时，$t\leqslant 100$mm。

3. 对于风化层作为持力层的情况，C_1、C_2 应分别乘以 0.75 的折减系数。

【例 6-1】 某桥台基础采用钻孔灌注桩基础，设计桩径 1.20m，采用冲抓锥成孔，桩穿过土层情况如图 6-16 所示，桩长 $L=20$m，桩身材料重度 25kN/m³，试按土的阻力求单桩轴向承载力。

解： 由式 6-1、式 6-2 得

$$[R_a]=\frac{1}{2}u\sum_{i=1}^{n}q_{ik}l_i+A_p q_r$$

$$q_r=m_0\lambda\{[f_{a0}]+k_2\gamma_2(h-3)\}$$

桩身周长 $U=\pi\times1.2\text{m}=3.77\text{m}$，则桩的截面面积

$$A=\frac{\pi\times1.2^2}{4}=1.13\text{m}^2$$

桩穿过各土层厚 $l_1=10$m，$l_2=10$m

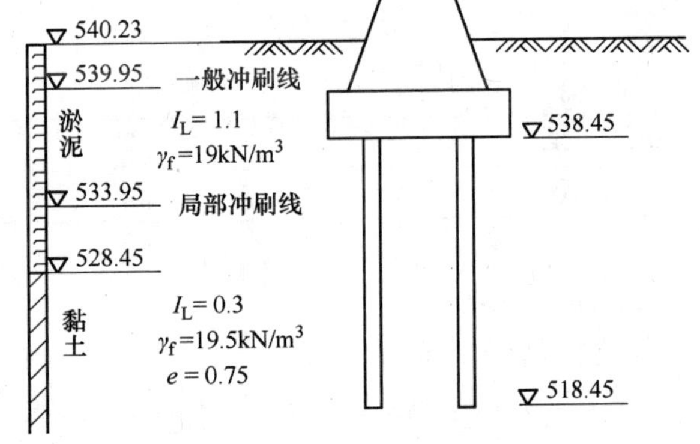

图 6-16 例题 6-1

桩侧土的摩阻力标准值查表 6-2，淤泥 $I_L=1.1>1$，处于流塑状态，取 $q_{1k}=28$kPa。黏土 $I_L=0.3$，属于硬塑状态，取 $q_{2k}=68$kPa。桩端处黏土的承载力容许值 $[f_{a0}]$ 按 $I_L=0.3$，$e=0.75$ 的黏土可查表 3-6、表 3-8 得 $[f_{a0}]=305$kPa，$k_2=2.5$。桩尖埋深应从一般冲刷线算起为 $539.95-518.45\text{m}=21.5\text{m}$。清底系数 $t/d=0.3/1.2=0.25$，查表 6-4 取 $m_0=0.78$。$l/d=21.5/1.2=17.9$ 介于 4～20，由于桩底土不透水，查表 6-3 得 $\lambda=0.65$，于是：

$$[R_a]=\frac{1}{2}u\sum_{i=1}^{n}q_{ik}l_i+A_p q_r=0.5\times3.77\times(10\times28+10\times68)+0.78\times0.65\times 1.13\times\left[305+2.5\times\frac{11.5\times19+10\times19.5}{11.5+10}\times(21.5-3)\right]=2493.94\text{kN}$$

【例 6-2】 上题中，若桩长未知，已知单根桩桩顶所受的最大竖向力为 $P=2619.36$kN，桩身材料重度取 25kN/m³，其他条件相同，试按土的阻力求桩长。

解： 由公式（6-1）、（6-2）反算桩长，该桩埋入最大冲刷线以下深度为 l，一般冲刷线

以下深度为 h，则

$$N=[R_a]=\frac{1}{2}u\sum_{i=1}^{n}q_{ik}l_i+A_p m_0\lambda\{[f_{a0}]+k_2\gamma_2(h-3)\}$$

N 为一根桩受到的全部竖向荷载（kN），其余符号同前，最大冲刷线以下桩重按桩身自重与置换土重的差值作为荷载考虑。

桩身周长 $U=\pi\times1.2\text{m}=3.77\text{m}$

桩的截面面积 $A=\frac{\pi\times1.2^2}{4}\text{m}^2=1.13\text{m}^2$

桩每延米自重 $q=\frac{\pi\times1.2^2}{4}\times25\text{kN}=28.26\text{kN}$

置换土重

$$\sigma=\frac{\pi\times1.2^2}{4}\times(533.95-528.45)\times19+\frac{\pi\times1.2^2}{4}\times19.5\times(l-5.5)=22.04l-3.11$$

桩侧土的摩阻力标准值查表6-2，淤泥 $I_L=1.1>1$ 处于流塑状态，取 $q_{1k}=28\text{kPa}$，黏土 $I_L=0.3$ 属于硬塑状态，取 $q_{2k}=68\text{kPa}$。桩端处黏土的承载力容许值 $[f_{a0}]$ 按 $I_L=0.3$，$e=0.75$ 的黏土可查表3-6与表3-8得 $[f_{a0}]=305\text{kPa}$，$k_2=2.5$，桩尖埋置深度 h 应从一般冲刷线算起。清底系数同上题取 $t/d=0.25$，查表6-4得 $m_0=0.7$，假设 l/d 值介于4~20，桩底土不透水，查表6-3得 $\lambda=0.65$，于是：

$$P+l_0q+lq-\sigma=\frac{1}{2}u\sum_{i=1}^{n}q_{ik}l_i+\lambda m_0A\{[f_{a0}]+k_2\gamma_2(h-3)\}$$

l_0 为局部冲刷线以上桩的长度（m）。

故上式即为：

$$2619.36+28.26\times4.5+28.26l-22.04l+3.11=\frac{1}{2}\times3.77\times[10\times28+(l-5.5)\times68]+$$
$$0.65\times0.78\times1.13\times\left[305+2.5\times\frac{11.5\times19+(l-5.5)\times19.5}{11.5+l-5.5}\times(3.0+l)\right]$$

解得 $l=17.8\text{m}$，取18m，故桩长 $L=22.5\text{m}$，与假设相近，否则重新进行桩长计算。

单桩一般以承受垂直荷载为主，但在风荷载及地震荷载作用下，桩基础承受较大的水平荷载，须考虑桩的变形状态进行桩的内力计算，验算单桩水平向承载力。

三、竖向荷载下的群桩

通常在一个承台下至少有两根以上的桩，这样的桩基础称为群桩，群桩中的一根桩称为基桩。竖向荷载作用下的群桩，在承台、桩及桩间土的相互作用下，其基桩的承载和沉降性状与其他条件相同的单桩有显著地差别，这种现象称为群桩效应。通常用群桩效应系数，即群桩承载力与单桩承载力之和的比值来评价。

（一）群桩的工作状态

1. 端承型群桩

由端承型桩组成的群桩，如图6-17所示，通过承台均匀地分配给各桩的荷载，其大部或全部通过桩身传递到桩端。由于桩端持力层为坚硬的岩土，因而桩顶沉降不大，承台底土反力不大，承台分担荷载的作用一般不予考虑。由于通过桩侧摩阻力传递到土层中的应力很小，因此群桩中各桩的相互影响较小，其工作状态与孤立的单桩相近。因而端承型桩的承载力可近似取为各单桩承载力之和，群桩沉降等于单桩沉降，即群桩效应系数可近似取为 1。因此，群桩理论主要是讨论摩擦群桩。当坚硬持力层下存在软弱下卧层时，则需验算单桩对软弱下卧层的冲剪、群桩对软弱下卧层的整体冲剪和群桩的沉降。

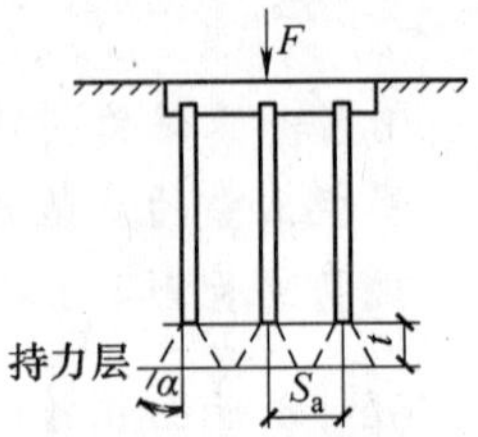

F
持力层
α
S_a
图 6-17　端承型群桩

2. 摩擦型群桩

由摩擦桩组成的群桩，在竖向荷载作用下，承台底土、桩间土、桩端下土都参与工作，形成承台、桩和土相互影响共同作用，因而摩擦群桩的工作状态更复杂。桩顶荷载主要通过桩侧摩阻力传递到桩周和桩端土层中，由于摩阻力的扩散作用，传递的荷载分布在桩端处一定范围内，使桩端处产生应力重叠现象。若群桩中的各桩受到的荷载与孤立的单桩相同，则群桩的沉降大于单桩的沉降，若要满足群桩的沉降与单桩的相同，则群桩中每根桩的承载力必然小于单桩承载力，即群桩效应系数可能小于 1，也可能大于 l，这就是群桩效应。

影响群桩承载力和沉降的因素较复杂，与土的性质、桩长、桩数、群桩的平面形状和大小等因素有关。主要表现在以下几个方面。

（1）桩距的影响　若桩距过小（桩距小于 3 倍桩径），桩间土竖向位移因相邻桩影响而增大，桩土间相对位移随之减小，致使桩侧阻力不能充分发挥。只有桩距很大（桩距大于 6 倍桩径）时群桩效应系数才可能大于 1，而这样大的桩距是不经济的。

（2）承台的影响　低承台群桩的承台限制了桩群上部的桩土间的相对位移，从而使整个群桩的侧摩阻力减小。刚性承台下的桩顶荷载分配一般是：角桩最大，中心桩最小，边桩居中，而且桩数愈多，桩顶荷载分配的差异愈大。

（3）承台宽度与桩长之比的影响　当承台宽度与桩长之比较大时，承台底土反力形成的压力泡包围了整个桩群，桩间土及桩端下土因受竖向压缩而产生位移，导致桩侧土的剪应力松弛而使侧摩阻力降低。因而在桩基设计时应尽量采用少而长的桩。

（4）土性质的影响　对于较松散的粉土和砂类土，在群桩受荷变形过程中，桩间土被挤密，强度提高，并对桩侧产生挤压力而使其侧摩阻力增大，特别是挤土群桩，其桩间土被明显挤密，致使桩侧和桩端阻力都得到较大幅度的提高。

（二）群桩承台底土反力与承台分担荷载的作用

承台底土反力主要是由于桩端产生沉降，桩与桩间土产生相对位移而引起。桩身的弹性压缩也引起少量桩土相对位移而出现部分承台底土反力。承台底土反力的大小及分担荷载的作用与下列因素有关。

（1）桩端持力层性质　若桩端持力层坚硬，桩的贯入变形较小，桩土相对位移也较小，则承台底土反力较小。

（2）承台底土层性质　若承台底土为软弱土层等，尽管桩的贯入变形较大，但产生的土反力则不大；若承台底土为欠固结状态，则随着土的固结使土反力逐渐减小以致消失。

（3）桩的中心距　若桩的中心距较小，桩间土受邻桩影响而产生较大下沉，导致承台底土反力减小，如图 6-18 所示。

（4）内、外承台面积比　桩群外部的承台底面土受桩的干涉作用远小于桩群内部，若群桩外围承台底面积所占比例较大，则承台土反力及分担荷载作用增大。

（5）沉桩挤土效应 对于饱和黏性土中的挤土桩，若桩距小、桩数多，则产生的超孔隙水压力和土体上涌量随之增大，承台浇筑后，孔隙水压力消散，土体再固结，致使土与承台底脱离，因而不存在承台底土阻力。

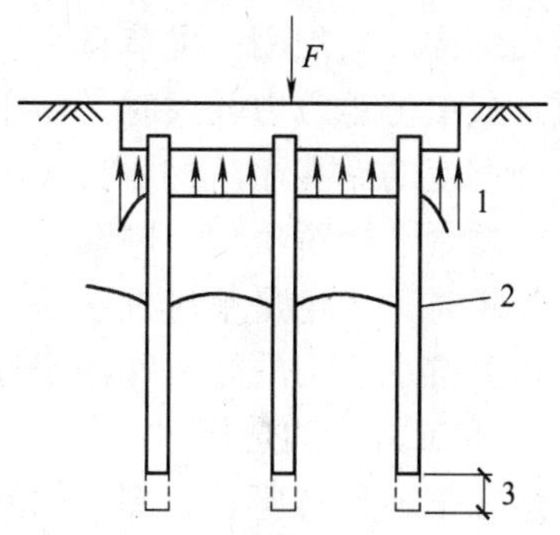

图 6-18 承台底土反力与桩间土变形
1—土反力 2—土变形 3—桩端贯入

四、桩基础设计

设计桩基础应根据上部结构的形式与使用要求、荷载的性质与大小、地质和水文资料以及材料供应和施工条件等，确定适宜的桩基类型和各组成部分的尺寸保证承台、基桩和地基，在强度、变形和稳定性方面，满足安全和使用上的要求，并应同时考虑技术和经济上的可能性和合理性。

桩基础的设计方法与步骤：一般先根据收集的必要设计资料，拟定出设计方案（包括选择桩基类型、桩长、桩径、桩数、桩的布置、承台位置与尺寸等），然后进行基桩、承台以及桩基础整体的强度、稳定、变形检验，经过计算、比较、修改直至符合各项要求，最后确定较佳的设计方案。

（一）桩基础类型的选择

选择桩基础类型时，应根据设计要求和现场的条件，同时要考虑到各种类型桩和桩基础具有的不同特点，注意扬长避短，给予综合考虑选定。

1. 承台底面标高的考虑

承台底面的标高应根据桩的受力情况、桩的刚度和地形、地质、水流、施工等条件确定。低承台稳定性较好，但在水中施工难度较大，因此可用于季节性河流、冲刷小的河流或岸滩上墩台及旱地上其他结构物基础。当承台埋于冻胀土层中时，为了避免由于土的冻胀引起桩基础的损坏，承台底面应位于冻结线以下不少于0.25m。对于常年有流水、冲刷较深，或水位较高、施工排水困难，在受力条件允许时，应尽可能采用高桩承台。承台如在水中、在有流冰的河道，承台底面应位于最低冰层底面以下不少于0.25m；在有其他漂流物或通航的河道，承台底面也应适当放低，以保证基桩不会直接受到撞击，否则应设置防撞装置。采用木桩时，由于木材在湿度经常变化的环境容易腐朽，承台内木桩顶应位于最低水位以下至少0.3m。当作用在桩基础上的水平力和弯矩较大、或桩侧土质较差，为减少桩身所受的内力，可适当降低承台底面，为节省墩台身圬工数量，则可适当提高承台底面。

2. 柱桩桩基和摩擦桩桩基的考虑

柱桩与摩擦桩的选择主要根据地质和受力情况确定。柱桩桩基础承载力大，沉降量小，较为安全可靠，因此当基岩埋深较浅时应考虑采用柱桩桩基。若适宜的岩层埋置较深或受到施工条件的限制不宜采用柱桩时，则可采用摩擦桩。但在同一桩基础中，不宜同时采用柱桩和摩擦桩；同时也不宜采用不同材料、不同直径和长度相差过大的桩，以避免桩基产生不均匀沉降或丧失稳定性。

3. 单排桩桩基础和多排桩桩基础的考虑

单排桩桩基与多排桩桩基的确定，主要根据受力情况，并与桩长、桩数的确定密切相关。多排桩稳定性好，抗弯刚度较大，能承受较大的水平荷载，水平位移小。但多排桩的设置将会增大承台的尺寸，增加施工困难，有时还影响航道；单排桩与此相反，能较好地与柱式墩台结构形式配用，可节省圬工，减小作用在桩基的竖向荷载。因此，当桥跨不大、桥高较矮，或单桩承载力较大时，需用桩数不多时常采用单排排架式基础。公路桥梁自采用了具有较大刚度的钻孔灌注桩后，选用盖梁式承台双柱或多柱式单排墩台桩柱基础也较广泛，对较高的桥台、拱桥桥台、制动墩和单向水平推力墩基础则常需用多排桩。在桩基受有较大水平力作用时，无论是单排桩还是多排桩，若能选用斜桩或竖直桩配合斜桩的形式，则将明显增加桩基抗水平力的能力和稳定性。

4. 施工方式的选择

应根据地质情况、上部结构要求和施工技术设备条件的不同，来选择打入桩、振动沉入桩、沉管灌注桩、钻（挖）孔灌注桩、管柱基础、钢筋混凝土桩、预应力混凝土桩、钢管桩等桩型。

（二）桩径、桩长的拟定

桩径与桩长的设计即基桩的外部尺寸的设计，应综合考虑荷载的大小、土层性质及桩周土阻力状况、桩基类型与结构特点、桩的长径比以及施工设备与技术条件等因素，优选确定，力求做到既满足使用要求又造价经济，最有效地利用和发挥地基土和桩身材料的承载性能。

设计时常先拟定尺寸，然后通过基桩计算和验算，视所拟定的尺寸是否经济合理，再作最后确定。

1. 桩径拟定

当桩的类型选定后，桩的横截面（桩径）可根据各类桩的特点与常用尺寸，并考虑工程地质情况和施工条件选择确定。预制桩截面规格前面已叙述，钻孔桩则以钻头直径作为设计直径，钻头直径常用规格为0.8m、1.0m、1.25m和1.5m等。

2. 桩长拟定

桩长确定的关键在于选择桩底持力层，因为桩底持力层对于桩的承载力和沉降有着重要影响，设计时可先根据地质条件选择适宜的桩底持力层，初步确定桩长，并应考虑施工的可能性（如打桩设备能力或钻进的最大深度等）。

一般总希望把桩底置于岩层或坚实的土层上，以得到较大的承载力和较小的沉降量。如在施工条件容许的深度内没有坚实土层存在，应尽可能选择压缩性较低、强度较高的土层作为持力层，要避免把桩底坐落在软土层上或离软弱下卧层的距离太近，以免桩基础发生过大的沉降。

对于摩擦桩，有时桩底持力层可能有多种选择，此时确定桩长与桩数两者相互关联，遇此情况，可通过试算比较，选用较合理的桩长。摩擦桩的桩长不应拟定太短，一般不宜小于4m。因为桩长过短，则达不到设置桩基把荷载传递到深层或减小基础下沉量的目的，且必然增加很多桩数、扩大了承台尺寸，也影响施工的进度。此外，为保证发挥摩擦桩桩底土层支承力，桩底端部应插入桩底持力层一定深度（插入深度与持力层土质、厚度及桩径等因素有关）一般不宜小于1m。

（三）确定基桩的根数及其在平面的布置

桩截面尺寸和桩长确定以后，应根据地质条件确定单桩容许承载力，进而估算桩数和进行基桩验算。

1. 桩的根数估算

一个基础所需桩的根数，可根据承台底面上的竖向荷载和单桩容许承载力按下式估算：

$$n=\mu\frac{P}{[R_a]} \tag{6-5}$$

式中　n——桩的根数；

P——作用在承台底面上的竖向荷载（kN）；

$[R_a]$——单桩容许承载力（kN）；

μ——考虑偏心荷载时各桩受力不均而适当增加桩数的经验系数，可取$\mu=1.1\sim1.2$。

估算的桩数是否合适，尚待验算各桩的受力状况后确定。此外，桩数的确定与承台尺寸、桩长和桩的间距的确定相关联，确定时应综合考虑。

2. 桩的间距确定

考虑桩与桩侧土的共同作用条件和施工的需要，对桩轴线中心距离（桩的间距）应有一定的要求。

钻（挖）孔灌注桩的摩擦桩中心距不得小于2.5倍成孔直径，支承或嵌固在岩层的端承桩中心距不得小于2倍的成孔直径（矩形桩为边长），桩的最大中心距一般也不超过5～6倍桩径。打入桩的中心距不应小于桩径（或边长）的3倍，在软土地区宜适当增加。如设有斜桩，桩的中心距在桩底处不应小于桩径的3倍，在承台底面不小于桩径的1.5倍；若用振动法沉入砂土内的桩，在桩底处的中心距不应小于桩径的4倍。管柱的中心距一般为管柱外径的2～3倍（摩擦桩）或2倍（柱桩）。

为了避免承台边缘距桩身过近而发生破裂，并考虑桩顶位置允许的偏差，边桩外侧到承台边缘的距离：对于桩径小于或等于1m的桩不应小于0.5倍桩径，且不小于0.25m；对于桩径大于1m的桩，不应小于0.3倍桩径并不小于0.5m（盖梁不受此限）。

3. 桩的平面布置

桩数确定后，可根据桩基受力情况选用单排桩桩基或多排桩桩基。桩的排列形式考虑到：一般墩（台）基础，多以纵向荷载控制设计，控制方向上，桩的布置应尽可能使各桩受力相近，且考虑施工的可能和方便。当荷载偏心较大时，承台底面的应力分布呈梯形。若$\sigma_{max}/\sigma_{min}$值比较大，宜用两侧密中间疏的不等距排列，两侧密，中间疏；若$\sigma_{max}/\sigma_{min}$值不大，宜用等距排列。而非控制方向上，一般均采用等距排列。

当作用于桩基的弯矩较大时，宜尽量将桩布置在离承台形心较远处，采用外密内疏的布置方式，以增大基桩对承台形心或合力作用点的惯性矩，提高桩基的抗弯能力。

此外，基桩布置还应考虑使承台受力较为有利。例如桩柱式墩台应尽量使墩柱轴线与基桩轴线重合，盖梁式承台的桩柱布置应使盖梁发生的正负弯矩接近或相等，以减小承台所承受的弯曲应力。

（四）桩基础设计方案检验

根据上述原则所拟定的桩基础设计方案，应进行检验。即对桩基础的强度、变形和稳定性进行必要的验算，以验证所拟定的方案是否合理，需否修改，能否优选成为较佳的设计方案。为此，应计算基础及其组成部件（基桩与承台）在与验算项目相应的最不利荷载组合下所受到的作用力及相应产生的内力与位移，做下列各项验算。

1. 单根基桩的检验

按地基土的支承力确定和验算单桩轴向承载力。按桩身材料强度确定和检验单桩承载力，对单桩水平承载力和水平位移进行检验。

2. 群桩基础承载力和沉降量的检验

当摩擦桩群桩基础的基桩中心距小于 6 倍桩径时，需检验群桩基础的承载力，包括桩底持力层承载力验算及软弱下卧层的强度验算。必要时还须验算桩基沉降量，包括总沉降量和相邻墩台的沉降差。

3. 承台强度检验

承台作为构件，一般应进行局部受压、抗冲剪、抗弯和抗剪强度验算。

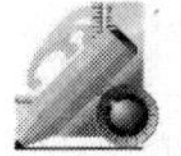

课后训练

（1）轴向荷载在桩身是怎样传递的？影响桩侧摩阻力和桩端阻力的因素有哪些？

（2）什么是桩的负摩阻力？它产生的条件是什么？对基桩有什么影响？

（3）什么叫“群桩效应”，请说明单桩承载力与群桩中一根桩的承载力有什么不同。

（4）某一桩基工程，每根基桩顶（齐地面）轴向荷载 $P=1500\text{kN}$，地基土第一层为塑性黏性土厚 2m，天然含水量 $\omega=28.8\%$，$\omega_L=36\%$，$\omega_P=18\%$，$\gamma=19\text{kN/m}^3$；第二层为中密中砂 $\gamma=20\text{kN/m}^3$，砂层厚数十米，地下水在地面下 20m，现采用打入桩（预制钢筋混凝土方桩 45cm × 45cm，请确定其入土深度？

任务三　桥梁桩基础的施工

桩基础施工前，应根据已定出的墩台纵横中心轴线直接定出桩基础轴线和各基桩桩位。目前，已普遍应用全站仪直接定位，并设置好固定桩标志或控制桩，以便施工时随时校核。

一、预制沉桩的施工

（一）桩的预制

沉桩在预制厂制造，但当工地附近没有预制厂时，从远处工厂将桩运往工地往往不经济，宜在工地选择合适的场地进行预制。这时要注意：①场地布置要紧凑，尽量靠近打桩地点，但地势要考虑到防止被洪水所淹。②地基要平整密实，并应铺设混凝土地坪或专设桩台。③制桩材料的进场路线与成桩运往打桩地点的路线，不应互受干扰。预制桩的混凝土必须连续一次浇制完成，宜用机械搅拌和振捣，以确保桩的质量。桩上应标明编号、制作日期，并填写制桩记录。桩的混凝土强度必须大于设计强度的 75% 时，方可吊运；达到设计强度时方可使用。核验沉桩的尺寸和质量，并在每根桩的一侧用油漆画上长度标记（便于随时检查沉桩入土深度）。

（二）立桩和桩定位

预制的钢筋混凝土桩由预制场地吊运到桩架内，在起吊、运输、堆放时，都应该按照设计计算的吊点位置起吊，吊点应符合设计规定。如无吊环，设计又未作规定时，可按图 6-19 所示位置设置吊点起吊。捆绑时吊索与桩之间应加衬垫，以免损坏棱角。起吊时应平稳提升，吊点同时离地，采取措施保护桩身，防止撞击和受振动。

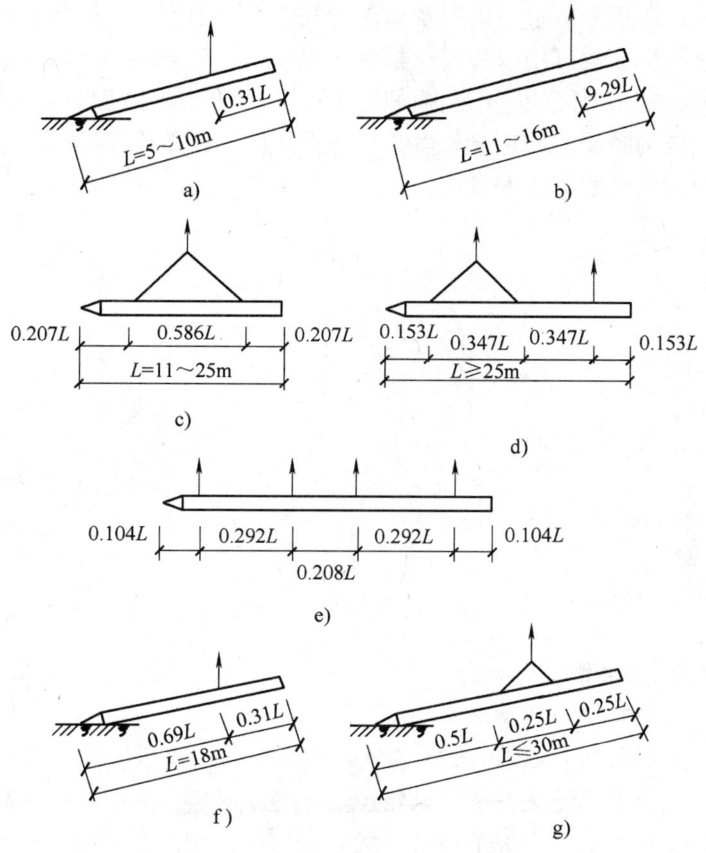

图 6-19 预制桩吊点位置

a)、b）一点吊法 c）两点吊法 d）三点吊法 e）四点吊法
f）预应力管柱一点吊法 g）预应力管柱两点吊法

桩位定线时，应将所有的纵横向位置固定牢固，如桩的轴线位置于水中，应在岸上设置控制桩。打钢筋混凝土桩时，应采用与桩的断面尺寸相适应的桩帽，桩就位后如发现桩顶不平，应以麻袋等垫平。桩锤压住桩顶后，检查锤与桩的中心线是否一致，桩位、桩帽有无移动，桩的垂直度或倾斜度是否符合规定。检查所有机具，做到安全、可靠。

（三）沉桩

沉桩工艺随沉桩机械而变，主要有三种：锤击式、振动式和静压式。

1）锤击沉桩是采用蒸汽锤、柴油锤、液压锤等，依靠沉重的锤芯自由下落以及部分包含液压产生的冲击力，将桩体贯入土中，直至设计深度。采用该法，桩径不能太大（在一般土质中桩径不大于 0.6m），桩的入土深度也不宜太深（在一般土质中不超过 40m），否则打桩设备要求较高，打桩效率很差。一般适用于松散、中密砂土、黏性土。所用的基桩主要为预制的钢筋混凝土桩或预应力混凝土桩。锤击沉桩常用的设备是桩锤和桩架。此外，还有射水装置、桩帽和送桩等辅助设备（如图 6-20、图 6-21）。锤击沉桩会产生较大的振动、挤土和噪声，引起邻近建筑物或地下管线的附加沉降或隆起。

2）振动沉桩是用振动打桩机（振动桩锤）将桩打入土中的施工方法。其原理是：由振动打桩机使桩产生上下振动，在清除桩与周围土层间摩擦力的同时使桩尖地基松动，从而使桩贯入或拔出。一般适用于砂土、硬塑及软塑的黏性土、中密及较软的碎石土。振动法施工不仅可有效地用于打桩，也可用以拔桩；虽然振动下沉，但噪音较小；在砂性土中最有效，硬地基中难以打进；施工速度快；不会损坏桩头；不用导向架也能打进；移位操作方便；需要的电源功率大。桩的断面大和桩身长者，桩锤重量应大；随地基的硬度加大，桩锤的重量也应增大；振动力大则桩的贯入速度快。

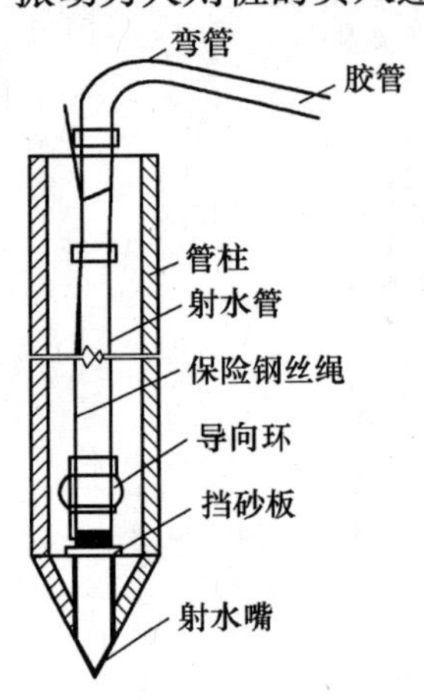

图 6-20　空心管桩中的射水装置

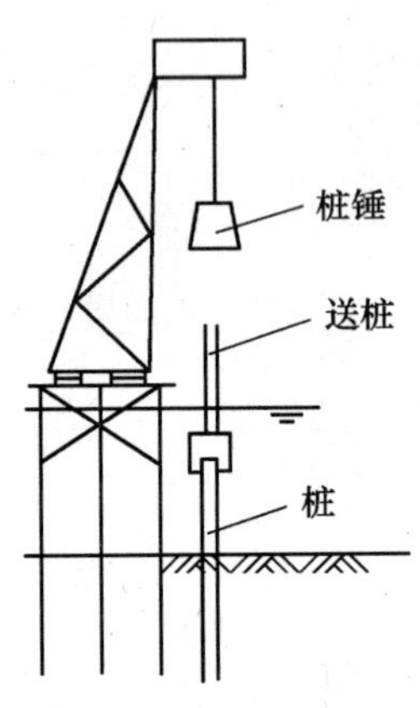

图 6-21　送桩构造

3）静力压桩是在标准贯入度 $N<20$ 的软黏性土中，用液压千斤顶或桩头加重物以施加顶进力，将桩压入土层中的施工方法。其特点为：施工时产生的噪声和振动较小；桩头不易损坏；桩在贯入时相当于给桩做静载试验，故可准确知道桩的承载力；压入法不仅可用于竖直桩，而且也可用于斜桩和水平桩；但机械的拼装移动等均需要较多的时间。

沉桩完毕基坑开挖后，应对桩位、桩顶标高进行检查，方可浇筑承台。

二、钻孔灌注桩的施工

钻孔灌注桩的成孔，根据地下水位的高低可分为泥浆护壁成孔（桩位于地下水位以下）和干作业成孔（桩位处于地下水位以上），桥梁桩基础多采用泥浆护壁成孔。施工时应根据土质、桩径大小、入土深度和机具设备等条件，选用适当的钻具和钻孔方法，以保证能顺利成孔，然后清孔、吊放钢筋笼架、灌注水下混凝土。

（一）准备工作

1. 准备场地

施工前应将场地平整好，以便安装钻架进行钻孔。当墩台位于无水岸滩时钻架位置处应整平夯实，清除杂物，挖换软土；场地有浅水时，宜采用土或草袋围堰筑岛（如图 6-22 所示）；当场地为深水或陡坡时，可用木桩或钢筋混凝土桩搭设支架，安装施工平台支承钻机（架）。深水中在水流较平稳时，也可将施工平台架设在浮船上，就位锚固稳定后在水上钻孔。水中支架的结构强度、刚度和船只的浮力、稳定都应事前进行验算。

2. 埋置护筒

护筒的作用是：①固定钻孔位置。②开始钻孔时对钻头起导向作用。③保护孔口防止孔口土层坍塌。④隔离孔内孔外表层水，并保持钻孔内水位高出施工水位以产生足够的静水压力稳固孔壁。因此埋置护筒要求稳固、准确。护筒制作要求坚固、耐用、不易变形、不漏水、装卸方便和能重复使用。一般用4~8mm厚的钢板卷制而成，护筒内径应比设计直径大0.1~0.2m，上部宜开设1~2个溢浆孔。护筒埋设可采用下埋式（适于旱地埋置如图6-22a）、上埋式（适于旱地或浅水筑岛埋置如图6-22b、c）和下沉埋设（适于深水埋置如图6-22d）。一般情况下护筒埋深：在黏性土中不宜小于1m，在砂土中不宜小于1.5m。护筒顶面宜高出地面300mm。

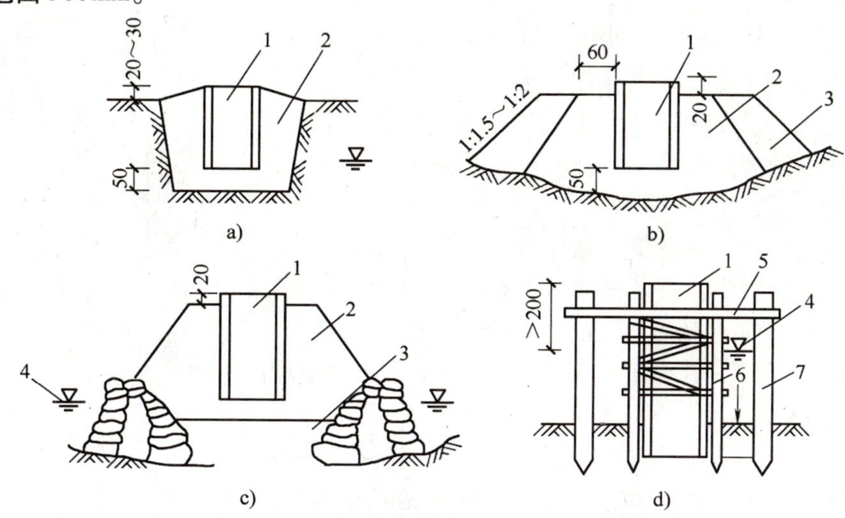

图6-22 护筒的埋置（单位：cm）

1—护筒 2—夯实黏土 3—砂土 4—施工水位 5—工作平台 6—导向架 7—脚手桩

3. 制备泥浆

泥浆在钻孔中的作用是：在孔内产生较大的静水压力，防止坍孔；泥浆向孔外土层渗漏，在钻进过程中由于钻头的活动，孔壁表面形成一层胶泥，具有护壁作用；同时将孔内外水流切断，能稳定孔内水位；泥浆比重大，具有挟带钻渣作用，利于钻渣的排出。因此在钻孔过程中，孔内应保持一定稠度的泥浆，一般比重以1.1~1.3为宜，在冲击钻进入卵石层时可用1.4以上，黏度为20s，含砂率小于3%。在较好的黏性土层中钻孔，也可灌入清水，使钻孔时孔内自造泥浆，达到固壁效果。调制泥浆的黏土塑性指数不宜小于15，粒径大于0.1mm的砂粒不宜超过6%。

4. 安装钻机或钻架

钻架是钻孔、吊放钢筋笼、灌注混凝土的支架。我国生产的定型旋转钻机和冲击钻机都附有定型钻架，其他还有木制的和钢制的四脚架、三脚架或人字扒杆。在钻孔过程中，成孔中心必须对准桩位中心，钻机（架）必须保持平稳，不发生位移、倾斜和沉陷。钻机（架）安装就位时，应详细测量，底座应用枕木垫实塞紧，顶端应用缆风绳固定平稳，并在钻进过程中经常检查。桩机就位后，应复测钻具中心，确保钻孔中心位置的准确性。

（二）成孔

成孔是钻孔灌注桩施工过程中的关键工序，应根据土质、桩径大小、入土深度和机具设备等条件，选用适当的钻具和钻孔方法，常见的钻孔方法介绍如下。

1. 旋转钻进成孔

利用钻具的旋转切削土体钻进，并在钻进同时采用循环泥浆的方法护壁排渣，继续钻进成孔。旋转钻进成孔包括：普通旋转钻机成孔法、人工机动推钻与全叶式螺旋钻成孔法、潜水钻机钻孔法（图 6-23）。由于旋转钻进成孔的施工方法受到机具和动力的限制，适用于较细、软的土层，如各种塑性状态的黏性土、砂土、夹少量粒径小于 100～200mm 的砂卵石土层，在软岩中也可使用。这种钻孔方法的深度可达 100m 以上。旋转钻机成孔按泥浆循环的程序有正、反循环回转之分。当泥浆以高压通过空心钻杆，从底部射出，随着泥浆上升而溢出流至井外沉浆池，待沉淀净化后再循环使用的方式，称为正循环，如图 6-24 所示。当泥浆由钻杆外流入井孔，旧泥浆由钻杆吸入排走的方式称为反循环。反循环钻机的钻进及排渣效率较高，但在接长钻杆时装卸较麻烦，如钻渣粒径超过钻杆内径时（一般为 120mm）易堵塞管路，则不宜采用。

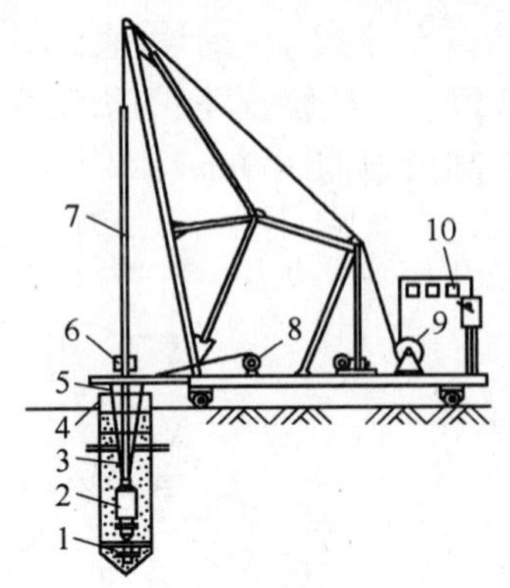

图 6-23　潜水钻机成孔
1—钻头　2—潜水钻机　3—电缆　4—护筒　5—水管　6—滚轮（支点）　7—钻杆　8—电缆盘　9—10kN 卷扬机　10—电流电压表

2. 冲击钻进成孔

利用钻锥（重为 10～35kN）不断地提锥、落锥反复冲击孔底土层，把土层中泥砂、石块挤向四壁或打成碎渣，钻渣悬浮于泥浆中，利用掏渣筒取出，重复上述过程冲击钻进成孔。主要采用的机具有：定型的冲击式钻机（包括钻架、动力、起重装置等）、冲击钻头、转向装置和掏渣筒等，也可用 30～50kN 带离合器的卷扬机配合钢、木钻架及动力组成简易冲击机，如图 6-25 所示。冲击钻孔适用于含有漂卵石、大块石的土层及岩层，也能用于其他土层。成孔深度一般不宜大于 50m。

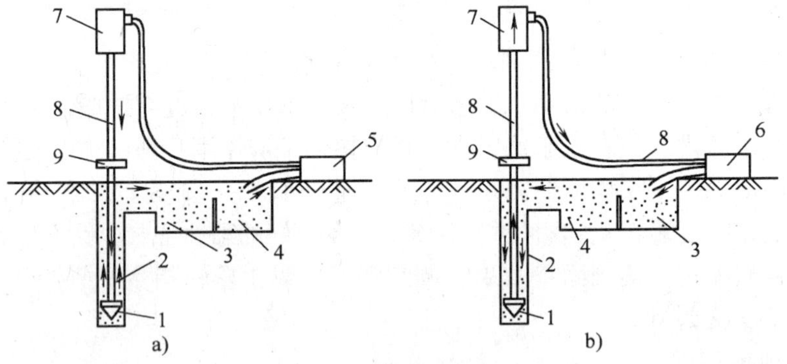

图 6-24　泥浆循环成孔工艺
a）正循环　b）反循环
1—钻头　2—泥浆循环方向　3—沉淀池　4—泥浆池　5—泥浆泵　6—砂石泵　7—水龙头　8—钻杆　9—钻机回转装置

3. 冲抓钻进成孔

利用冲抓锥张开的锥瓣向下冲击切入土石中，收紧锥瓣将土石抓入锥中，提升出孔外卸去土石，然后再向孔内冲击抓土，如此循环钻进的成孔方法如图 6-26 所示。施工时，泥浆仅起护壁作用，当土层较好时，可不用泥浆，而用水头护壁。冲抓成孔适用于较松或紧密黏性土、砂性土及夹有碎卵石的砂砾土层，成孔深度一般小于30m。用冲抓钻钻进时，应以小冲程稳而准的开孔，待锥具全部进入护筒后，再松锥进行正常冲抓。提锥应缓慢，冲击高度一般为1.0～2.5m。

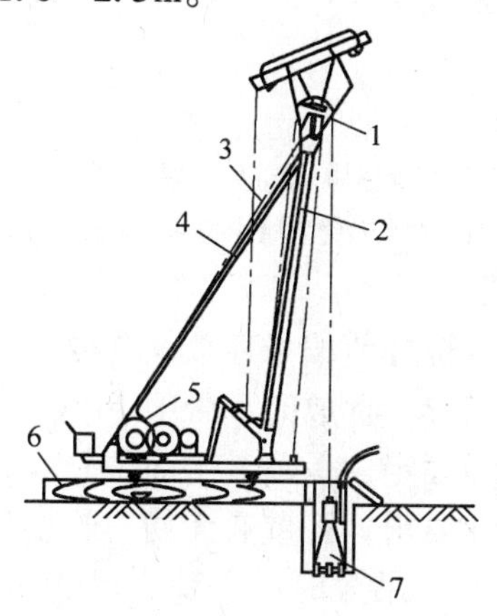

图6-25　冲击钻机成孔

1—主滑轮　2—主杆　3—后拉索　4—斜撑　5—双滚筒卷扬机　6—垫木　7—钻头

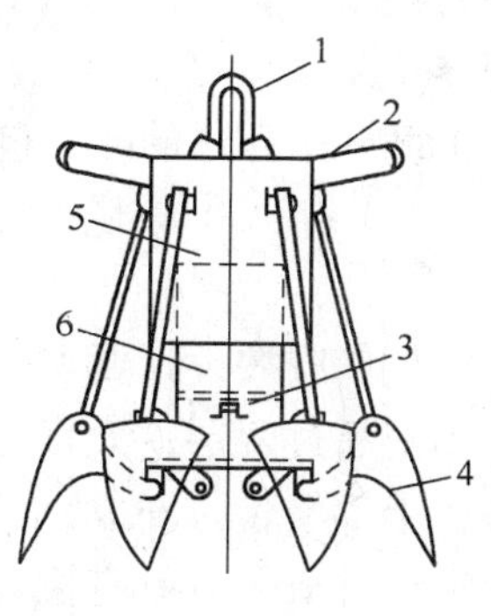

图6-26　冲抓钻进成孔

在钻孔过程中应防止坍孔、孔形扭歪或孔斜，钻孔漏水、钻杆折断，甚至把钻头埋住或掉进孔内等事故，因此钻孔时应注意下列各点。

1）在钻孔过程中，始终要保持孔内外既定的水位差和泥浆浓度，起到护壁固壁作用，防止坍孔。若发现有漏水（漏浆）现象，应找出原因及时处理。如为护筒本身漏水或因护筒埋置太浅而发生漏水，应堵塞漏洞、用黏土在护壁周围夯实加固，或重埋护筒；若因孔壁土质松散，泥浆加固孔壁作用较差，应在孔内重新回填黏土，待沉淀后再钻进，以加强泥浆护壁。

2）在钻孔过程中，应根据土质等情况控制钻进速度、调整泥浆稠度，以防止坍孔、钻孔偏斜、卡钻和旋转钻机负荷超载等情况发生，并应检查钻具连接的牢固性，避免掉钻头。

3）钻孔宜一气呵成，不宜中途停钻以避免坍孔。但若发生斜孔、弯孔、缩孔、坍孔或沿套管周围冒浆以及地面沉陷等情况，应停止钻进，经采取措施后方可继续施工。

4）钻孔过程中应加强对桩位、成孔情况的检查工作。终孔时应对桩位、孔径、形状、深度、倾斜度及孔底土质等情况进行检验，合格后立即清孔、吊放钢筋笼，灌注混凝土。钻孔完毕后为了除去孔底沉淀的钻渣和泥浆，以保证灌注的混凝土质量，保证桩的承载力，应立即进行清孔。

（三）清孔及吊装钢筋笼骨架

清孔目的是除去孔底沉淀的钻渣和泥浆，以保证灌注的混凝土质量，保证桩的承载力，清孔过程中，必须及时补给足够的泥浆，并保持浆面稳定。清孔的方法有以下几种。

1. 抽浆清孔

用空气吸泥机吸出含钻渣的泥浆而达到清孔目的。由风管将压缩空气输进排泥管，使泥浆形成密度较小的泥浆空气混合物，在水柱压力下沿排泥管向外排出泥浆和孔底沉渣，同时用水泵向孔内注水，保持水位不变直至喷出清水或沉渣厚度达到设计要求为止。此法清孔较彻底，适用于孔壁不易坍塌的各种钻孔方法的柱桩和摩擦桩。

2. 掏渣清孔

用抽渣筒、大锅锥或冲抓锥清掏孔底粗钻渣，适用于机动推钻、冲抓、冲击钻孔的各类土层摩擦桩的初步清孔。

3. 换浆清孔

适用于正循环钻孔法的摩擦桩，于钻孔完成后，提升钻锥距孔底 10 ~ 20cm，继续循环，以相对密度（1.1 ~ 1.2）较低的泥浆压入，把钻孔内的悬浮钻渣和相对密度较大的泥浆换出。

钻孔桩的钢筋应按设计要求预先焊成钢筋骨架，再按桩分节编号存放。存放时，小直径桩堆放层数不能超过两层，大直径桩不允许堆放，防止变形。存放时，骨架下部用方木或其他物品铺垫，上部覆盖。安放完毕后，应用钢筋或钢丝绳固定，保证其平面位置和高程满足规范要求；钢筋骨架吊放前应检查孔底深度是否符合设计要求，孔壁有无妨碍骨架吊放和正确就位的情况。钢筋骨架吊装可利用钻架或另立扒杆进行。吊放时要平稳，严禁猛起猛落，并拉好尾绳，避免骨架碰撞孔壁，并保证骨架外混凝土保护层厚度，应随时校正骨架位置。钢筋骨架达到设计标高后，将骨架牢固定位于孔口，立即灌注混凝土。

（四）灌注水下混凝土

目前我国多采用直升导管法灌注水下混凝土。

1. 灌注水下混凝土

施工过程如图 6-27 所示。将导管居中插入到离孔底 0.3 ~ 0.4m（不能插入孔底沉积的泥浆中），导管上口接漏斗，在接口处设隔水栓，以防止混凝土与导管内水的接触。在漏斗中贮备足够数量的混凝土后，放开隔水栓，贮备的混凝土连同隔水栓向孔底猛落，这时孔内水位骤涨外溢，说明混凝土已灌入孔内。若落下有足够数量的混凝土则将导管内水全部压出，并使导管下口埋入孔内混凝土中 1 ~ 1.5m 深，保证钻孔内的水不可能重新流入导管。水下混凝土面平均上升速度不应小于 0.25m/h，随着混凝土不断通过漏斗、导管灌入钻孔，钻孔内初期灌注的混凝土及其上面的水或泥浆不断被顶托升高，相应地不断提升导管和拆除导管，这时应保持导管的埋入深度为 2 ~ 4m，最大不宜大于 4m，拆除导管时间不超过 15min，直至钻孔灌注混凝土完毕。混凝土浇到接近桩顶时，应随时测量顶部标高，以免过多截桩或补桩。灌注混凝土后的桩坑应加以保护，避免人或物品掉入。

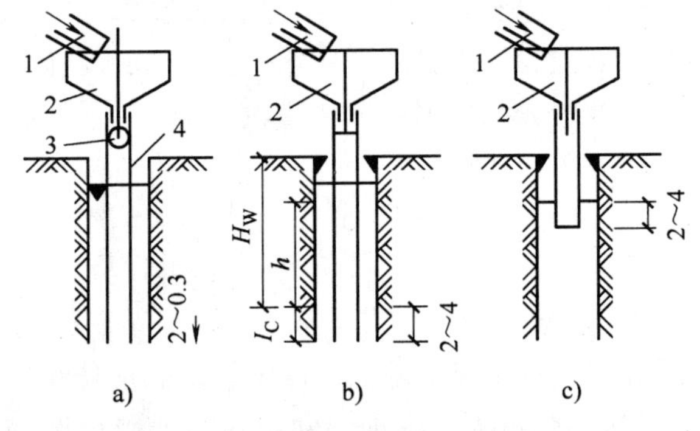

图 6-27　灌注水下混凝土（单位：m）

1—通混凝土贮料槽　2—漏斗　3—隔水栓　4—导管

为了首批灌注桩的混凝土数量能保证将导管内水全部压出，并满足导管初次埋入深度的需要，应计算漏斗应有的最小容量从而确定漏斗的尺寸大小。漏斗顶端应比桩顶（桩顶在水面以下时应比水面）高出至少 3m，以保证灌注混凝土最后阶段时，管内混凝土重量能满足顶托管外混凝土及其上水压或泥浆重量的需要。混凝土灌注完成后的 24h 内，5m 范围内相邻的桩禁止进行成孔施工。

2. 对混凝土材料的要求

为了保证水下灌注混凝土的质量，混凝土的配合比按设计强度的混凝土强度提高20%进行设计；混凝土应有必要的流动性，以坍落度表示，宜在180～220mm范围内；每$1m^3$混凝土用量不少于350kg，水胶比宜用0.5～0.6，并可适当提高含砂率（宜采用40%～50%）使混凝土有较好的和易性；为防卡管，石料尽可能用卵石，适宜粒径为5～30mm，最大粒径不应超过40mm。

在混凝土浇筑过程中，为了随时掌握钻孔内混凝土顶面的实际高度，可用测绳和测深锤直接测定。测深锤一般用锥形锤，锤底直径15cm左右、高20cm、质量为5kg，外壳可用钢板焊制，内装铁砂配重后密封。为保证灌注桩成桩后的质量，现在可用超声波法等进行无损检测。

三、挖孔灌注桩的施工

挖孔灌注桩适用于无地下水或少量地下水、且较密实的土层或风化岩层。这类桩具有成孔机具简单，挖孔作业时无振动、无噪声、无环境污染，便于清孔和检查孔壁、孔底，施工质量可靠等特点。桩的直径（或边长）不宜小于1.4m，孔深一般不宜超过20m。若孔内产生的空气污染物超过规定的浓度限值时，必须采用通风措施，方可采用人工挖孔施工。施工时必须在保证安全的前提下不间断地快速进行。每一桩孔开挖、提升出土、排水、支撑、立模板、吊装钢筋骨架、灌注混凝土等作业，都应事先准备好，紧密配合。

（一）开挖桩孔

一般采用人工开挖，开挖之前应清除现场四周及山坡上悬石、浮土等，排除一切不安全的因素，做好孔口四周临时围护和排水设备。孔口应采取措施防止土石掉入孔内，并安排好排土提升设备（卷扬机或木绞车等），布置好弃土通道，必要时孔口应搭雨棚。挖孔过程中要随时检查桩孔尺寸和平面位置，防止误差。注意施工安全，下孔人员必须配戴安全帽和安全绳，提取土渣的机具必须经常检查。孔深超过10m时，应经常检查孔内二氧化碳浓度，如超过0.3%应采取通风措施。

（二）护壁和支撑

挖孔桩开挖过程中，开挖和护壁两个工序必须连续作业，以确保孔壁不坍。应根据地质、水文条件、材料来源等情况因地制宜选择支撑及护壁方法。桩孔较深，土质较差，出水量较大或遇流砂等情况时，宜采用就地浇筑混凝土护壁，如图6-28a所示，每下挖1～2m灌注一次，随挖随支。护壁厚度一般采用0.15～0.20m，混凝土为C15～C20，必要时可配制少量钢筋，也可采用下沉预制钢筋混凝土圆管护壁。如土质松散而渗水量不大时，可考虑用木料作框架式支撑或在木框架后面铺架木板作支撑，如图6-28b，木框架或木框架与木板间应用扒钉钉牢，木

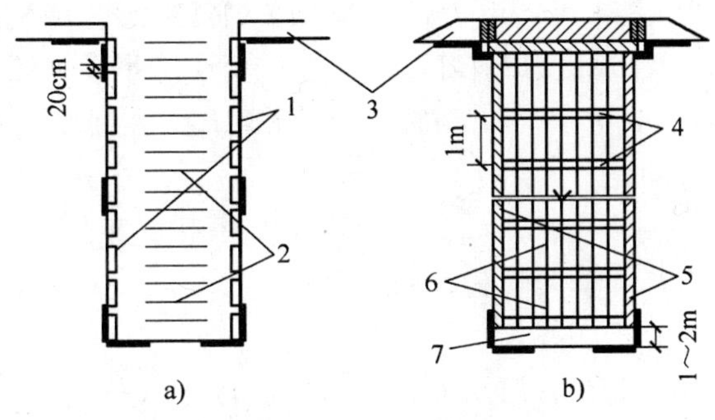

图6-28　护壁与支撑

1—就地灌注混凝土护壁　2—固定在护壁上供人上下用的钢筋　3—孔口围护　4—木框架支撑　5—支撑木板（满铺或间隔铺）　6—木框架间支撑　7—不设支撑地段

板后面也应与土面塞紧。如土质尚好，若渗水不大时也可用荆条、竹笆作护壁，随挖随护壁，以保证挖土安全进行。

（三）排水

孔内如渗水量不大，可采用人工排水（手摇木绞车或小卷扬机配合提升）；渗水量较大，可用高扬程抽水机或将抽水机吊入孔内抽水。若同一墩台有几个桩孔同时施工，可以安排一孔超前开挖，使地下水集中在一孔排除。

（四）吊装钢筋骨架及灌注桩身混凝土

挖孔达到设计深度后，应进行孔底处理。必须做到孔底表面无松渣、泥、沉淀土，以保证桩身混凝土与孔壁及孔底密贴，受力均匀。如地质复杂，应钎挖了解孔底以下地质情况是否能满足设计要求，否则应与监理、设计单位研究处理。吊装钢筋骨架及灌注水下混凝土的有关方法及注意事项与钻孔灌注桩基本相同。

【案例分析】

某沿海大桥，其主要墩基础有40根桩径为1.55m的钻孔灌注桩，实际成孔深度达50m。桥位区地质为：表层为5m的砾石，以下为37m的卵漂石层，再以下为软岩层。承包商采用下列施工方法进行施工。

①场地平整，桩位放样，埋设护筒之后，采用冲击钻进行钻孔。

②设立钢筋骨架，在钢筋笼制作时，采用搭接焊接，焊缝在钢筋笼内形成错台。当钢筋笼下放后，发现孔底沉淀量超标，但超标量较小，施工人员采用空压机风管进行扰动，使孔底残留沉渣处于悬浮状态。

③安装导管，导管底口距孔底的距离为35mm，且导管处于沉淀的淤泥渣中。

④进行混凝土灌注，混凝土坍落度16cm，整个混凝土灌注过程连续均匀进行。

⑤施工单位考虑到灌注时间较长，没有咨询监理工程师，便在混凝土中加入缓凝剂。

⑥首批混凝土灌注后埋置导管的深度为1.2m，在随后的灌注过程中，导管的埋置深度为3m。

⑦当灌注混凝土进行到10m时，出现塌孔，施工人员立即用吸泥机进行清理。

⑧当灌注混凝土进行到23m时，发现导管埋管，但堵塞长度较短，施工人员采取用型钢插入导管的方法疏通导管。

⑨灌注到27m时，导管挂在钢筋架上，施工人员采取了强制提升的方法。

⑩灌注进行到32m时，又一次堵塞导管，施工人员在导管始终处于混凝土中的状态下，拔抽抖动导管，之后继续灌注混凝土，直到顺利完成，养生一段时间后发现有断桩事故。

【问题】

1）钻孔灌注桩施工的主要工序存在哪些问题？

2）塞管处理的方法有哪些？

【分析解答】

1）②存在问题，在钢筋笼制作时，一般要采用对焊，以保证焊口平顺。当采用搭接焊时，要保证焊缝不要在钢筋笼内形成错台，以防钢筋笼卡住导管。

③对导管进行接头抗拉试验，并用1.5倍的孔内水深压力的水压进行水密承压试验，试验合格之后才可以使用安装导管。导管口不能埋入沉淀的淤泥渣中。

④进行混凝土灌注，混凝土坍落度16cm，存在问题。混凝土的坍落度要控制18～

22cm，要求和易性好。

⑤施工单位考虑到灌注时间较长，在混凝土中加入缓凝剂，须征得监理工程师的许可。

⑨当灌注到27m时，导管挂在钢筋骨架上，施工人员采取了强制提升的方法。这是不对的。当钢筋笼卡住导管后，可设法移动导管，使之脱离钢筋笼。

2）当混凝土堵塞导管时，也可以用型钢拔插抖动导管（注意不可将导管口拔出混凝土面）处理。当所堵塞的导管长度较短时，也可以用型钢插入导管内来疏通导管，也可以在导管上固定附着振动器进行振动来疏通导管内的混凝土。

课后训练

（1）在泥浆护壁成孔灌注桩施工中，埋设护筒的作用是什么？

（2）在钻孔过程中泥浆的作用是什么？

（3）叙述水下灌注混凝土的施工过程。

（4）选择一个桥梁工程钻孔灌注桩基础施工实例，围绕其施工工艺流程、施工质量控制、常见问题及处理方法等方面予以阐述（详见实训任务八）。

附录　实训指导报告

实训任务一　土的基本物理性质指标测定

学习情境

在道路与桥梁工程中，土是修筑路堤的基本材料，同时又是支撑桥梁的地基。材料的选用、边坡的稳定性、桥梁基础的持力层选择都离不开对土类别、性质指标的获得。土的物理性质在一定程度上影响着土的力学性质，是土的最基本的工程特性。通过土的指标测定可以加深对土的物理力学性质的理解，同时也是学习科学的试验方法和培养实践、动手能力的重要途径。

本任务，班级可以分组完成以下工作：地基原位取土，在土工实训室完成对土的密度、含水率、比重的测定。

基本知识

一、土的密度试验——环刀法（T0107—1993）

1. 目的和适用范围

本试验方法适用于细粒土。

2. 仪器设备

1）环刀：内径6～8cm，高2～5.4cm，壁厚1.5～2.2mm。

2）天平：感量0.1g。

3）其他：修土刀、钢丝锯、凡士林等。

3. 试验步骤

1）按工程需要取原状土或制备所需状态的扰动土样，整平两端，环刀内壁涂一薄层凡士林，刀口向下放在土样上。

2）用修土刀或钢丝锯将土样上部削成略大于环刀直径的土柱，然后将环刀垂直下压，边压边削，至土样伸出环刀上部为止，削去两端余土，使土样与环刀口面齐平，并用剩余土样测定含水率。

3）擦净环刀外壁，称环刀与土合质量 m_1，准确至0.1g。

4. 结果整理

1）按下列公式计算湿密度及干密度：

$$\rho = \frac{m_1 - m_2}{V}$$

$$\rho_d = \frac{\rho}{1 + 0.01\omega}$$

式中　ρ——湿密度（g/cm^3），精确至0.01；

m_1——环刀与土合质量（g）；

m_2——环刀质量（g）；

V——环刀体积（cm^3）；

ρ_d——干密度（g/cm^3），精确至0.01；

ω——含水率（%）。

2）精密度和允许差：本试验须进行二次平行测定，取其算术平均值，其平行差值不得大于0.03g/cm^3。

5. 条文说明

1）密度是土的基本物理性质指标之一，用它可以换算土的干密度、孔隙比、孔隙率、饱和度等指标。无论在室内试验、野外勘察以及施工质量控制中，均须测定密度。

环刀法只能用于测定不含砾石颗粒的细粒土的密度。环刀法操作简便而准确，在室内和野外普遍采用。

2）在室内做密度试验，考虑到与剪切、固结等项试验所用环刀相配合，规定室内环刀容积为60~150cm^3。施工现场检查填土压实密度时，由于每层土压实度上下不均匀，为提高试验结果的精度，可增大环刀容积，一般采用的环刀容积为200~500cm^3。

环刀高度与直径之比，对试验结果是有影响的。根据钻探机具、取土器的筒高和直径的大小，确定室内试验使用的环刀直径为6~8cm，高2~3cm；野外采用的环刀规格尚不统一，径高比一般以1~1.5为宜。

环刀壁越厚，压入时土样扰动程度也越大，所以环刀壁越薄越好。但环刀压入土中时，需承受相当的压力，壁越薄，环刀越容易破损和变形。因此，建议壁厚一般采用1.5~2mm。

3）根据工程实际需要，采用原状土或制备所需状态的扰动土。

二、土的含水率试验

（一）烘干法（T0103—1993）

1. 定义和适用范围

1）土的含水率是在105~110℃下烘至恒重时，所失去的水分质量和达恒重后干土质量的比值，以百分数表示，本法是测定含水量的标准方法。

2）本试验方法适用于黏质土、粉质土、砂类土、有机质土和冻土等土类的含水率。

2. 仪器设备

1）烘箱：可采用电热烘箱或温度能保持105~110℃的其他能源烘箱。

2）天平：称量200g，感量0.01g；称量1000g，感量0.1g。

3）其他：干燥器、称量盒（为简化计算手续，可将盒质量3~6个月定期调整为恒质量值）等。

3. 试验步骤

1）取具有代表性试样，细粒土15~30g，砂类土、有机土为50g，砂砾石1~2kg，放入称量盒内，立即盖好盒盖，称质量。称量时，可在天平一端放上与该称量盒等质量的砝码，移动天平游码，平衡后称量结果减去称量盒质量即为湿土质量。

2）揭开盒盖，将试样和盒放入烘箱内，在105~110℃恒温下烘干。烘干时间对细粒土不得少于8h，对砂类土不得少于6h。对含有机质超过5%的土或含石膏的土，应将温度控制在65~70℃的恒温下，干燥12~15h为好。

3）将烘干后的试样和盒取出，放入干燥器内冷却（一般只需0.5~1h即可），冷却后盖好盒盖，称质量，准确至0.01g。

4. 结果整理

1）按下式计算含水率：

$$\omega = \frac{m - m_s}{m_s} \times 100\%$$

式中　ω——含水率（%），精确至0.1；

m——湿土质量（g）；

m_s——干土质量（g）。

2）精密度和允许差：本试验须进行二次平行测定，取其算术平均值，允许平行差值应符合表T0103-1规定。

表T0103-1　含水量测定的允许平行差值

含水率(%)	允许平行差值(%)	含水率(%)	允许平行差值(%)
5以下	0.3	40以上	≤2
40以下	≤1	对层状和网状构造的冻土	<3

5. 条文说明

1）含水率是土的基本物理指标之一，它反映土的状态，它的变化将使土的一系列力学性质随之而异；它是计算土的干密度、孔隙比、饱和度等项指标的依据，是检测土工构筑物施工质量的重要指标。含水率烘干法试验的精度高，应用广。

2）烘干法一般采用能控制恒温的电热烘箱。

3）鉴于目前国内外主要土工试验多数以105~110℃为标准，故规定烘干温度为105~110℃。试样烘至恒温所需的时间与土类及取土数量有关。本试验规定土量为15~30g，对砂类土宜烘6~8h，黏质土宜烘8~10h。砂类土、砾类土因持水性差，颗粒大小相差悬殊，水分变化大，所以试样应多取一些，本规程规定取50g。对有机质含量超过5%的土，因土质不均匀，采用烘干法时，除注明有机质含量外，亦应取50g。

有机质土在105~110℃温度下经长时间烘干后，有机质特别是腐殖酸会在烘干过程中逐渐分解而不断损失，使测得的含水率比实际的含水率大，土中有机质含量越高，误差越大。故本规程对有机质含量超过5%的土，应在60~70℃的恒温下进行烘干。

某些含有石膏的土在烘干时会失去结晶水，用此方法测定其含水率有影响。每1%的石膏对含水率的影响为0.2%。如果土中有石膏，则试样应该在不超过80℃的温度下烘干，并可能要烘更长的时间。

（二）酒精燃烧法（T0104—1993）

1. 目的和适用范围

本试验方法适用于快速简易测定细粒土（含有机质的除外）的含水率。

2. 仪器设备

1）称量盒（定期调整为恒质量）。

2）天平：感量0.01g。

3）酒精：纯度95%。

4）其他：滴管、火柴、调土刀等。

3. 试验步骤

1）取代表性试样（黏质土5~10g，砂类土20~30g），放入称量盒内，称湿土质量m，准确至0.01g。

2）用滴管将酒精注入放有试样的称量盒中，直至盒中出现自由液面为止。为使酒精在试样中充分混合均匀，可将盒底在桌面上轻轻敲击。

3）点燃盒中酒精，燃至火焰熄灭。

4）将试样冷却数分钟，按上述步骤3）、4）重新燃烧两次。

5）待第三次火焰熄灭后，盖好盒盖，立即称干土质量m_s，准确至0.01g。

4. 条文说明

1）在试样中加入酒精，利用酒精在土上燃烧，使土中水分蒸发，将土样烘干，是快速简易测定且较准确的方法之一。适用于在没有烘箱或土样较少的条件下，对细粒土进行含水率测定。

2）酒精纯度要求达95%。

3）取代表性土样时，砂类土数量应多于黏质土。

三、土的比重试验——比重瓶法（T0112—1993）

1. 目的和适用范围

土的比重是土在105~110℃烘至恒重时的质量与同体积4℃蒸馏水质量的比值。本试验的目的是测定土的颗粒比重，它是土的物理性基本指标之一。

本试验法适用于粒径小于5mm的土。

2. 仪器设备

1）比重瓶：容量100（或50）mL。

2）天平：称量200g，感量0.001g。

3）恒温水槽：灵敏度±1℃。

4）砂浴。

5）真空抽气设备。

6）温度计：刻度为0~50℃，分度值为0.5℃。

7）其他：烘箱、蒸馏水、中性液体（如煤油）、孔径2mm及5mm筛、漏斗、滴管等。

3. 比重瓶校正

1）将比重瓶洗净、烘干，称比重瓶质量，准确至0.001g。

2）将煮沸经冷却的纯水注入比重瓶。对长颈比重瓶注水至刻度处；对短颈比重瓶应注满纯水。塞紧瓶塞，多余水分自瓶塞毛细管中溢出。调节恒温水槽至5℃或10℃，然后将比重瓶放入恒温水槽内，直至瓶内水温稳定。取出比重瓶，擦干外壁，称瓶＋水总质量，准确至0.001g。

3）以5℃级差调节恒温水槽的水温，逐级测定不同温度下的比重瓶、水总质量，至达到本地区最高自然气温为止。每个温度时均应进行两次平行测定，两次测定的差值不得大于0.002g，取两次测值的平均值，绘制温度与瓶、水总质量的关系曲线。

4. 试验步骤

1）将比重瓶烘干，将15g烘干土装入100mL比重瓶内（若用50mL比重瓶，装烘干土约12g），称量。

2）为排除土中空气，将已装有干土的比重瓶，注蒸馏水至瓶的一半处，摇动比重瓶，土样浸泡20h以上，再将瓶在砂浴中煮沸，煮沸时间自悬液沸腾时算起：砂及低液限黏土应不少于30min，高液限黏土应不少于1h。使土粒分散，注意沸腾后调节砂浴温度，不使土液溢出瓶外。

3）如系长颈比重瓶，用滴管调整液面恰至刻度处（以弯月面上缘为准），擦干瓶外及瓶内壁刻度以上部分的水，称瓶、水、土总质量。如系短颈比重瓶，将纯水注满，使多余水分自瓶塞毛细管中溢出，将瓶外水分擦干后，称瓶、水土总质量，称量后立即测出瓶内水的温度，准确至0.5℃。

4）根据测得的温度，从已绘制的温度与瓶、水总质量关系曲线中查得瓶水总质量，如比重瓶体积事先未经温度校正，则立即倾去悬液，洗净比重瓶，注入事先煮沸过且与试验时同温度的蒸馏水至同一体积刻度处。短颈比重瓶则注水至满，按本试验步骤3）调整液面后，将瓶外水分擦干，称瓶、水总质量。

5）如系砂土，煮沸时砂易跳出，允许用真空抽气法代替煮沸法排除土中空气，其余步骤与上述3）、4）相同。

6）对含有某一定量的可溶盐、不亲性胶体或有机质的土，必须用中性液体（如煤油）测定，并用真空抽气法排除土中气体。真空压力表读数宜为100kPa，抽气时间1～2h（直至悬液内无气泡为止），其余步骤同上述3）、4）。

7）本试验称量应准确至0.001g。

5. 结果整理

1）用蒸馏水测定时，按下式计算比重：

$$G_s = \frac{m_s}{m_1 + m_s - m_2} \times G_{wt}$$

式中　G_s——土的比重，精确至0.001；

m_s——干土质量（g）；

m_1——瓶、水总质量（g）；

m_2——瓶、水、土总质量（g）；

G_{wt}——t℃时蒸馏水的比重（水的比重可查物理手册），准确至0.001。

2）用中性液体测定时，按下式计算比重：

$$G_s = \frac{m_s}{m_1' + m_s - m_2'} \times G_{kt}$$

式中　G_s——土的比重，计算至0.001；

m_1'——瓶、中性液体总质量（g）；

m_2'——瓶、土、中性液体总质量（g）；

G_{kt}——t℃时中性液体比重（应实测），准确至0.001。

3）精密度和允许差：本试验必须进行二次平行测定，取其算术平均值，以两位小数表示，其平行差值不得大于0.02。

6. 条文说明

1）土粒比重是土的基本物理性指标之一，是计算孔隙比和评价土类的主要指标。

关于比重的定义，以往国内一般将比重定义为：土粒在温度100～105℃，烘至恒重时的重量与同体积4℃时蒸馏水重量的比值。近年来，国外某些书刊中给出这样的定义：给定体积材料的质量（或密度）与等体积水的质量（或密度）的比值。

各类科技词典中，多取物理学的定义来解释比重这个词，即物体的重量与其体积的比值。《现代科学技术词典》将材料的比重定义为：材料的密度和其一标准材料密度之比。这一定义更具有科学性和一般性。实际上，国外书刊上已直接用材料比重来定义土的比重了。鉴于以上情况，并考虑到我国法定计量单位中有关“比重”概念给土工试验一些基本公式和计算造成不便的现实，我们仍沿袭使用“比重”这个无量纲名词，作为土工试验中的专用名词来对待。但它有明确的定义：土粒比重是土粒在105～110℃温度下烘至恒量时的质量与同体积4℃时纯水质量的比值，这样既照顾了习惯用法，又有明确的科学定义，符合法定计量的有关规定。

本试验适用于粒径小于5mm的土。

颗粒小于5mm的土用比重瓶法测定。根据土的分散程度、矿物成分、水溶盐和有机质的含量，又分别规定用纯水和中性液体测定。排气方法也根据介质的不同分别采用煮沸法和真空抽气法。

2）目前各单位多用100mL的比重瓶，也有采用50mL的。比较试验表明，瓶的大小对比重结果影响不大，但因100mL的比重瓶可以多取些试样，使试样的代表性和试验的精度提高，所以本规程建议采用100mL的比重瓶，但也允许采用50mL的比重瓶。

比重瓶校正一般有两种方法：称量校正法和计算校正法。前一种方法精度比较高，后一种方法引入了某些假设，但一般认为对比重影响不大。本试验以称量校正法为准。

3）关于试样状态，规定用烘干土，但考虑到烘焙对土中胶粒有机质的影响尚无一致意见，所以这次规定一般应用烘干试样，也可用风干或天然湿度试样。一般规定有机质含量小于5%时，可以用纯水测定。

从资料上看，易溶盐含量小于0.5%时，用纯水和中性液体测得的比重几乎无差异。含盐量大于0.5%时，比重值可差1%以上。因此规定含盐量大于0.5%时，用中性液体测定。

排气方法，规程中仍选用煮沸法为主。如需用中性液体时，则采用真空抽气法。

粗、细粒土混合料比重的测定，本规程规定分别测定粗、细粒土的比重，然后取加权平均值。

下达工作任务

土的密度、含水率、比重测定
工作任务： 使用相关的试验仪器，通过学生小组的分工协作，按试验步骤进行操作试验，完成土的密度、含水率和比重的测定任务，并写出相应的试验报告。 **实训方式：** 教师先示范，学生以小组为单位，认真听取教师讲解试验目的、方法、步骤。然后，作为试验员进行试验。 **实训目的：** 土的基本物性指标的测定是不可缺少的教学环节，也是地基基础施工现场的一项重要工作。试验可以加深对基本理论的理解，同时也是学习试验方法、试验技能和培养试验结果分析能力的重要途径。 **实训内容和要求：** 进行土的密度、天然含水率、土的比重试验，掌握试验目的、仪器设备、操作步骤、成果整理等环节。土工试验方法遵循《公路土工试验规程》（JTG E40—2007）。 **实训成果：** 试验完成后，将试验数据填入试验记录表，并写出试验过程。各小组间交流成果，分析讨论，由指导教师讲评，以提高学生的实际动手能力。

制订计划

计　划　表

小组长		场地		
仪器、设备/数量				
分工安排				
序号	工作内容	操作者	记录/计算者	数据校核

实施计划

密度试验记录（环刀法）

土样说明＿＿＿＿＿＿＿＿　　　　试验者＿＿＿＿＿＿＿＿

试验日期＿＿＿＿＿＿＿＿　　　　校核者＿＿＿＿＿＿＿＿

土样编号			1		2		3	
环刀号								
环刀容积/cm^3	(1)							
环刀质量/g	(2)							
土＋环刀质量/g	(3)							
土样质量/g	(4)	(3)－(2)						
湿密度/(g/cm^3)	(5)	(4)/(1)						
含水率(%)	(6)							
干密度/(g/cm^3)	(7)	(5)/[1＋(6)]						
平均干密度/(g/cm^3)	(8)							

含水率试验记录（烘干法/酒精燃烧法）

土样说明________　　试验者________

试验日期________　　校核者________

盒号		1	2	3	4
盒质量/g	(1)				
盒+湿土质量/g	(2)				
盒+干土质量/g	(3)				
水分质量/g	(4)=(2)-(3)				
干土质量/g	(5)=(3)-(1)				
含水率(%)	(6)=(4)/(5)				
平均含水率(%)	(7)				

比重试验记录（比重瓶法）

试验方法________　　试验日期________

试验者________　　校核者________

试验编号	比重瓶号	温度/℃	液体比重	比重瓶质量/g	瓶、干土总质量/g	干土质量/g	瓶、液总质量/g	瓶、液、土总质量/g	与干土相同体积的液体质量/g	比重	平均比重值
		(1)	(2)	(3)	(4)	(5)	(6)	(7)	(8)	(9)	
						(4)-(3)			(5)+(6)-(7)	$\frac{(5)}{(8)}\times(2)$	

评定反馈

试验报告及讨论：

1）根据分组试验情况及相关数据记录，完成本次任务的试验报告。

2）各组比较试验成果，看是否存在差异，并讨论差异形成的原因。

评定反馈表

任务内容						
小组号			学生姓名		学号	
序号	检查项目	分数权重	评分要求	自评分	组长评分	教师评分
1	任务完成情况	40	按要求完成任务			
2	试验记录	20	记录、计算规范			
3	学习纪律	20	服从指挥、无安全事故			
4	团队合作	20	服从组长安排，能配合他人工作			

学习心得与反思：

存在问题：

时间：________

学生自评分占20%	组长评分占20%	教师评分占60%	最后得分

实训任务二　土的鉴别与定名

学习情境

基础工程施工过程中，当基坑开挖后应对地基土进行检测，通过检测来验证地基勘察报告的准确性，避免因勘察失误而造成设计、施工质量问题。对地基土进行检测，首先就要对所采集的土样进行现场鉴别，根据土的工程分类方法判定其属于哪一类土，砂类土采用何种试验方法，而黏性土又采用何种试验方法来进一步给土定名。

基本知识

从工地现场采集原状土样，送到实验室进行检测。首先根据土的简易识别步骤鉴别出土样所属哪一大类，是粗粒土还是细粒土。如果是砂类土，需要通过土的颗粒分析试验来确定土的粒度成分和级配好坏；是黏性土的话则要通过界限含水率试验来确定塑性指数与液限，再根据塑性图分类法来判断是粉土还是黏土，稠度怎样。依据《公路土工试验规程》（JTG E40—2007）土的工程分类对土进行定名，鉴定土的其他性质。

一、界限含水量试验——液限塑限联合测定法（T0118—2007）

1. 目的和适用范围

1）本试验的目的是联合测定土的液限和塑限，用于划分土类、计算天然稠度、塑性指数，供公路工程设计和施工使用。

2）本试验适用于粒径不大于0.5mm、有机质含量不大于试样总质量5%的土。

2. 仪器设备

1）圆锥仪：锥质量为100g或76g，锥角为30°，读数显示形式宜采用光电式、数码式、游标式、百分表式。

2）盛土杯：直径50mm，深度40～50mm。

3）天平：称量200g，感量0.01g。

4）其他：筛（孔径0.5mm）、调土刀、调土皿、称量盒、研钵（附带橡皮头研杵或橡皮板、木棒）、干燥器、吸管、凡士林等。

3. 试验步骤

1）取有代表性的天然含水率或风干土样进行试验，如土中含大于0.5mm的土粒或杂物时，应将风干土样用带橡皮头的研杵研碎或用木棒在橡皮板上压碎，过0.5mm的筛。取0.5mm筛下的代表性土样200g，分开放入三个盛土皿中，加不同数量的蒸馏水，土样的含水率分别控制在液限（*a*点）、略大于塑限（*c*点）和二者的中间状态（*b*点）。用调土刀调匀，盖上湿布，放置18h以上。测定*a*点的锥入深度，对于100g锥应为20±0.2mm；对于76g锥应为17mm。测定*c*点的锥入深度，对于100g锥应控制在5mm以下，对于76g锥应控制在2mm以下。对于砂类土，用100g锥测定*c*点的锥入深度可大于5mm，用76g锥测定*c*点的锥入深度可大于2mm。

2）将制备的土样充分搅拌均匀，分层装入盛土杯，用力压密，使空气逸出。对于较干的土样，应先充分搓揉，用调土刀反复压实，试杯装满后，刮成与杯边齐平。

3）当用游标式或百分表式液限塑限联合测定仪试验时，调平仪器，提起锥杆（此时游标或百分表读数为零），锥头上涂少许凡士林。

4）将装好土样的试杯放在联合测定仪的升降座上，转动升降旋钮，待锥尖与土样表面刚好接触时停止升降，扭动锥下降旋钮，同时开动秒表，经5s时，松开旋钮，锥体停止下落，此时游标读数即为锥入深度 h_1。

5）改变锥尖与土接触位置（锥尖两次锥入位置距离不小于1cm），重复3）和4）步骤，得锥入深度 h_2。允许误差为0.5mm，否则，应重做。取 h_1、h_2 平均值作为该点的锥入深度 h。

6）去掉锥尖入土处的凡士林，取10g以上的土样两个，分别装入称量盒内，称质量（准确至0.01g），测定其含水率 ω_1、ω_2（计算至0.1%）。计算含水率平均值 ω。

7）重复本试验2）至6）步骤，对其他两个含水率土样进行试验，测其锥入深度和含水率。

8）用光电式或数码式液限塑限联合测定仪测定时，接通电源，调平机身，打开开关，提上锥体（此时刻度或数码显示应为零）。将装好土样的试杯放在升降座上，转动升降旋钮，试杯徐徐上升，土样表面和锥尖刚好接触，指示灯亮，停止转动旋钮，锥体立刻自行下沉，5s时，自动停止下落，读数窗上或数码管显示锥入深度。试验完毕，按动复位按钮，锥体复位，读数显示为零。

4. 结果整理

1）在双对数坐标纸上，以含水率 ω 为横坐标，锥入深度 h 为纵坐标，点绘 a、b、c 三点含水率的 h—ω 图（图T0118-1），连此三点，应呈一条直线。如三点不在同一直线上，要通过 a 点与 b、c 两点连成两条直线，根据液限（a 点含水率）在 $h_P \sim \omega_L$ 图上查得 h_P，以此 h_P 再在 h—ω 图上的 ab 及 ac 两直线上求出相应的两个含水率，当两个含水率的差值小于2%时，以该两点含水率的平均值与 a 点连成一直线。当两个含水率的差值大于2%时，应重做试验。

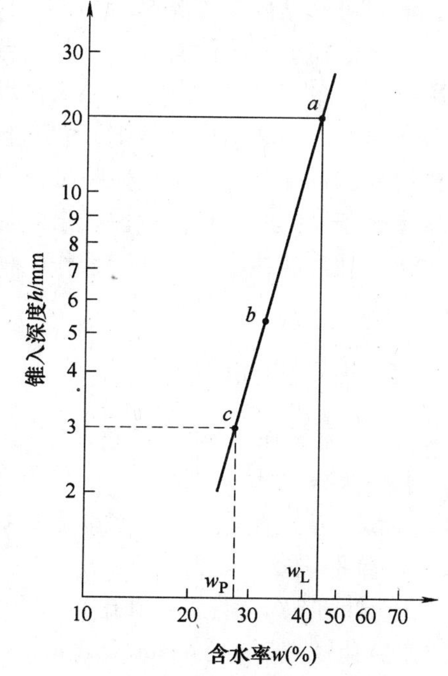

图T0118-1　锥入深度与含水率（h—ω）关系

2）液限的确定方法

①若采用76g锥做液限试验，则在 h—ω 图上，查得纵坐标入土深度 $h=17$mm所对应的横坐标的含水量 ω，即为该土样的液限 ω_L。

②若采用100g锥做液限试验，则在 h—ω 图上，查得纵坐标入土深度 $h=20$mm所对应的横坐标的含水率 ω，即为该土样的液限 ω_L。

3）塑限的确定方法

①根据本试验液限的确定方法①求出的液限，通过76g锥入深度 h 与含水率 ω 的关系（图T0118-1）查得锥入深度为2mm所对应的含水率即为土样的塑限 ω_p。

②根据本试验液限的确定方法②求出的液限，通过液限 ω_L 与塑限时入土深度 h_P 的关系曲线（图 T0118-2）查得 h_P，再由图 T0118-1 求出入土深度为 h_P 时所对应的含水率，即为该土样的塑限 ω_P。查 h_P—ω_L 关系图时，须先通过简易鉴别法及筛分法把砂类土与细粒土区别开来，再按这两种土分别采用相应的 h_P—ω_L 关系曲线；对于细粒土，用双曲线确定 h_P 值；对于砂类土，则用多项式曲线确定 h_P 值。

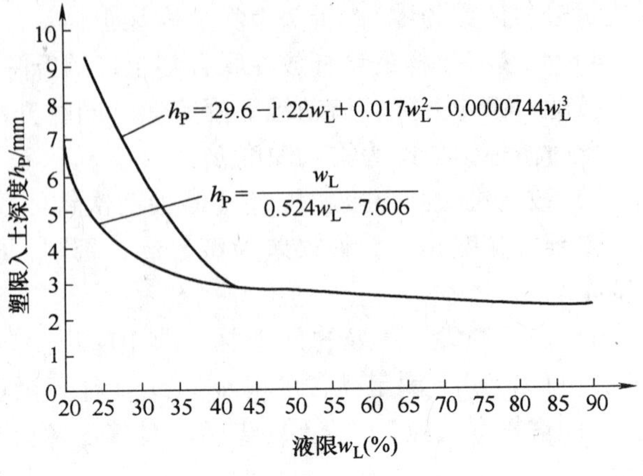

图 T0118-2　h_P—ω_L 关系曲线

4）精密度和允许差：本试验须进行两次平行测定，取其算术平均值，以整数（%）表示。其允许差值为：高液限土小于或等于 2%，低液限土小于或等于 1%。

5. 条文说明

1）76g 锥以入土深度 17mm 作为液限和 100g 锥以入土深度 20mm 作为液限，经对比是一致的。影响圆锥入土深度的因素可归结为土质、物理状态（湿度和密度状态）和结构三大方面，对于扰动土，排除了结构状态的影响。塑限时入土深度与含水率关系不稳定的原因就在于湿密状态和土质的影响。

土的性质对塑限时入土深度有显著影响，一般地讲，对砂类土的影响较大，而对粉质土和黏质土的影响则较小。

2）液限塑限联合测定仪有数码式、光电式、游标式和百分表式四种。本规程并列这四种仪器，可根据具体情况选用。

3）试样制备好坏对液限塑限联合测定的精度具有头等重要意义。制备试样应均匀、密实。一般制备三个试样：一个要求含水率接近液限（入土深度 20±0.2mm），一个要求含水率接近塑限，一个居中。否则，就不容易控制曲线的走向。对于联合测定精度最有影响的是靠近塑限的那个试样。可以先将试样充分搓揉，再将土块紧密地压入容器、刮平、待测。当含水率等于液限时，对控制曲线走向最有利，但此时试样很难制备，必须充分搓揉，使土的断面上无孔隙存在。为了便于操作，根据实际经验含水率可略放宽，以入土深度不大于 4～5mm 为限。

二、颗粒分析试验

（一）筛分法（T0115—1993）

1. 目的和适用范围

本试验法适用于分析粒径介于 0.075～60mm 的土样。

2. 仪器设备

1）标准筛：粗筛（圆孔）孔径为 60mm、40mm、20mm、10mm、5mm、2mm；细筛（圆孔）孔径为 2mm、1mm、0.5mm、0.25mm、0.075mm。

2）天平：称量 5000g，感量 5g；称量 1000g，感量 1g；称量 200g，感量 0.2g。

3）摇筛机。

4）其他：烘箱、筛刷、烧杯、木碾、研钵及杵等。

3. 试样

从风干、松散的土样中，用四分法按照下列规定取出具有代表性的试样。

小于 2mm 颗粒的 ±100 ~ 300g；

最大粒径小于 10mm 的土 300 ~ 900g；

最大粒径小于 20mm 的土 1000 ~ 2000g；

最大粒径小于 40mm 的土 2000 ~ 4000g；

最大粒径大于 40mm 的土 4000g 以上。

4. 试验步骤

（1）对于无凝聚性的土

1）按规定称取试样，将试样分批过 2mm 筛。

2）将大于 2mm 的试样从大到小的次序，通过大于 2mm 的各级粗筛，将留在筛上的土分别称量。

3）2mm 筛下的土如数量过多，可用四分法缩分至 100 ~ 800g。将试样按从大到小的次序通过小于 2mm 的各级细筛，可用摇筛机进行振摇。振摇时间一般为 10 ~ 15min。

4）由最大孔径的筛开始，顺序将各筛取下，在白纸上用手轻叩摇晃，至每分钟筛下数量不大于该级筛余质量的 1% 为止。漏下的土粒应全部放入下一级筛内，并将留在各筛上的土样用软毛刷刷净，分别称量。

5）筛后各级筛上和筛底土总质量与筛前试样质量之差，不应大于 1%。

6）如 2mm 筛下的土不超过试样总质量的 10%，可省略细筛分析，如 2mm 筛上的土不超过试样总质量的 10%，可省略粗筛分析。

（2）对于含有黏土粒的砂砾土

1）将土样放橡皮板上，用木碾将黏结的土团充分碾散、拌匀、烘干、称量。如土样过多时，用四分法称取代表性土样。

2）将试样置于盛有清水的瓷盆中，浸泡并搅拌，使粗细颗粒分散。

3）将浸润后的混合液过 2mm 筛，边冲边洗过筛，直至筛上仅留大于 2mm 以上的土粒为止。然后，将筛上洗净的砂砾风干称量，按以上方法进行粗筛分析。

4）通过 2mm 筛下的混合液存放在盆中，待稍沉淀，将上部悬液过 0. 075mm 洗筛，用带橡皮头的玻璃棒研磨盆内浆液，再加清水，搅拌、研磨、静置、过筛，反复进行，直至盆内悬液澄清。最后，将全部土粒倒在 0. 075mm 筛上，用水冲洗，直到筛上仅留大于 0. 075mm 净砂为止。

5）将大于 0. 075mm 的净砂烘干称量，并进行细筛分析。

6）将大于 2mm 颗粒及 2 ~ 0. 075mm 的颗粒质量从原称量的总质量中减去，即为小于 0. 075mm 颗粒质量。

7）如果小于 0. 075 颗粒质量超过总土质量的 10%，必要时，将这部分土烘干、取样，另做比重计或移液管分析。

5. 结果整理

1）按下式计算小于某粒径颗粒质量百分数

$$X = a/b \times 100\%$$

式中 X——小于某粒径的质量百分数（%），精确至 0.01；

a——小于某粒径的颗粒质量（g）；

b——试样的总质量。

2）当小于 2mm 的颗粒如用四分法缩分取样时，试样中小于某粒径的颗粒质量占总土质量的百分数：

$$X = a/b \times p \times 100\%$$

式中 X——小于某粒径颗粒的质量百分数（%），精确至 0.01；

a——通过 2mm 筛的试样中小于某粒径的颗粒质量（g）；

b——通过 2mm 筛的土样中所取试样的质量（g）；

p——粒径小于 2mm 的颗粒质量百分数（%）。

3）在半对数坐标纸上，以小于某粒径的颗粒质量百分数（%）为纵坐标，以粒径（mm）为横坐标，绘制颗粒大小级配曲线，求出各粒组的颗粒质量百分数，以整数（%）表示。

4）必要时按下式计算不均匀系数 $C_u = d_{60}/d_{10}$

5）报告填写：土的鉴别分类和代号、颗粒级配曲线、不均匀系数 C_u。

（二）密度计法（T0116—2007）

1. 目的和适用范围

本试验方法适用于分析粒径小于 0.075mm 的土。

2. 仪器设备

1）密度计

①甲种密度计：刻度单位以 20°C 时每 1000mL 悬液内所含土质量的克数表示，刻度为 -5 ~ 50，最小分度值为 0.5。

②乙种密度计：刻度单位以 20°C 时悬液的比重表示，刻度为 0.995 ~ 1.020，最小分度值为 0.0002。

2）量筒：容积为 1000mL，内径为 60mm，高度为 350 ± 10mm，刻度为 0 ~ 1000mL。

3）细筛：孔径为 2mm、0.5mm、0.25mm；洗筛：孔径为 0.075mm。

4）天平：称量 100g，感量 0.1g。称量 100g，感量 0.01g。

5）温度计：测量范围 0 ~ 50°C，精度 0.5°C。

6）洗筛漏斗：上口径略大于洗筛直径，下口直径略小于量筒直径。

7）煮沸设备：电热板或电砂浴。

8）搅拌器：底板直径 50mm，孔径约 3mm。

9）其他：离心机、烘箱、三角烧瓶（500mL）、烧杯（400mL）、蒸发皿、研钵、木碾、称量铝盒、秒表等。

3. 试剂

浓度 25% 氨水、氢氧化钠（NaOH）、草酸钠（$Na_2C_2O_4$）、六偏磷酸钠［$(NaPO_3)_6$］、焦磷酸钠（$NaP_4P_2O_7 \cdot 10H_2O$）等，如须进行洗盐手续，应有 10% 盐酸、5% 氯化钡、10% 硝酸、5% 硝酸银及 6% 双氧水等。

4. 试样

密度计分析土样应采用风干土。土样充分碾散，通过 2mm 筛（土样风干可在烘箱内以不超过50°C温度鼓风干燥）。求出土样的风干含水率，并按下式计算试样干质量为30g时所需的风干土质量，准确至0.01g。$m = m_s(1 + 0.01\omega)$

5. 密度计校正

1）密度计刻度校正与土粒沉降距离校正。

2）温度校正，密度计是20°C时刻制的，当悬液温度不等于20°C时，应进行校正。

3）土粒比重校正，密度计刻度应以土粒比重2.65为准，当试样的土粒比重不等于2.65时，应进行土粒比重校正。

4）分散剂校正，密度计刻度系以纯水为准，当悬液中加入分散剂时，比重增大，故须加以校正。注纯水入量筒，然后加分散剂，使量筒溶液达1000mL。用搅拌器在量筒内沿整个深度上下搅拌均匀，恒温至20°C，然后将密度计放入溶液中，测记比重计读数。此时比重计读数与20°C时纯水中读数之差，即为分散剂校正值。

6. 土样分散处理

土样的分散处理采用分散剂。对于使用各种分散剂均不能分散的土样（如盐渍土等），须进行洗盐。

对于一般易分散的土，用25%氨水作为分散剂，其用量为：30g土样中加氨水1mL。

对于用氨水不能分散的土样，可根据土样的pH值，分别采用下列分散剂。

1）酸性土（pH<6.5），30g土样加0.5mol/L氢氧化钠20mL。溶液配制方法：称取20gNaOH（化学纯），加蒸馏水溶解后，定容至1000mL，摇匀。

2）中性土（pH=6.5~7.5），30g土样加0.25mol/L草酸钠18mL。溶液配制方法：称取3.5g$Na_2C_2O_4$（化学纯），加蒸馏水溶解后，定容至1000mL，摇匀。

3）碱性土（pH>7.5），30g土样加0.083mol/L六偏磷酸钠15mL。溶液配制方法：称取51g$(NaPO_3)_6$（化学纯），加蒸馏水溶解后，定容至1000mL，摇匀。

4）若土的pH大于8，用六偏磷酸钠分散效果不好或不能分散时，则30g土样加0.125mol/L焦磷酸钠14mL。溶液配制方法：称取55.8g$Na_4P_4P_2O_7 \cdot 10H_2O$（化学纯），加蒸馏水溶解后，定容至1000mL。摇匀。

对于强分散剂（如焦磷酸钠）仍不能分散的土，可用阳离子交换树脂（粒径大于2mm的）100g放入土样中一起浸泡，不断摇荡约2h，再过2mm筛，将阳离子交换树脂分开，然后加入0.083mol/L六偏磷酸15mL。

对于可能含有水溶盐，采用以上方法均不能分散的土样，要进行水溶盐检验。其方法是：取均匀试样约3g，放入烧杯内，注入4~6mL蒸馏水，用带橡皮头的玻璃棒研散，再加25mL蒸馏水，煮沸5~10min，经漏斗注入30mL的试管中，塞住管口，放在试管架上静置一昼夜，若发现管中悬液有凝聚现象（在沉淀物上部松散絮绒状），则说明试样中含有足以使悬液中土粒成团下降的水溶盐，要进行洗盐。

7. 洗盐（过滤法）

1）将分散用的试样放入调土皿内，注入少量蒸馏水，拌和均匀，将滤纸微湿后紧贴于漏斗上，然后将调土皿中土浆迅速倒入漏斗中，并注入热水冲洗过滤。附于皿上的土粒要全部洗入漏斗。若发现滤液混浊，须重新过滤。

2）应经常使漏斗内的液面保持高出土面约5mm。每次加水后，须用表面皿盖住。

3）为了检查水溶盐是否已洗干净，可用两个试管各取刚滤下的滤液3~5mL，一管中加入数滴10%盐酸及5%氯化钡，另一管加入数滴10%硝酸及5%硝酸盐，若发现任一管中有沉淀时，说明土中的水溶盐仍未洗净，应继续清洗，直到检查时试管中不再发现白色沉淀时为止。将漏斗上的土样细心洗下，风干取样。

8. 试验步骤

1）将称好了的风干土样倒入三角烧瓶中，注入蒸馏水200mL，浸泡一夜。按前述规定加入分散剂。

2）将三角烧瓶稍加摇荡后，放在电热器上煮沸40min（若用氨水分散时，要用冷凝管装置，若用阳离子交换树脂时，则不须煮沸）。

3）将煮沸冷却悬液倒入烧杯中，静置1min，把上部悬液通过0.075mm筛，注入1000mL量筒中，把杯中沉土用带橡皮头的玻璃棒细心研磨。加水入杯中，搅拌后静置1min，再将上部悬液通过0.075mm筛，倒入量筒。反复进行，直至静置1min后，上部悬液澄清为止。最后将全部土粒倒入筛内，用水冲洗至仅存大于0.075mm净砂为止。注意量筒内的悬液总量不要超过100mL。

4）将留在筛上的砂粒洗入皿中，风干称量，并计算各粒组颗粒质量占总土质量的百分数。

5）向量筒中注入蒸馏水，使悬液恰为1000mL（如用氨水作分散剂时，这里应再加入25%氨水0.5mL，其数量包括在1000mL内）。

6）用搅拌器在量筒内沿整个悬液深度上下搅拌1min，往返各约30次，使悬液均匀分布。

7）取出搅拌器，同时开动秒表，测记0.5min、1min、5min、15min、30min、60min、120min、240min及1440min的密度计读数，每次读数前10~20s将密度计小心放入量筒至约接近估计读数的深度。读数以后，取出密度计（0.5min及1min读数除外），小心放入盛有清水的量筒中，每次读数后均须测记悬液温度，准确至0.5°C。

8）如一次做一批土样（20个），可先做完每个量筒的0.5min及1min读数，再按以上步骤将每个土样悬液重新依次搅拌一次。然后分别测记各规定时间的读数。同时在每次读数后测记悬液的温度。

9）密度计读数均以弯液面上缘为准。甲种密度计应准确至1，估读至0.1；乙种密度计应准确至0.001，估读至0.0001。为方便读数，采用间读法，即0.001读作1，而0.0001读作0.1。这样既便于读数，又便于计算。

9. 结果整理

1）小于某粒径的试样质量占试样总质量的百分比按下列公式计算。

甲种密度计：

$$X = 100/m_s \cdot C_G(R_m + m_t + n - C_D)$$

式中 X——小于某粒径的土质量百分数（%）、精确至0.1；

m_s——试样质量（干土质量）(g)；

C_G——比重瓶校正值；

R_m——甲种密度计读数；

m_t——温度校正值；

n——刻度及弯月面校正值；

C_D——分散剂校正值。

乙种密度计：

$$X = 100V/m_s \cdot C_G'[(R_m' - 1) + m_t' + n' - C_D']\rho_{w20}$$

式中　X——小于某粒径的土质量百分数（%），精确至0.1；

V——悬液体积（=1000mL）；

m_s——试样质量（干土质量）（g）；

C_G'——比重瓶校正值；

R_m'——乙种密度计读数；

m_t'——温度校正值；

n'——刻度及弯月面校正值；

C_D'——分散剂校正值；

ρ_{w20}——20°C时水的密度（g/cm^2）。

2）土粒直径按下列公式计算

$$d = \sqrt{\frac{1800 \times 10^4 \eta}{(G_s - G_{wt})\rho_{w4} g} \times \frac{L}{t}}$$

式中　d——土粒直径（mm），精确至0.0001且含两位有效数字；

η——水的动力黏滞系数（10^{-6}kPa）；

ρ_{w4}——4°C时水的密度（g/cm^3）；

G_s——土粒比重；

G_{wt}——温度t°C时水的比重；

g——重力加速度（981cm/s^2）；

L——某一时间t内的土粒沉降距离（cm）；

t——沉降时间（s）。

3）以小于某粒径的颗粒百分数（%）为纵坐标，以粒径（mm）为横坐标，在半对数纸上，绘制粒径分配曲线。求出各粒组的颗粒质量百分数，以整数（%）表示。如系与筛分法联合分析，应将两段曲线绘成一平滑曲线。

下达工作任务

常见土的鉴别与定名
工作任务：根据土的简易识别步骤，初步进行常见土的鉴别，确定具体试验检测方法，运用颗粒分析试验和液塑限试验进行土的分类定名，并提供土的级配或稠度状态指标。 **实训方式**：针对已开挖基坑中的不同土层，在教师指导下，进行常见土的野外鉴别。扰动土风干取样，根据土样中的细粒含量进行颗粒分析或液塑限试验，学生分组完成试验。 **实训目的**：初步学会地基土的简单鉴别方法，积累经验，增加感性认识。按照土的工程分类原则，学会选用正确的试验检测方法，掌握相关试验技能，根据试验结果给出土的科学定名。 **实训内容和要求**：观察地基土的特征，根据野外简单鉴别方法，靠目测、手感初步鉴定土的类型。遵循《公路土工试验规程》（JTG E40—2007），完成土的颗粒分析或液塑限测定，科学地对试验进行描述与定名工作。为取得较好的实训效果，指导教师根据具体情况编写实训指导书。 **实训成果**：实践活动中经互相讨论后每组出一份鉴别结果，并与工程地质勘察报告相对照，检验鉴别结果的准确性，并谈谈对土的鉴定方法的认识和感受。

制订计划

计 划 表

小组长		场地	
仪器、设备/数量			
分工安排			

序号	工作内容	操作者	记录/计算者	数据校核

实施计划

土的界限含水量试验记录表（液塑限联合测定）

工程名称							试验者		
土样编号							计算者		
取土深度							校核者		
土样制备							试验日期		
试验项目＼试验次数		1		2		3			
锥入深度	h_1								
	h_2								
	$h=(h_1+h_2)/2$								
含水率试验	盒号								
	盒＋湿土								
	盒＋干土								
	盒质量								
	水分质量								
	干土质量								
	含水率								
	平均含水率						液限：	塑限：	塑性指数：

结论：

颗粒分析试验记录（甲种比重计）

工程名称______　土粒比重 2.74　试验者______

土样编号______　比重计校正值 0.981　计算者______

土样说明______　比重计号 甲4　校核者______

烘干土质量______　量筒编号______　试验日期______

试样名称______　取样地点______

试样描述______　工程部位______

土的颗粒大小分析试验记录

烧瓶号： 量筒号： 比重计类型： 比重计编号： 土粒比重： 干土质量/g： 土粒比重校正值： 分散剂校正值： 粒径计算系数 K：	下沉时间/min	悬液温度 T/℃	比重计读数 R	温度校正值 m_t	分散剂校正值 C_D	$R_m = R + m_t + C_D$	$R_H = R_m \times C_G$	土粒落距 L/cm	粒径 d/mm	小于某粒径的土质量百分数/%
	0.5									
	1									
	5									
	15									
	30									
	60									
	120									
	240									
	1440									

土的粒径分配曲线

土的不均匀系数 C_u =

结论：

评定反馈

试验报告及讨论：

1）根据分组试验情况及相关数据记录，完成本次任务的试验报告。

2）各组比较试验成果，看是否存在差异，并讨论差异形成的原因。

评定反馈表

任务内容						
小组号			学生姓名		学号	
序号	检查项目	分数权重	评分要求	自评分	组长评分	教师评分
1	任务完成情况	40	按要求完成任务			
2	试验记录	20	记录、计算规范			
3	学习纪律	20	服从指挥、无安全事故			
4	团队合作	20	服从组长安排，能配合他人工作			

学习心得与反思：

存在问题：

时间：＿＿＿＿＿＿

学生自评分占20%	组长评分占20%	教师评分占60%	最后得分

实训任务三　路基填土最大干密度和最优含水率测定

学习情境

在工程建设中，经常遇到填土压实、软弱地基的夯实和换土碾压等问题，常采用既经济又合理的压实方法，使土变得密实，在短期内提高土的强度以达到改善土的工程性质的目的。道路工程路堤填筑时，对压实填土的施工和压实效果的检测，离不开土的最大干密度和最佳含水率这两个参数，需要通过室内击实试验来获得，用来指导施工和确定压实度。

基本知识

一、击实试验（T0131—2007）

1. 目的和适用范围

本试验方法适用于细粒土。

本试验分轻型击实和重型击实。轻型击实试验适用于粒径不大于20mm的土；重型击实试验适用于粒径不大于 40mm 的土。

当土中最大颗粒粒径大于或等于 40mm，并且大于或等于 40mm 颗粒粒径的质量含量大于 5% 时，则应使用大尺寸试筒做击实试验，进行最大干密度校正。大尺寸试筒要求其最小尺寸大于土样中最大颗粒粒径的 5 倍以上，并且击实试验的分层厚度应大于土样中最大颗粒粒径的 3 倍以上。单位体积击实功能控制在 2677.2 ~ 2687.0kJ/m^3 范围内。

当细粒土中的粗粒土总含量大于 40%、或粒径大于 0.005mm 颗粒的含量大于土总质量的 70%（即 d_{30} ≤0.005mm）时，还应做粗粒土最大干密度试验，其结果与重型击实试验结果比较，最大干密度取两种试验结果的最大值。

2. 仪器设备

1）标准击实仪（见图 T0131-1 和图 T0131-2）。轻、重型试验方法和设备的主要参数应符合表 T0131-1 的规定。

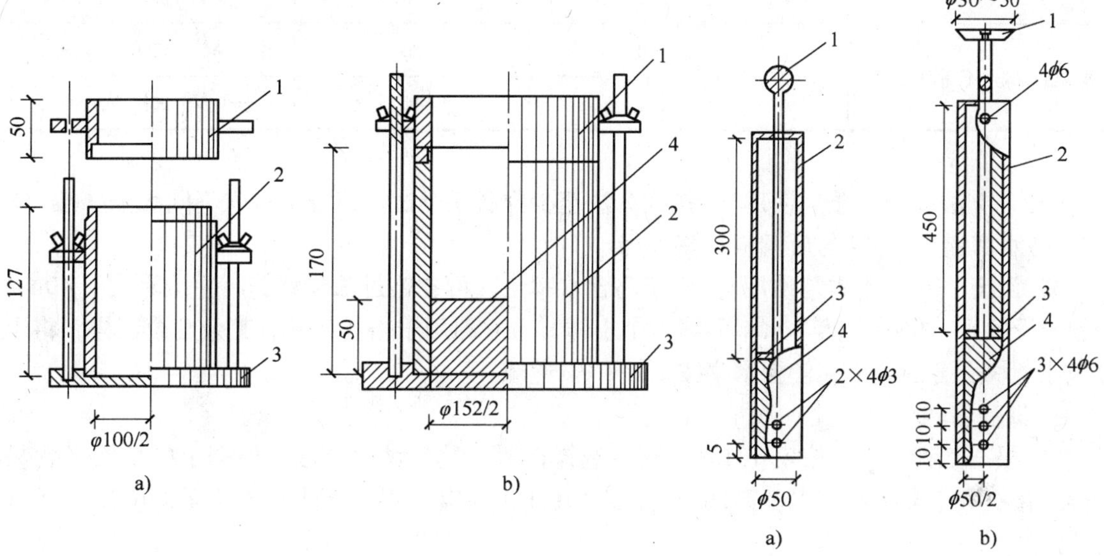

图 T0131-1　击实筒（单位：mm）

a）小击实筒　b）大击实筒

1—套筒　2—击实筒　3—底板　4—垫板

图 T0131-2　击锤和导杆（单位：mm）

a）2.5kg 击锤（落高 30cm）

b）4.5kg 击锤（落高 45cm）

1—提手　2—导筒　3—硬橡皮垫　4—击锤

表 T0131-1　击实试验方法种类

试验方法	类别	锤底直径/cm	锤质量/kg	落高/cm	试筒尺寸		试样尺寸		层数	每层击数	击实功/(kJ/m^3)	最大粒径/mm
					内径/cm	高/cm	高度/cm	体积/cm^3				
轻型	Ⅰ-1	5	2.5	30	10	12.7	12.7	997	3	27	598.2	20
	Ⅰ-2	5	2.5	30	15.2	17	12	2177	3	59	598.2	40
重型	Ⅱ-1	5	4.5	45	10	12.7	12.7	997	5	27	2687.0	20
	Ⅱ-2	5	4.5	45	15.2	17	12	2177	3	98	2677.2	40

2）烘箱及干燥器。

3）天平：感量0.01g。

4）台秤：称量10kg，感量5g。

5）圆孔筛：孔径40mm、20mm和5mm各1个。

6）拌和工具：底面400mm×600mm、深70mm的金属盘，土铲。

7）其他：喷水设备、碾土器、盛土盘、量筒、推土器、铝盒、修土刀、平直尺等。

3. 试样

1）本试验可分别采用不同的方法准备试样，各方法可按表T0131-2准备试料。

表T0131-2　试料用量

使用方法	类别	试筒内径/cm	最大粒径/mm	试料用量
干土法，试样不重复使用	b	10	20	至少5个试样，每个3kg
		15.2	40	至少5个试样，每个6kg
湿土法，试样不重复使用	c	10	20	至少5个试样，每个3kg
		15.2	40	至少5个试样，每个6kg

2）干土法（土不重复使用）。按四分法至少准备5个试样，分别加入不同水分（按2%～3%含水率递增），拌匀后闷料一夜备用。

3）湿土法（土不重复使用），对于高含水率土，可省略过筛步骤，用手捡除大于40mm的粗石子即可，保持天然含水率的第一个土样，可立即用于击实试验，其余几个试样，将土分成小土块，分别风干，使含水率按2%～3%递减。

4. 试验步骤

1）根据工程要求，按表T0131-1规定选择轻型或重型试验方法。根据土的性质（含易击碎风化石数量多少，含水率高低），按表T0131-2规定选用干土法（土不重复使用）或湿土法。

2）将击实筒放在坚硬的地面上，在筒壁上抹一薄层凡士林，并在筒底（小试筒）或垫块（大试筒）上放置蜡纸或塑料薄膜。取制备好的土样分3～5次倒入筒内。小筒按三层法时，每次约800～900g（其量应使击实后的试样等于或略高于筒高的1/3）；按五层法时，每次约400～500g（其量应使击实后的土样等于或略高于筒高的1/5）。对于大试筒，先将垫块放入筒内底板上，按三层法时，每层需试样约1700g左右。整平表面，并稍加压紧，然后按规定的击数进行第一层土的击实，击实时击锤应自由垂直落下，锤迹必须均匀分布于土样面。第一层击实完后，将试样层面“拉毛”，然后再装入套筒，重复上述方法进行其余各层土的击实。小试筒击实后，试样不应高出筒顶面5mm，大试筒击实后，试样不应高出筒顶面6mm。

3）用修土刀沿套筒内壁削刮，使试样与套筒脱离后，扭动并取下套筒，齐筒顶细心削平试样，拆除底板，擦净筒外壁，称量，准确至1g。

4）用推土器推出筒内试样，从试样中心处取样测其含水率，计算至0.1%。测定含水率用试样的数量按表T0131-3规定取样（取出有代表性的土样）。两个试样含水率的精度应符合本规程的规定。

表 T0131-3 测定含水率用试样的数量

最大粒径/mm	试样质量/g	个数	最大粒径/mm	试样质量/g	个数
<5	15 ~ 20	2	约 20	约 250	1
约 5	约 50	1	约 40	约 500	1

5）对于干土法（土不重复使用）和湿土法（土不重复使用），将试样搓散，然后进行洒水、拌和，每次约增加 2% ~3% 的含水率，其中有两个大于、两个小于最佳含水率，所需加水量按下式计算：

$$m_w = \frac{m_i}{1+0.01\omega_i} \times 0.01(\omega - \omega_i)$$

式中 m_w——所需的加水量（g）；

m_i——含水量 ω_i 时土样的质量（g）；

ω_i——土样原有含水率（%）。

ω——要求达到的含水率（%）。

按上述步骤进行其他含水率试样的击实试验。

5. 结果整理

1）按下式计算击实后各点的干密度

$$\rho_d = \frac{\rho}{1+0.01\omega}$$

式中 ρ_d——干密度（g/cm^3），精确至 0.01；

ρ——湿密度（g/cm^3）；

ω——含水率（%）。

2）以干密度为纵坐标，含水率为横坐标，绘制干密度与含水率的关系曲线，曲线上峰值点的纵、横坐标分别为最大干密度和最佳含水率，如曲线不能绘出明显的峰值点，应进行补点或重做。

3）按下式计算饱和曲线的含水率 ω_{max}，并绘制饱和含水率与干密度的关系曲线图。

$$\omega_{max} = \left[\frac{G_s\rho_w(1+\omega) - \rho}{G_s\rho}\right] \times 100\%$$

$$或 \quad \omega_{max} = \left(\frac{\rho_w}{\rho_d} - \frac{1}{G_s}\right) \times 100\%$$

式中 ω_{max}——饱和含水率（%），精确至 0.01；

ρ——试样的湿密度（g/cm^3）；

ρ_w——水在 4℃时的密度（g/cm^3）；

G_s——试样的干密度（g/cm^3）；

ω——试样的含水率（%）。

4）当试样中有大于 40mm 的颗粒时，应先取出大于 40mm 的颗粒，并求得其百分率 p，把小于 40mm 部分做击实试验，按下面公式分别对试验所得的最大干密度和最佳含水率进行校正（适用于大于40mm颗粒的含量小于30%时）。

最大干密度按下式校正

$$\rho'_{dm}=\frac{1}{\frac{1-0.01p}{\rho_{dm}}+\frac{0.01p}{\rho_w G'_s}}$$

式中　ρ'_{dm}——校正后最大干密度（g/cm³），精确至0.01；

ρ_{dm}——用粒径小于40mm的土样试验所得的最大干密度（g/cm³）；

p——试料中粒径大于40mm颗粒的百分率（%）；

G'_s——粒径大于40mm颗粒的毛体积比重，精确至0.01。

最佳含水率按下式校正

$$\omega_0'=\omega_0(1-0.01p)+0.01p\omega_2$$

式中　ω_0'——校正后的含水率（%），计算至0.01；

ω_0——用粒径小于40mm的土样试验所得的最佳含水率（%）；

p——同前；

ω_2——粒径大于40mm颗粒的吸水率（%）。

5）精密度和允许差：本试验含水率须进行两次平行测定，取其算术平均值，允许平行差值应符合表T0131-4规定。

表T0131-4　含水率测定的允许平行差值

含水率(%)	允许平行差值(%)	含水率(%)	允许平行差值(%)	含水率(%)	允许平行差值(%)
5以下	0.3	40以下	≤1	40以上	≤2

6. 条文说明

1）各国所用的击实试验方法是大同小异的，重型击实试验方法的单位击实功，为轻型击实法的4.5倍。

由于各国所用试筒的容积与美国的不尽相同，因此试验方法就有所不同：一种是改变击数而不改变击实功，例如英国；另一种是不改变击数而改变击实功，例如日本。英国BS1377-75将试筒容积调整为1000cm³后，为了维持原轻型598.2kJ/m³的击实功数值，特将每层击数提高到27次。

本次修订对击实试验采取了不同层数和击数而不改变击实功的做法，即对不同试验类别分别采用27次和98次，使相应的击实功仍维持在2677.2～2687.0kJ/m³左右。

为了适应不同道路等级、各种压实机具等的要求，本规程将轻型与重型试验并列。采用哪种方法，应根据有关规定或工程、科学试验的特殊需要选定。试验表明，在单位体积击实功相同的情况下，同类土用轻型和重型击实试验的结果相同。

考虑到在标准筛系列中没有25mm和38mm筛，结合对大粒径颗粒含量的要求，修订为20mm和40mm筛。

2）本次修订仍然采用与美国试筒相近的尺寸，其中大试筒高17cm，减去垫块厚度5cm，净高为12cm，容积达2177cm³，比美国的类似试筒2144cm³稍大。设计大试筒是为了既可做击实试验，也可做承载比试验。

3）根据试验类型的不同，分别采用干土法和湿土法准备试样。取消了干土法试样的重复使用方法。

所谓湿土法，就是采集5个以上的高含水率土样，每个质量3kg左右，按施工时能进行碾压的最高含水率分别晾干至不同含水率，其中至少3个土样小于此最高含水率，至少2个土样大于此最高含水率，然后按常规法进行击实试验。

4）根据工程实际的具体要求，按击实试验方法种类中规定选择轻型或重型试验方法；根据土的性质按表T0131-2规定选用干土法或湿土法，对于高含水率土宜选用湿土法，对于非高含水率土则选用干土法。对于干土法，每次宜增加2%～3%的含水率，这样可以提高击实曲线的质量。

5）土中夹有较大的颗粒，如碎（砾）石等，对于求最大干密度和最佳含水率都有一定的影响。所以试验规定要过40mm筛。如40mm筛上颗粒（称超尺寸颗粒）较多（3%～30%）时，所得结果误差较大。因此，必须对超尺寸颗粒的试料直接用大型试筒（如容积2177cm^3）做试验。当细粒土中的粗粒土含量大于40%时，还应做粗粒土最大干密度试验，其结果与重型击实试验结果相比较，最大干密度取两种试验结果的最大值。最佳含水率则对应取值。

下达工作任务

土的最大干密度和最佳含水率测定
工作任务：下击实试验检测任务单，使用重型击实仪，学生分6个小组共同协作，按JTG E40—2007/T0131—2007试验步骤进行操作试验，完成击实曲线的绘制，并填写击实试验检测报告。 **实训方式：**教师边讲解边示范，学生以小组为单位，认真听取教师讲解试验目的、方法、步骤，然后，作为试验员进行试验。 **实训目的：**规范地学习土的击实试验，完成试验检测任务，正确地填写试验报告单和检测任务书。 **实训内容和要求：**进行土的击实试验，掌握试验目的、仪器设备、操作步骤、成果整理等环节。土工试验方法遵循《公路土工试验规程》（JTG E40—2007）。 **实训成果：**试验完成后，将试验数据填入试验记录表，并写出试验过程。各小组将试验结果汇总，完成击实曲线的绘制，得出最大干密度和最佳含水率。试验结束后学生进行分析讨论，由指导教师讲评，以提高学生的实际动手能力。

制订计划

计　划　表

小组长		场地		
仪器、设备/数量				
分工安排				
序号	工作内容	操作者	记录/计算者	数据校核

实施计划

击实试验记录表

校核者＿＿＿＿＿＿　计算者＿＿＿＿＿＿　试验者＿＿＿＿＿＿

土样编号		筒号			落距		45cm			
土样来源		筒体积		997cm³	每层击数		27			
试验日期		击锤质量		4.5kg	大于5mm颗粒含量					
干密度	试验次数	1		2		3		4		5
	筒＋土质量/g									
	筒质量/g									
	湿土质量/g									
	湿密度/(g/cm³)									
	干密度/(g/cm³)									
含水率	盒号									
	盒＋湿土质量/g									
	盒＋干土质量/g									
	盒质量/g									
	水质量/g									
	干土质量/g									
	含水率/%									
	平均含水率/%									
最佳含水率＝					最大干密度＝					

击实曲线

评定反馈

试验报告及讨论：

1）根据分组试验情况及相关数据记录，完成本次任务的试验报告。

2）各组比较试验成果，看是否存在差异，并讨论差异形成的原因。

评定反馈表

任务内容							
小组号			学生姓名		学号		
序号	检查项目	分数权重	评分要求		自评分	组长评分	教师评分
1	任务完成情况	40	按要求完成任务				
2	试验记录	20	记录、计算规范				
3	学习纪律	20	服从指挥、无安全事故				
4	团队合作	20	服从组长安排,能配合他人工作				

学习心得与反思:

存在问题:

时间:________________

学生自评分占20%	组长评分占20%	教师评分占60%	最后得分

实训任务四 土的压缩指标测定

学习情境

土的压缩性是导致基础沉降的内因，建筑物的荷载导致地基中产生附加应力是地基沉降的外因。建筑物的沉降是地基、基础和上部结构共同作用的结果。对地基土质而言，不同土质，抵抗变形的能力不同，对压缩性高的土，在施工前尚需地基处理，所以评价地基土的压缩性对预测沉降变形和指导施工具有重要意义。

通过本任务的实训，班级可分组完成对土的压缩指标的测定。

基本知识

一、土的固结试验——快速单轴固结仪法（T0138—1993）

1. 目的和适用范围

本试验的目的是测定土的单位沉降量，压缩系数、压缩模量、压缩指数、回弹指数、固结系数以及原状土的先期固结压力等。试验采用快速方法，是一种近似试验方法。

本试验方法适用于饱和的黏质土，当只进行压缩时，允许用非饱和土。

2. 仪器设备

1）固结仪：图 T0138-1，试样面积 $30cm^2$ 和 $50cm^2$，高 2cm。

2）环刀：直径为 61. 8mm 和 79. 8mm，高度为 20mm。环刀应具有一定的刚度，内壁应保持较高的光洁度，宜涂一薄层硅脂或聚四氟乙烯。

3）透水石：由氧化铝或不受土腐蚀的金属材料组成，其透水系数应大于试样的渗透系数。用固定式容器时，顶部透水石直径小于环刀内径 0.2 ~ 0.5mm，当用浮环式容器时，上下部透水石直径相等。

4）变形量测设备：量程 10mm，最小分度为 0.01mm 的百分表或零级位移传感器。

5）其他：天平、秒表、烘箱、刮土刀、铝盒等。

3. 试样

1）根据工程需要切取原状土样或制备所需温度密度的扰动土样，切取原状土样时，应使试样在试验时的受压情况与天然土层受荷方向一致。

2）用钢丝锯将土样修成略大于环刀直径的土柱。然后用手轻轻将环刀垂直下压，边压边修，直至环刀装满土样为止，再用刮刀修平两端，同时注意刮平试样时，不得用刮刀往复涂抹土面。在切削过程中，应细心观察试样并记录其层次、颜色和有无杂质等。

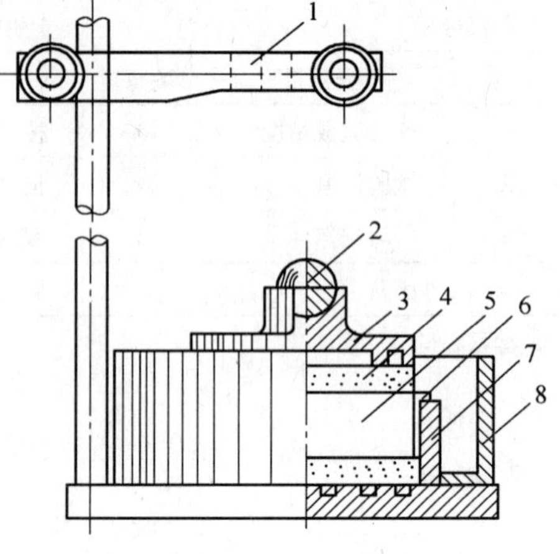

图 T0318-1　固结仪

1—量表架　2—钢珠　3—加压上盖　4—透水石　5—试样　6—环刀　7—护环　8—水槽

3）擦净环刀外壁，称环刀与土总质量，准确至 0.1g，并取环刀两面修下的土样测定含水率，试样需要饱和时，应进行抽气饱和。

4. 试验步骤

1）在切好土样的环刀外壁涂一薄层凡士林，然后将刀口向下放入护环内。

2）将底板放入容器内，底板上放透水石、滤纸，借助提环螺栓将土样环刀及护环放入容器中，土样上面覆滤纸、透水石，然后放下加压导环和传压活塞，使各部分密切接触，保持平稳。

3）将压缩容器置于加压框架正中，密合传压活塞及横梁，预加 1kPa 压力，使固结仪各部分紧密接触，装好百分表，并调整读数至零。

4）去掉预压荷载，立即加第一级荷载。加砝码时应避免冲击和摇晃，在加上砝码的同时，立即开动秒表。荷载等级一般规定为 50kPa、100kPa、200kPa 和 400kPa。有时可以根据土的软硬程度，第一级荷载可考虑用 25kPa。

5）如系饱和试样，则在施加第一级荷载后，立即向容器中注水至满，如系非饱和试样，须以湿棉纱围住上下透水面四周，避免水分蒸发。

6）一般按 0s、15s、1min、2min、4min、6min、9min、12min、16min、20min、25min、35min、45min、60min 至稳定为止。各级荷载下的压缩时间规定为 1h，最后一级荷载加读到稳定沉降时的读数，即 24h。固结稳定的标准是最后 1h 变形量不超过 0.01mm。

7）试验结束后拆除仪器，小心取出完整土样，并将仪器洗干净。

5. 结果整理

1）按下式计算试验开始时的孔隙比：

$$e_0 = \frac{G_s(1+0.01\omega)}{\rho} - 1$$

式中　G_s——土粒密度（数值上等于土粒比重）（g/cm^3）；

ω——试验土样的初始含水率(%)；

ρ——试验开始时土样的密度(g/cm^3)。

2)按下式计算单位沉降量：

$$S_i = \frac{\sum \Delta h_i}{h_0} \times 100\%$$

式中　S_i——某一级荷载下的单位沉降量(mm/m),精确至0.1；

$\sum \Delta h_i$——某一级荷载下的总变形量,等于该荷载下百分表读数(即试样和仪器的变形量减去该荷载下的仪器变形量)；

h_0——试样起始时的高度(mm)。

3)以孔隙比 e 为纵坐标,以压力 p 为横坐标,做孔隙比与压力的关系曲线。

4)按下式计算各级荷载下试样校正后的总变形量

$$\sum \Delta h_i = (h_i)_t \frac{(h_n)_T}{(h_n)_t} = K(h_i)_t$$

式中　$\sum \Delta h_i$——某一级荷载下校正后的总变形量（mm)；

$(h_i)_t$——同一级荷载下压缩1h的总变形量减去该荷载下的仪器变形量（mm)；

$(h_n)_t$——最后一级荷载下压缩1h的总变形量减去该荷载下的仪器变形量（mm)；

$(h_n)_T$——最后一级荷载下达到稳定标准的总变形量减去该荷载下的仪器变形量(mm)；

K——大于1的校正系数，$K = \frac{(h_n)_T}{(h_n)_t}$。

6. 条文说明

1）固结试验是以太沙基的单向固结理论为基础的，对于非饱和土，规定可用该试验中的方法测定压缩指标，不得用于测定固结系数。

2）快速固结试验法是每级荷载下固结1h，最后一级荷载固结24h，以两者变形之比作为校正系数校正变形量。考虑到公路部门在修建高等级公路时，需采集大量的土样做固结试验，如规定均按常规方法进行，则试验时间将会拖得很长，不能满足实际工作需要，故可采用快速固结试验法。

下达工作任务

评价土的压缩性
工作任务：使用相关的试验仪器，通过学生小组的分工协作，按试验步骤进行操作试验，完成试验任务，并写出相应的试验报告。 **实训方式：**教师先示范，学生以小组为单位，认真听取教师讲解试验目的、方法、步骤。然后，作为试验员进行试验。 **实训目的：**土的固结试验是学习土的压缩性质基本理论不可缺少的教学环节，也是室内确定土的压缩性指标的一项重要工作。试验可以加深对基本理论的理解，同时也是学习试验方法、试验技能和培养试验结果分析能力的重要途径。 **实训内容和要求：**进行土的快速固结试验，掌握试验目的、仪器设备、操作步骤、成果整理等环节。土工试验方法遵循《公路土工试验规程》(JTG E40—2007)。 **实训成果：**试验完成后，将试验数据填入试验记录表，并写出试验过程。各小组间交流成果，进行分析讨论，由指导教师讲评，以提高学生的实际动手能力。

制订计划

计 划 表

小组长		场地	
仪器、设备/数量			
分工安排			

序号	工作内容	操作者	记录/计算者	数据校核

实施计划

快速固结试验记录

工程编号________ 试验者________

土样说明________ 计算者________

试验日期________ 校核者________

读数 \ 压力/kPa		50	100	200	400
读数时间					
总变形量/mm					
仪器变形量/mm					
试样总变形量/mm					
校正后试样总变形量/mm					

土样比重		土样初始密度	
初始含水率		试样面积	
试样原始高度		初始孔隙比	

压力 P/kPa	校正后试样总变形量 $\sum\Delta h_i$/mm	孔隙比 e_i $e_i = e_0 - \frac{\sum\Delta h_i}{h_0}(1+e_0)$	压缩系数 α_{1-2} $\alpha_{1-2} = \frac{\Delta e}{\Delta p} =$
50			
100			
200			
400			

压缩曲线（e—p 曲线）

评定反馈

试验报告及讨论：

1）根据分组试验情况及相关数据记录，完成本次任务的试验报告。

2）各组比较试验成果，看是否存在差异，并讨论差异形成的原因。

评定反馈表

任务内容							
小组号			学生姓名		学号		
序号	检查项目	分数权重	评分要求		自评分	组长评分	教师评分
1	任务完成情况	40	按要求完成任务				
2	试验记录	20	记录、计算规范				
3	学习纪律	20	服从指挥、无安全事故				
4	团队合作	20	服从组长安排，能配合他人工作				

学习心得与反思：

存在问题：

时间：________

学生自评分占20%	组长评分占20%	教师评分占60%	最后得分

实训任务五　土的强度指标测定

学习情境

土的强度是地基基础设计必须满足的重要条件，在确定地基的承载力、土压力计算、土坡稳定性分析中，都需要土的抗剪强度指标，即土的内摩擦角和黏聚力。不同土体的抗剪强度指标不同，抵抗剪切变形的能力也不同，工程实践中通常采用直接剪切试验来确定该项指标。通过任务的实训，班级分组，用直接剪切试验的方法完成土的抗剪强度指标的测定。

基本知识

一、直接剪切试验——黏质土的快剪试验（T0142—1993）

1. 目的和适用范围

本试验方法适用于测定渗透系数小于10^{-6}cm/s的黏质土的抗剪强度指标。

2. 仪器设备

1）应变控制式直剪仪：由剪切盒、垂直加荷设备、剪切传动装置、测力计和位移量测系统组成，如图T0142-1所示。

2）环刀：内径61.8mm，高20mm。

3）位移量测设备：百分表或传感器，百分表量程为10mm，分度值为0.01mm，传感器的精度应为零级。

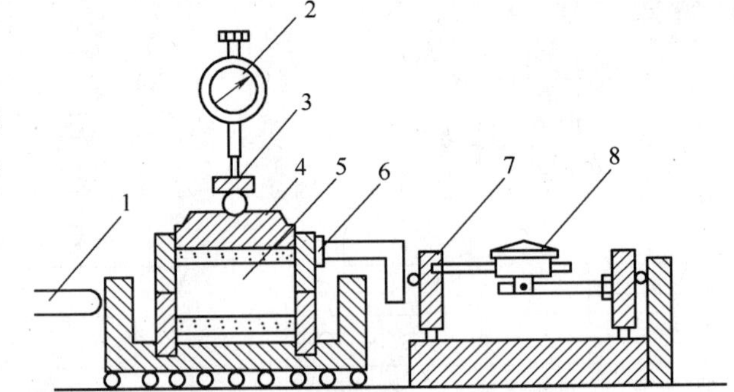

图T0142-1　应变控制式直剪仪示意图

1—推动座　2—垂直位移百分表　3—垂直加荷框架　4—活塞　5—试样　6—剪切盒　7—测力计　8—测力百分表

3. 试样

1）原状土试样制备

①每组试样不得小于4个。

②按土样上下层次小心开启原状土包装皮，将土样取出，整平两端。在环刀内壁涂一层凡士林，刀口向下，放在土样上。无特殊要求时，切土方向与天然土层层面垂直。

③将试验的环刀内壁涂一层凡士林，刀口向下，放在土样上，用切土刀将试件削成略大于环刀直径的土柱。然后将环刀垂直下压，边压边削，至土样伸出环刀上部为止，削平环刀两端，擦净环刀外壁，称环土合质量，准确至0.1g，并测定环刀两端所削下土样的含水率。试件与环刀要密合，否则应重做取。

切削过程中，应细心观察并记录试件的层次、气味、颜色、有无杂质，土质是否均匀，有无裂缝等。

如连续切削数个试件，应使含水率不发生变化。

视试件本身及工程要求，决定试件是否进行饱和。如不立即进行试验或饱和时，则将试件暂存于保湿器内。

切取试件后，剩下的原状土样用蜡纸包好置于保湿器内，以备补做试验之用。切削的余土做物理试验。平行试验同一组试件密度差值应不大于±0.1g/cm^3，含水率差值应不大于2%。

2）细粒土扰动土试样的制备程序

①将扰动土样进行土样描述，如颜色、土类、气味及夹杂物等。如有需要，将扰动土样充分拌匀，取代表性土样进行含水率测定。

②将块状扰动土放在橡皮板上用木碾或粉碎机碾散，但切勿压碎颗粒。含水率较大不能碾散时，应风干至可碾散为止。

③根据试验所需土样数量，将碾散后的土样过筛。按规定过筛后，取出足够数量的代表性试样，然后分别装入容器内，标以标签。标签上应注明工程名称、土样编号、过筛孔径、用途、制备日期和人员等，以备各项试验之用。若系含有多量粗砂及少量细粒土（泥沙或黏土）的松散土样，应加水润湿松散后，用四分法取出代表性试样。若系净砂，则可用匀土器取代表性试样。

④为制备一定含水率的试样，取过2mm筛的足够试验用的风干土1～5kg。将所取土样平铺于不吸水的盘内，用喷雾设备喷洒预计的加水量，并充分拌和；然后装入容器内盖紧，润湿一昼夜备用（砂土类浸润时间可酌情缩短）。

⑤测定湿润土样不同位置的含水率（至少2个以上），要求差值满足含水率测定的允许平行差值。

⑥对不同土层的土样制备混合试样时，应根据各土层厚度，按比例计算相应质量配合，然后按上述步骤进行扰动土的制备。

3）试样饱和：土的孔隙逐渐被水填充的过程称为饱和。孔隙被水充满时的土，称为饱和土。应根据土的性质，决定饱和的方法。

①砂类土：可直接在仪器内浸水饱和。

②较易透水的黏性土：即渗透系数大于10^{-4}cm/s时，采用毛细管饱和法，或采用浸水饱和法。

③不易透水的黏性土：即渗透系数小于10^{-4}cm/s时，采用真空饱和法。如土的结构性较弱，抽气可能发生扰动，不宜采用。

4. 试验步骤

1）对准剪切容器上下盒，插入固定销，在下盒内放透水石和滤纸，将带有试样的环刀刃向上，对准剪切盒口，在试样上放滤纸和透水石，将试样小心地推入剪切盒口。

2）移动传动装置，使上盒前端钢珠刚好与测力计接触，依次加上传压板，加压框架，安装垂直位移量测装置，测记初始读数。

3）根据工程实际和土的软硬程度施加各级垂直压力，然后向盒内注水。当试样为非饱和试样时，应在加压板周围包以湿棉花。

4）施加垂直压力，拔去固定销立即开动秒表，以0.8mm/min的剪切速度进行。

5）当测力计百分表读数不变或后退时，继续剪切至剪切位移为4mm时停止，记下破坏值。当剪切过程中测力计百分表无峰值时，剪切至剪切位移达6mm时停止。

6）剪切结束，吸去盒内吸水，退掉剪切力和垂直压力，移动压力框架，取出试样，测定其含水量。

5. 结果整理

1）剪切位移按下式计算

$$\Delta l = 20n - R$$

式中　Δl——剪切位移（0.01mm），精确至0.1；

n——手轮转数；

R——百分表读数。

2）剪应力按下式计算

$$\tau = CR$$

式中　τ——剪应力（kPa），精确至0.1；

C——测力计校正系数（kPa/0.01mm）。

3）以剪应力τ为纵坐标，剪切位移Δl为横坐标，绘制$\tau—\Delta l$的关系曲线，如图T0142-2。

4）以垂直压力p为横坐标，抗剪强度S为纵坐标，将每一试样的最大抗剪强度点绘在坐标纸上，并连成一直线。此直线倾角为摩擦角φ，纵坐标上的截距为凝聚力c，如图T0142-3所示。

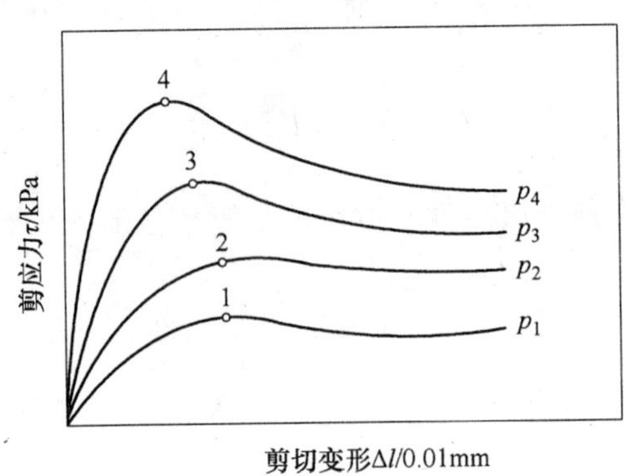

图 T0141-2　剪应力τ与剪切位移Δl的关系曲线

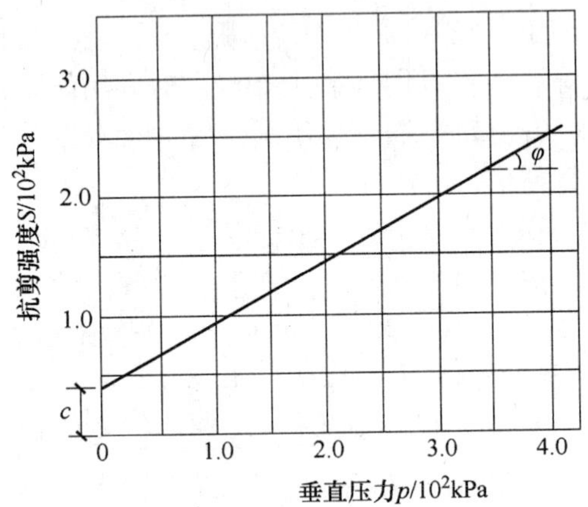

图 T0141-3　抗剪强度与垂直压力的关系曲线

6. 条文说明

快剪试验是在土样上施加垂直压力后，立即施加水平剪切力进行剪切。快剪试验用于在土体上施加荷载和剪切过程中均不发生固结和排水作用的情况。如，公路挖方边坡，一般比较干燥，施工期边坡不发生排水固结作用，可以采用快剪试验。

本试验适用于渗透系数小于10^{-6}cm/s的土类。

快剪试验的剪切速率也规定为0.8mm/min，要求在3～5min内剪损。对于渗透系数大于10^{-6}cm/s的土类，应在三轴仪中进行。

下达工作任务

土的抗剪强度指标测定
工作任务：使用相关的试验仪器，通过学生小组的分工协作，按试验步骤进行操作试验，完成试验任务，并写出相应的试验报告。 **实训方式：**教师先示范，学生以小组为单位，认真听取教师讲解试验目的、方法、步骤。然后，作为试验员进行试验。 **实训目的：**土的直接剪切试验是学习土的抗剪强度基本理论不可缺少的教学环节，也是室内确定土的抗剪强度指标的一项重要工作。试验可以加深对基本理论的理解，同时也是学习试验方法、试验技能和培养试验结果分析能力的重要途径。 **实训内容和要求：**进行黏质土的快剪试验，掌握试验目的、仪器设备、操作步骤、成果整理等环节。土工试验方法遵循《公路土工试验规程》（JTG E40—2007）。 **实训成果：**试验完成后，将试验数据填入试验记录表，并写出试验过程。各小组间交流成果，进行分析讨论，由指导教师讲评，以提高学生的实际动手能力。

制订计划

计 划 表

小组长		场地		
仪器、设备/数量				
分工安排				
序号	工作内容	操作者	记录/计算者	数据校核

实施计划

直接剪切试验记录

工程名称______ 试验者______

土样编号______ 校核者______

试验方法______ 试验日期______

试样编号	仪器编号	剪切历时
手轮转速	垂直压力/kPa	抗剪强度
测力计校正系数 $C=$	kPa/0.01mm	

手轮转数(1)	测力计百分表读数(2)	剪切位移(0.01mm)(3)=(1)×20-(2)	剪应力/kPa (4)=(2)×C	垂直位移/0.01mm	手轮转数(1)	测力计百分表读数(2)	剪切位移/0.01mm (3)=(1)×20-(2)	剪应力/kPa (4)=(2)×C	垂直位移/0.01mm

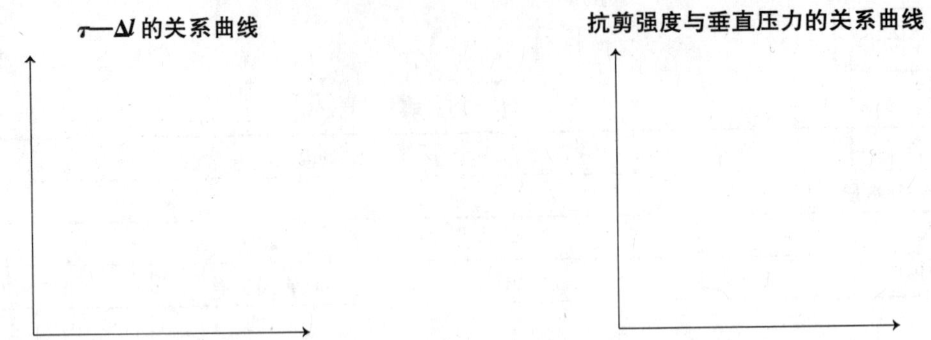

评定反馈

试验报告及讨论：

1）根据分组试验情况及相关数据记录，完成本次任务的试验报告。

2）各组比较试验成果，看是否存在差异，并讨论差异形成的原因。

评定反馈表

任务内容							
小组号			学生姓名		学号		
序号	检查项目	分数权重	评分要求		自评分	组长评分	教师评分
1	任务完成情况	40	按要求完成任务				
2	试验记录	20	记录、计算规范				
3	学习纪律	20	服从指挥、无安全事故				
4	团队合作	20	服从组长安排，能配合他人工作				

学习心得与反思：

存在问题：

时间：________

学生自评分占 20%	组长评分占 20%	教师评分占 60%	最后得分

实训任务六　地基处理案例分析

学习情境

在我国沿江、沿湖、沿海等处广泛分布着软土，而这些地区一般经济比较发达，对公路交通要求较高，高速公路发达，而软土给高等级公路的高填路堤、大中桥梁、涵洞、通道的修筑带来不同程度的危害。如路基的滑移、开裂，路面起伏不平，桥涵通道等跳车颠簸。软土地基的勘察、设计和施工，目的是为了处理好软土地基，使来往车辆安全、快速、舒适地行驶在公路上。

资料

通过本任务的实训，要求学生掌握地基处理的主要方法及其适用范围，并能进行地基处理方法的比较和选择。

地基处理案例分析

要求：

（1）选择土建施工中某地基处理工程案例。

（2）要求阐述清楚该案例的工程背景、地质资料、地基处理的方法、加固原理，施工方案以及加固效果。

（3）以PPT形式或其他方式进行阐述，只能围绕一种地基处理技术，要求图文并茂。

（4）以组为单位完成任务，由组内推荐1名组员负责讲解。

资料收集途径：

（1）网络。

（2）校园网——图书馆——电子期刊——维普电子期刊——××镜像点。

（3）图书馆。

下达工作任务

地基处理案例分析
工作任务：收集资料，整理出某一具体地基处理的施工案例，并对其进行分析。 **实训方式：**在本项目讲授完工程中常见的软土地基处理方法、加固原理、适用条件、施工要点后，学生以组为单位，课余时间利用网络检索、图书查阅等方式，收集资料，选择土建施工中某地基处理工程案例来分析。 **实训目的：**由于地基的情况复杂多变，地基处理的技术仍在不断地发展中，在实践发展中应根据工程的特点，充分了解土质的特点后选择适当的地基处理方法，以取得更好的地基处理效果。本实训任务的训练，有利于学生掌握地基处理的新方法和新工艺，体会理论与实践相结合。 **实训内容和要求：**选择土建施工中某地基处理工程案例，要求阐述清楚该案例的工程背景、地质资料、地基处理的方法、加固原理，施工方案以及加固效果。以PPT形式或其他方式进行阐述，只能围绕一种地基处理技术，要求图文并茂。以组为单位完成任务，由组内推荐1名组员负责讲解。 **实训成果：**提交案例分析报告，各小组间交流成果，进行分析讨论，由指导教师讲评，巩固对地基处理技术的认识。

制订计划

计　划　表

小组长			场地	
分工安排				
序号	资料收集	资料整理	PPT制作	讲解者

实施计划

教师组织学生分组完成地基处理方案编写任务，其中学习内容及咨询要求在 2 个学时内完成，任务成果要求在完成任务咨询后上交，期间指导学生查阅资料、网络检索、整理文档，并进行相关答疑。

汇总各组结果，各组选派 1 人进行答辩交流，组织讨论方案的规范性、合理性，结合成果质量及学生讨论表现评定成绩。

评定反馈

评定反馈表

<table>
<tr><td>任务内容</td><td colspan="7"></td></tr>
<tr><td colspan="2">小组号</td><td></td><td>学生姓名</td><td></td><td>学号</td><td colspan="2"></td></tr>
<tr><td>序号</td><td>检查项目</td><td>分数权重</td><td>评分要求</td><td>自评分</td><td>组长评分</td><td>教师评分</td></tr>
<tr><td>1</td><td>前期准备</td><td>40</td><td>按要求完成分配任务</td><td></td><td></td><td></td></tr>
<tr><td>2</td><td>现场讲解答辨</td><td>20</td><td>现场汇报参与情况</td><td></td><td></td><td></td></tr>
<tr><td>3</td><td>学习纪律</td><td>20</td><td>服从指挥、无安全事故</td><td></td><td></td><td></td></tr>
<tr><td>4</td><td>团队合作</td><td>20</td><td>服从组长安排，能配合他人工作</td><td></td><td></td><td></td></tr>
<tr><td colspan="7">学习心得与反思：

存在问题：

时间：＿＿＿＿＿＿＿＿</td></tr>
</table>

学生自评分占 20%	组长评分占 20%	教师评分占 60%	最后得分

实训任务七　天然地基刚性浅基础的设计验算

学习情境

桥梁中墩刚性浅基础是地基基础设计方案中最为简单的一种类型，根据设计资料结合场地的工程地质与水文条件，以及桥梁的使用要求、结构特点和施工条件等，合理选择基础底面的埋置深度。综合基础的选材和基础刚性角，确定基础的构造尺寸。要求满足地基基础强度、稳定性和变形的要求。

资料

桥梁中墩刚性浅基础设计

有一桥梁中墩墩底截面为矩形，尺寸 2m × 8m，刚性扩大基础顶面设在河床下 1m，短期荷载效应组合的作用力为：轴向力 $N = 5200\text{kN}$，弯矩 $M = 840\text{kN} \cdot \text{m}$，水平力 $H = 96\text{kN}$。地基土为一般黏性土，第一层厚 2m（自河床算起），$\gamma = 19.0\text{kN/m}^3$，$e = 0.9$，$I_L = 0.8$；第二层厚 5m，$\gamma = 19.5\text{kN/m}^3$，$e = 0.45$，$I_L = 0.35$，低水位在河床以上 1m（第二层下为泥质页岩）。

下达工作任务

天然地基上刚性浅基础设计
工作任务： 对一桥梁中墩刚性浅基础进行设计，确定基础的埋置深度和尺寸，并进行验算。 **实训方式：** 教师先布置实训任务，带领学生分析设计资料，提出设计要求，学生以组为单位，各人根据设计原则和规范要求初步拟定设计参数，再运用土力学计算原理进行地基基础的验算，小组内评选出最佳方案，带到课堂内进行方案交流。 **实训目的：** 通过设计实训，加深对地基强度、稳定性和变形计算理论的理解，熟悉浅基础设计步骤，把握设计原理，同时培养学生利用土力学理论知识分析解决土工问题的能力。 **实训内容和要求：** 按照设计资料，要求确定桥墩基础埋置深度及尺寸，并进行验算。 **实训成果：** 各小组间交流设计成果，进行分析讨论，由指导教师讲评、方案比对、选出最优设计方案，提高学生分析问题的能力。

制订计划

计　划　表

小组长				场地			
分工安排							
序号	方案 1	方案 2	方案 3	方案 4	方案 5	方案 6	……

实施计划

每位学生根据设计资料，按照浅基础设计原则，拟定刚性基础建造材料，基础的平面、立面尺寸和基底的埋置深度。

根据设计参数进行地基基础的各项验算：需满足基础刚性角的构造要求、地基承载力的验算、基础稳定性的验算和地基变形的验算，若其中任何一项不能满足要求，需要重新设置参数。

每组组内学生之间互评，方案比对，选出最优设计方案提交。

评定反馈

评定反馈表

任务内容							
小组号			学生姓名		学号		
序号	检查项目	分数权重	评分要求	自评分	组长评分	教师评分	
1	个人设计方案	40	设计方案的正确性				
2	方案比选	40	方案安全、经济、技术比选				
3	学习纪律	10	服从指挥、无安全事故				
4	团队合作	10	服从组长安排，能配合他人工作				

学习心得与反思：

存在问题：

时间：________________

学生自评分占20%	组长评分占20%	教师评分占60%	最后得分

实训任务八　钻孔灌注桩施工案例分析

学习情境

桩基础以其承载力高、稳定性好、沉降量小、造价低、施工简便，在深水河道中可避免水下施工等诸多优点被广泛运用于桥梁工程中。桩基础工程的施工现场条件复杂、工序繁多、工艺要求高。桩基础的质量主要取决于勘察、设计、施工等诸多方面。工程地质勘察报告是否详细准确、设计取位是否合理以及施工中的材料、工艺、设备等，都是影响桩基础工程质量的因素。

资料

通过本任务的实训，要求学生掌握桥梁钻孔灌注桩施工工艺。班级可组织学生分组完成以下任务。

1. 分析以下工程案例，并讨论回答相关问题

某桥梁工程，上部结构为9×20m预应力混凝土简支梁桥，下部结构拟采用扩大基础，柱式墩。其中：0#台、1#墩、2#墩、3#墩以及9#台位于干旱的河滩上，4#～8#墩位于常年有水的河床中间。在扩大基础实际施工中，首先用土包围堰，围内外两层，中间再次填满黄泥捣实，便于阻水。然后在挖好的集水坑放置相当多数量的潜水泵抽水，发生的现象为：涌水明显，涌入量大于抽出量，抽而不干。经详细分析，桥台和3个桥墩位于干旱的河滩上，而大部分桥墩位于河床中间，且枯水季节水深也达到 1m 以上，本桥原设计所有桥墩基础均为扩大基础，缺乏对不同地质及不同水文的调查比对，这样给施工带来了一定程度上的困难，成本上的浪费以及工期上的耽搁。后来河床内的基础设计变更为桩基础，每个桥墩为单排 3 根桩，桩径 120cm，施工方在河床里筑岛钻孔施工，争取了时间、节约了成本，也保证了工程质量，效果显著。

桩基础在本工程施工中显示出它的极大优越性。特别对砂砾层及岩溶地区一般深水桩基础的施工，充分体现它的钻进速度快（25m 孔深一般 9 ~ 10 天左右即可成孔），设备简单、重量较轻、移动方便、操作简单、易于掌握、造价低廉的特点。在本工程施工中均为一次性成孔，无钻孔事故的发生，成孔率极高，在灌注水下混凝土后，桩检合格率为 100%。

结合案例请回答以下问题

（1）桩基础的运用有哪些优势，适用于哪些地质条件？

（2）桩基础有何施工类型？如何灌注水下混凝土？

2. 对身边正在进行的某桥梁钻孔灌注桩基础施工实例进行分析

下达工作任务

桥梁钻孔灌注桩施工案例分析
工作任务： 收集某一桥梁钻孔灌注桩的施工案例，对其基础施工进行分析。 **实训方式：** 在本项目讲授完桩基础施工方法后，学生以组为单位，课余时间利用网络检索、图书查阅等方式，收集某一桥梁钻孔灌注桩施工方案，并以此为载体，学习钻孔灌注桩的施工工艺和注意事项、泥浆护壁的原理、成桩缺陷等问题。 **实训目的：** 通过实训，会阅读桩基础施工方案，能够按照桩基础施工工艺流程进行现场施工，配置泥浆；培养学生理论联系实际的能力，树立“质量第一”的工程意识。同时加强同学之间团结协作、策划、表现的能力。 **实训内容和要求：** 在多媒体教室通过施工图片、录像展现施工工艺流程，学生通过 PPT 汇报桩基础施工案例分析。 **实训成果：** 对具体工程案例进行分析，要求从钻孔灌注桩施工工艺、质量、检验、常见问题中四选一，并将收集整理的成果制成 PPT。

制订计划

计　划　表

小组长			场地	
分工安排				
序号	资料收集	资料整理	PPT 制作	讲解者

实施计划

任务：某桥梁钻孔灌注桩基础施工实例分析

要求：

（1）选择一个桥梁工程钻孔灌注桩基础施工实例。
（2）围绕其施工工艺流程、施工质量控制、常见问题及处理方法等方面予以阐述。
（3）以 PPT 形式或其他方式阐述该施工实例，应图文并茂。
（4）以组为单位完成任务，由组内推荐 1 名组员负责讲解。
资料收集途径：
（1）网络。
（2）校园网——图书馆——电子期刊——维普电子期刊——××镜像点。
（3）图书馆。

评定反馈

评定反馈表

任务内容							
小组号			学生姓名		学号		
序号	检查项目	分数权重	评分要求		自评分	组长评分	教师评分
1	前期准备	40	按要求完成分配任务				
2	现场讲解答辩	20	现场汇报参与情况				
3	学习纪律	20	服从指挥、无安全事故				
4	团队合作	20	服从组长安排，能配合他人工作				

学习心得与反思：

存在问题：

时间：________________

学生自评分占 20%	组长评分占 20%	教师评分占 60%	最后得分

参 考 文 献

[1] 高大钊，袁聚云. 土质学与土力学 [M]. 3 版. 北京：人民交通出版社，2001.

[2] 凌治平，易经武. 基础工程 [M]. 北京：人民交通出版社，2004.

[3] 陈希哲. 土力学地基基础 [M]. 北京：清华大学出版社，2004.

[4] 赵明华. 桥梁地基与基础 [M]. 北京：人民交通出版社，2004.

[5] 胡雪梅，吕玉梅. 土力学地基与基础 [M]. 北京：中国电力出版社，2009.

[6] 务新超，魏明. 土力学与基础工程 [M]. 北京：机械工业出版社，2007.

[7] 龚晓南. 地基处理 [M]. 北京：中国建筑工业出版社，2000.

[8] 中交公路规划设计院. JTJD63—2007 公路桥涵地基基础设计规范 [S]. 北京：人民交通出版社，2007.

[9] 交通部公路科学研究所. JTJE40—2007 公路土工试验规程 [S]. 北京：人民交通出版社，2007.

[10] 中交公路规划设计院. JTGD60—2004. 公路桥涵通用设计规范 [S]. 北京：人民交通出版社，2004.